KB045398

측정의 과학

How to Measure Anything
The Science of Measurement
by Christopher Joseph

측정의 과학

펨토미터에서 허블 길이까지, 인류가 발명한 가치의 언어

크리스토퍼 조지프 지음
고현석 옮김

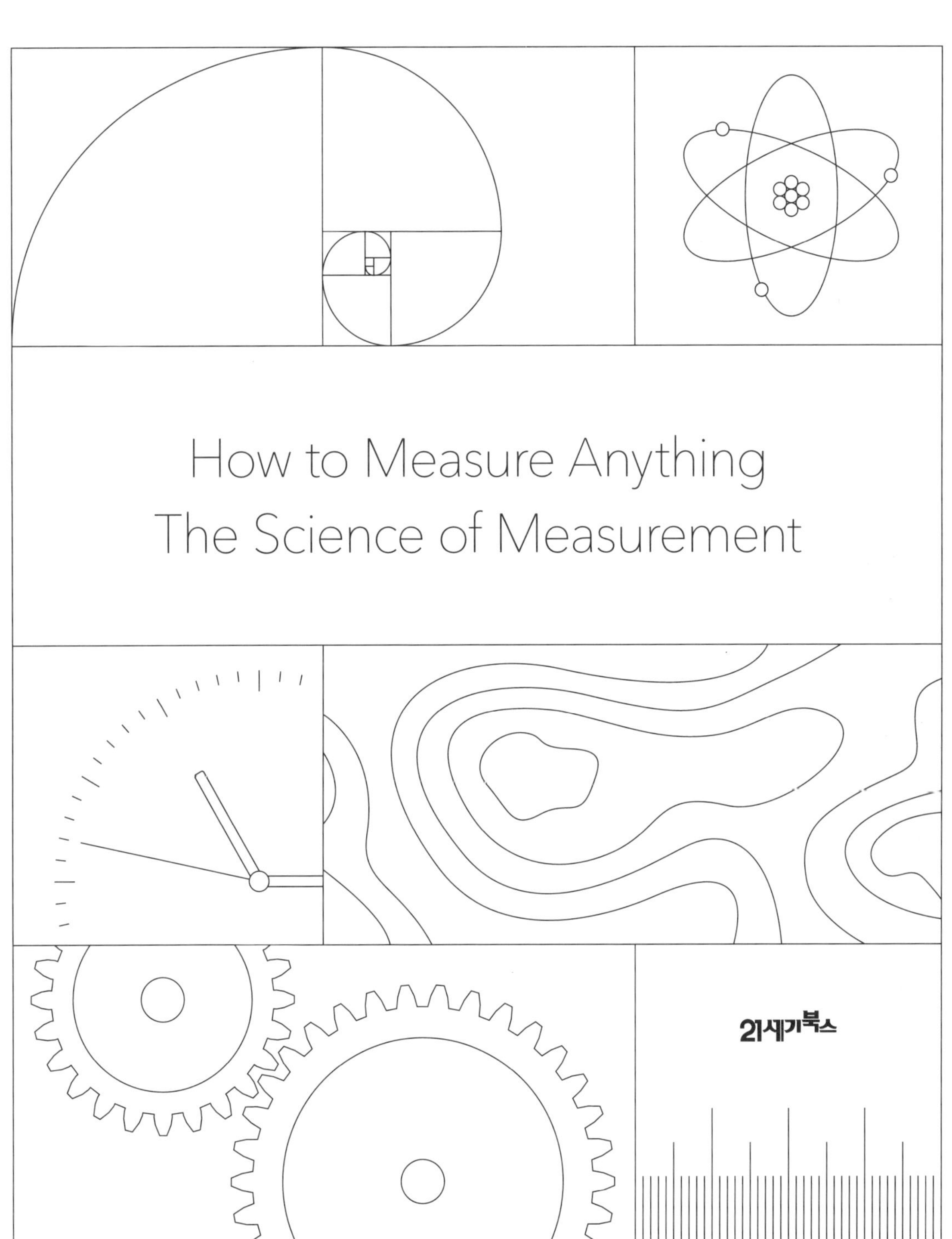

일러두기

1. 용어 다음의 👁 표기는 방주에서 그림 또는 표, 부가 설명을 통해 자세한 내용을 참고할 수 있다는 뜻이다.
2. 용어 설명부에서 언급하는 측정 용어는 회색 글자로 표기해두고, 색인에도 수록했다.
3. 책의 말미에 제시된 부록 1에서는 SI단위, 부록 2에서는 기호와 약자, 색인에서는 본문에 수록된 측정 용어를 확인할 수 있다.
4. 모든 용어 및 개념어에 원어 병기를 해두었고, 외래어 표기는 국립국어원의 기준을 따랐다.

서론

어떤 형태든, 측정은 인류의 가장 오래되고 중요한 활동 중 하나다. 문명이 시작되기 전에도 예컨대 '강 건너 부족이 우리 부족보다 크다'라는 식으로 비교했는데, 이는 한 집단이 생존하는 데 필수적인 측정이었다. 수렵채집 사회의 구성원들은 '더 많다', '더 적다', '충분하다'라는 개념을 반드시 익혀야 했다. 어두워지기 전에 집으로 돌아갈 충분한 시간이 있어야 했고, 아무도 굶지 않게 하려면 먹을 것이 충분히 있어야 했기 때문이다.

하지만 영구적인 주거 형태가 만들어지고 집단이 점점 커지면서 이런 측정만으로는 충분하지 않은 상황이 됐다. 게다가 언어가 정교해지면서 비교는 더욱 복잡한 일로 변해갔다. 한 사람에게는 충분한 비교가 다른 사람에게는 그렇지 않은 일도 빈번히 일어났다.

역사상 가장 오래된 측정 단위는 BCE 3000년경에 등장한 이집트의 큐빗(cubit)이다. 큐빗은 팔뚝과 손의 길이에 파라오의 손바닥(palm) 폭을 합친 길이로 선포된 단위였다. 이 단위는 지금도 쓰이지만 어느 정도 유동적이다. 팔뚝의 길이가 사람마다 조금씩 다른 데다, 우리는 파라오를 직접 본 적이 없어 파라오의 손바닥 폭이 정확히 얼마인지도 알 수 없기 때문이다. 이렇듯 큐빗은 손바닥 폭이나 보폭 등으로 거리를 대충 측정하던 수준을 크게 벗어나지 못한 단위였다.

BCE 2500년경이 되자 이렇게 복잡하고 부정확한 큐빗에 대한 정의가 크게 단순화됐다. 큐빗이라는 단위가 '왕립주 큐빗(royal master cubit)'이라는 단위로 표준화된 것이다. 왕립주 큐빗은 길이 약 52cm의 검은 대리석 막대의 길이로 정의됐다. 이렇게 단위가 표준화됨에 따라 거리·넓이·부피의 측정이 가능해졌고, 금이나 물 같은 특정한 물질의 부피 대 질량 비율도 측정할 수 있게 됐다.

이집트 기자의 피라미드들은 놀라울 정도로 정확한 기하학적 건축물이지만, 여기 숨어 있는 비율들의 상징적 의미는 아직 완전하게 밝혀지지 않았다. 가장 큰 쿠푸(Khufu)의 피라미드는 BCE 2500년경에 세워졌는데 19세기 이전까지, 그러니까 무려 4,300년 동안이나 인류가 만든 가장 높은 건축물이었다.

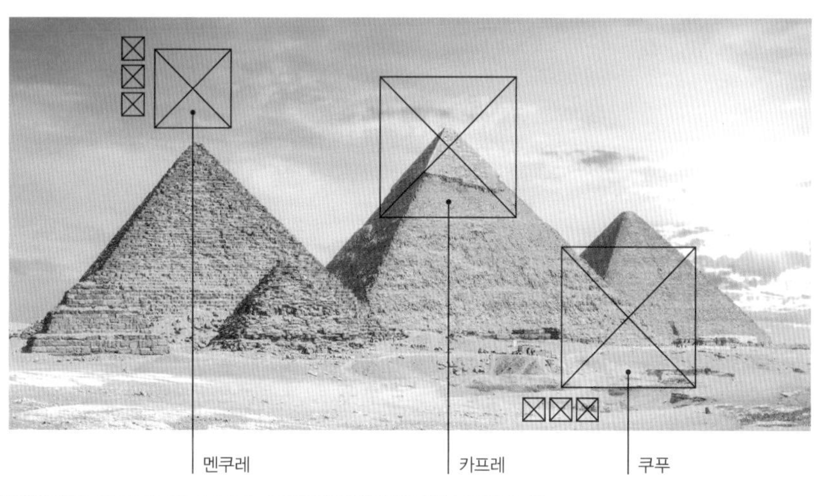

정확한 측정이 이뤄지면서 공예·건축·무역·교통 등 인간 생활의 많은 부분에 혁명적인 변화가 일어났는데, 그중 가장 중요한 변화는 과학이 가능해졌다는 것이다. 정확한 측정과 정확한 기록이 이뤄지지 않으면 어떤 형태의 과학기술이나 공학도 존재할 수 없다. 정확한 측정이 이뤄지지 않았다면 당신이 지금 이 책을 읽는 것도 불가능했을 것이다. 현대의 인쇄기는 엄청나게 정밀한 기계이기 때문이다.

측정이 과학에서 제일 처음 적용된 영역 중 하나는 천문이다. 천체의 움직임을 관찰해 달력과 시간 측정 방법을 정교하게 만든 천문 기록은 이미 수천 년 전에 시작됐다는 증거가 있다. 고대 메소포타미아나 이집트문명에서만이 아니라, 선사시대에 이미 유럽 북서부인들이 스톤헨지 같은 놀라울 정도로 정밀한 유적을 만들기도 했다.

이 사람들의 영향, 특히 고대 로마인들의 영향은 지금도 매우 다양한 방면에서 체감할 수 있다. 우리가 현재 사용하는 전통적인 단위의 이름 중 많은 부분이 고대 로마인들이 만들어낸 것이고, 현대의 과학 용어 상당 부분도 그들이 쓰던 라틴어 단어들을 어원으로 하고 있다. 예를 들어, '온스(ounce)', '인치(inch)' 같은 단위의 이름은 12분의 1을 뜻하는 '운키아(uncia)'가 어원이다. 하지만 운키아라는 말은 무게와 거리(길이)에만 사용된 말이 아니었다. 일상에서 접하는 대부분의 것은 12부분으로 나눌 수 있었고, 실제로 그렇게 나눴기 때문이다. 예를 들어, 로마인들은 빵이나 땅을 12부분으로 나누는 것이 합리적이라고 생각했다. 로마인들은 사업체의 소유권도 12부분으로 나눠서 여러 사람이 가졌을지도 모른다.

로마제국이 멸망하고도 몇백 년 동안 일상적인 단위들은 거의 그대로 사용됐다. 새로 측정해야 할 것이 거의 없었기 때문이다. 사실 유럽의 봉건 군주들은 현대의 모든 정부와 같은 생각을 가지고 있었다. 사람들이 소유하거나 생산하는 것이 무엇인지 알아야 그에 따라 세금을 부과할 수 있다는 것이다.

측정에 대한 관심은 르네상스 시대에 이르러 예술과 과학이 활기를 되찾으면서 다

스톤헨지의 유명한 블루스톤(청석) 평판들은 BCE 2500년경 웨일스에서 잉글랜드 서부로 옮겨졌다. 그런데 스톤헨지 유적지에서 만들어진 이와 비슷한 구축물들은 그보다 600년 정도는 먼저 세워진 것이다.

고대에 가장 영향력이 컸던 천문학 책 중 하나인 『알마게스트(Almagest)』의 저자 프톨레마이오스는 이 책에서 고대 그리스와 바빌론 세계의 천문학 지식을 집대성했다. 그림의 지구 중심 태양계 모델은 코페르니쿠스의 태양 중심 태양계 모델로 대체되기 전까지 서양 세계와 아랍 세계에서 일반적으로 받아들여졌다.

프톨레마이오스 모델
(Ptolemaic system)

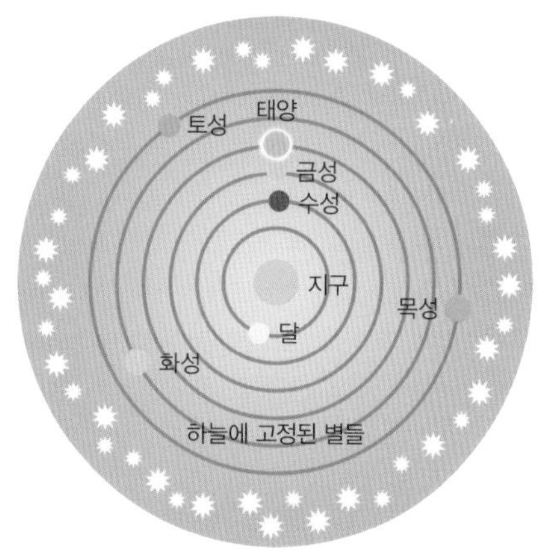

시 살아났다. 하지만 전통적인 단위들은 계속 사용됐다. 같은 단위가 나타내는 양이 100년 동안 달라지는 정도보다 한 지역과 그 외 지역에서 나타내는 양이 달라지는 정도가 더 크기도 했지만, 그럼에도 단위들은 대체로 더 정확하고 안정적으로 정착됐다. 예를 들어, 시간을 나타내는 눈금이 새겨진 양초가 시계로 대체되면서 한 마을에서 사용하는 시계가 나타내는 시각과 30km 떨어진 마을에서 사용하는 시계가 나타내는 시각은 다를 수 있었지만, 적어도 1시간이 나타내는 시간의 길이는 어디에서나 같았다.

그 후 프랑스혁명이 일어나면서 미터법(metric measures) 체계가 도입됐고, 대대적인 단위 개편이 시작됐다. 미터법 체계는 처음에는 프랑스에서도 잘 사용되지 않았지만, 이 체계는 당시까지 유럽 전역에서 사용되던 로마 숫자를 십진법 기반의 아라비아숫자로 대체해 측정하게 됨에 따라 필연적으로 사용할 수밖에 없는 체계였다. 십진법 숫자들은 모든 종류의 계산과 수학적 사고를 훨씬 더 간단하게 만들었다. 하지만 장사와 측정은 전혀 다른 문제였다. 양 10마리는 계속 양 10마리였지만, 1파운드는 여전히 12온스였기 때문이다. 서로 다른 단위들 간의 전환은 더 복잡했다. 어떤 물건 1파인트의 무게가 1파운드일 수 있지만, 그 물건 1갤런은 1스톤이 아닌 경우가 대부분이었기 때문이다. 미터법 체계는 이 모든 단위를 서로 연관된 단위로 대체하고, 단위 앞에 접두어를 붙이는 것만으로 숫자의 크기를 나타낼 수 있게 만들어진 체계다.

미터법 체계의 표준 단위, 즉 다른 모든 단위가 유도되는 기본 단위는 미터였다. 미터는 적도에서 북극까지 이어지며 프랑스 파리를 통과하는 자오선 길이의 1,000만분의 1로 정의됐다(자오선은 울퉁불퉁한 지구 표면을 따라 이어지는 선이 아니라, 이론적인 평균해수면 높이에서의 남극과 북극을 잇는 선이다).

고대 로마인들은 프랑스 파리를 통과하는 자오선도 12분의 1로 나눌 수 있다고 생각했을 것이다(자오선은 평균해수면 높이에서 북극점과 남극점을 최단 거리로 연결하는 지구 표면상의 세로 방향 선이다). 자오선의 길이를 최대한 정확히 계산하기 위해 엄청난 비용과 노력이 들었으며, 그 계산 결과에 따라 자오선 길이의 4,000만분의 1이 1m로 정의된 후, (파라오의 왕립주 큐빗 막대와 비슷한) 백금-이리듐 미터원기

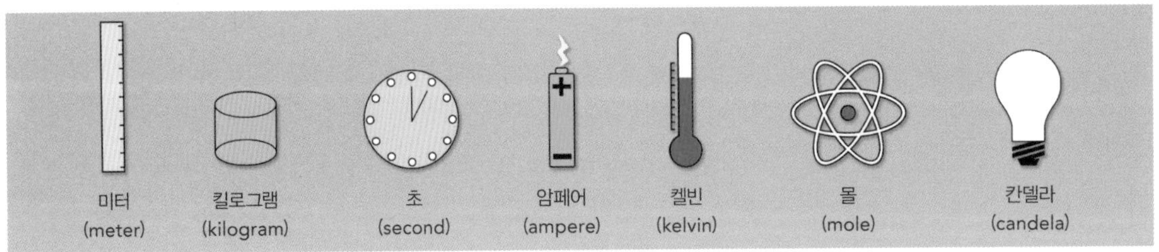

SI단위(국제단위계) 대부분에 따로 이름이 있긴 하지만, 이 모든 단위는 그림에서 보여주는 7개 기본단위를 이용해 정의된다.

(미터를 측정하는 표준)가 만들어졌다. 모든 사람이 미터 단위를 똑같이 쓰게 하려고 유럽 전역에, 그리고 나중에는 전 세계에 백금-이리듐 미터원기 복제품이 보급됐다.

시간이 흘러 과학 장비가 개선되면서 더 정확한 측정이 가능해졌고, 이에 따라 백금-이리듐 미터원기 기준의 미터와 킬로그램 같은 단위들이 원래의 정의에 정확하게 들어맞지 않는다는 사실이 드러났다. 다시 말해, 미터나 킬로그램 같은 단위들이 시간이 지나면서 실제로 변할 수 있다는 사실이 밝혀진 것이다. 하지만 19세기의 국제도량형위원회는 숙고를 거듭한 끝에 원래의 정의에 부합하는 새로운 단위를 만들지 않고 원형을 그대로 유지하기로, 즉 당시 단위들의 값을 그대로 사용하기로 했다.

20세기가 되자 과학과 측정은 떼려야 뗄 수 없는 관계가 됐으며, 정확한 측정은 과학의 필수적인 전제 조건이 됐다. 또한 과학의 지속적인 발전으로 새롭게 측정해야 할 것들이 끊임없이 생겨났고, 기존의 것들도 새로운 방식으로 측정할 필요성이 계속 대두했다.

1960년대가 되자, 몇 년마다 SI단위(Système International d'unités) 및 단위의 사용과 관련된 문제들을 논의해 해결책을 제공하는 국제도량형총회(Conference Generale des Poids et Mesures, CGPM)는 상황이 걷잡을 수 없을 정도로 복잡해졌다는 결론을 내렸다. 이에 따라 미터와 킬로그램, 켈빈, 초, 암페어, 칸델라 등 6개 기본단위에 대한 정의를 완전히 새롭게 내렸다. 유용한 화학 단위인 몰은 그 직후 기본단위에 추가됐다. 이 기본단위들로부터 다른 모든 단위를 정의하도록 결정한 것이다. 시간이 지나면서 이 기본단위들은 안정적으로 재현할 수 있는 물리적 측정을 통해 다시 정밀하게 정의됐다(가장 최근에 다시 정의된 것은 2019년이다). 시간, 장비, 의지를 가진 사람이라면 누구나 기본단위들을 테스트하고 확인할 수 있게 하기 위해서였다.

SI단위의 '일관성'을 확보하기 위한 노력도 강도 높게 이뤄졌다. 이는 단위들 간 비율의 일관성을 유지하기 위한 것이라고 할 수 있다. 압력의 단위 파스칼(pascal)은 힘의 단위 뉴턴(newton) 및 길이의 단위 미터(m)와 일관성을 갖는다. 즉 1파스칼은 1뉴턴의 힘이 $1m^2$ 넓이에 작용하는 힘과 같다.

이 시스템의 또 다른 장점은 예를 들어 수십억 톤이라는 무게에 대해 말하고 싶을 때 새로운 단어를 만들어낼 필요가 없다는 데 있다. SI 접두어 표에 등재된 기가톤(gigaton)이라는 단위를 사용하면 된다. 그런데 20세기 말 과학자들이 우주에 대해 더 많은 것을 알게 되면서 그때까지 측정하던 것보다 훨씬 더 크거나 훨씬 더 작은 것들을 측정할 필요가 생겨났다. 시스템을 확장할 수밖에 없는 상황이 된 것이다. 한편에서는 가장 큰 것들을 측정하는 천문학자들, 다른 한편에는 원자보다 작은 것들을 측정하는 물리학자들이 기존의 SI 접두어가 충분하지 않다는 것을 알게 됐다. 이에 1970년대와 1980년대 내내 CGPM은 새로운 접두어를 계속 승인해야 했다.

파인트(pint), 파운드(pound), 마일(mile) 같은 전통적인 단위들을 계속 사용하던 나라들도 단위들을 미터법으로 다시 정의하기 시작했다. 1790년대에 발명된 많은 것이 지금은 사람들의 뇌리에서 사라졌지만, '모든 사람을 위한, 모든 시간을 위한(for all people, for all time)'이라는 미터법 전환 슬로건만은 지금도 그리고 앞으로도 중요한 의미를 가질 것이다.

과학과 기술은 새롭고 다양한 것을 계속 탐구하고 발명해낸다. 그중 일부는 표준 SI단위로 측정할 수 있지만, 일부는 개념적 필요성이나 편의 때문에 새로운 단위를 만들어 사용할 수밖에 없다. 지난 수천 년 동안 다양한 집단의 사람들이 다양한 단위를 사용해왔다. 실제로 사용됐지만 기록으로 남겨지지 않은 것들도 있을 것이다. 역사가 길고 자세하게 알려진 것들도 있지만, 이름 정도밖에는 알려지지 않은 것들도 있다. 어떤 고정값을 가졌는지조차 알 수 없는 단위들이다.

시간과 공간에 따라 값이 매우 크게 달라지는 단위도 많았다. 고대의 단위 대부분은 역사학자들만 알고 있는데, 그중에는 비교적 널리 알려진 것들도 있다. 하지만 그 단위들도 정확한 의미를 파악할 수 없는 경우가 많다. 예를 들어, 사람들은 기독교 성경에 자주 등장하는 고대의 단위 달란트(talent)가 돈의 단위라는 것을 알고 있다. 그런데 구약시대 동전의 가치는 동전을 만드는 귀금속의 가치와 같았고, 1달란트는 실제로 상당히 큰돈이었다. 1달란트의 무게가 25kg이니 동전의 무게라고 생각하기에는 꽤 무거운 것이었다.

과학의 역사는 측정의 역사와 밀접한 관련이 있다. 과학과 측정이 서로를 진보시키기 때문이다. 그렇다고 하더라도 과학에서만 측정이 중요한 게 아니다. 의식적이든 본능적이든, 측정은 모든 인간 활동의 일부분이다. 적절한 색깔을 고르거나, 원근법을 이용해 그림을 그리거나, 집을 얼마에 내놓을지 결정하거나, 시를 쓸 때 몇 글자짜리 단어를 사용할 것인지 생각하는 일 모두 측정이라고 할 수 있다.

이 책은 측정의 세계에 대해 알기 쉽게 설명한 가이드북이다. 다만, 방대한 측정의 세계를 간략하게 살펴본다는 한계를 가질 수밖에 없다. 기록으로 남겨진 모든 단위를 다루려면 (최소한 우리가 확실한 값을 알고 있는 단위들만을 다룬다고 해도) 아주 두꺼운 백과사전 정도는 돼야 하기 때문이다. 각각의 단위가 측정하는 성질에 대한 정의와 그 단위들을 측정하는 도구에 대한 설명을 생략한다고 해도 그 정도의 분량은 필요하다. 이 책을 편집하는 과정에서는 사용 빈도가 너무 낮아 정의할 가치가 없는 단위들과 너무 흔히 사용돼 정의할 필요가 없는 단위들은 제외했다. 우리의 목표는 유용하면서도 재미있는 읽을거리를 만들어내는 것이었다. 이런 우리의 노력이 열매를 맺었기를, 실수로 중요한 내용을 빠뜨리지 않았기를 바란다.

지구와 생명과학

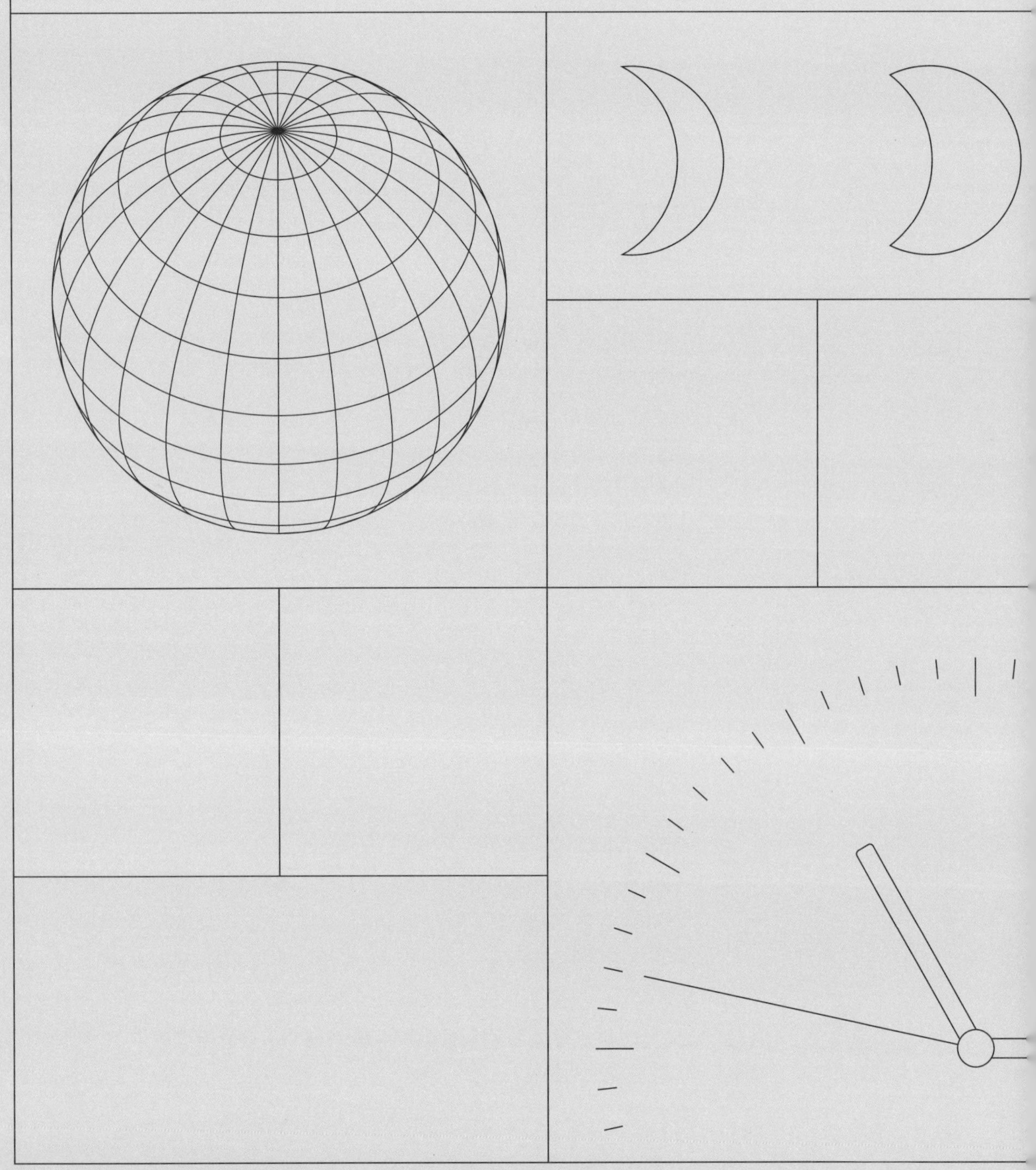

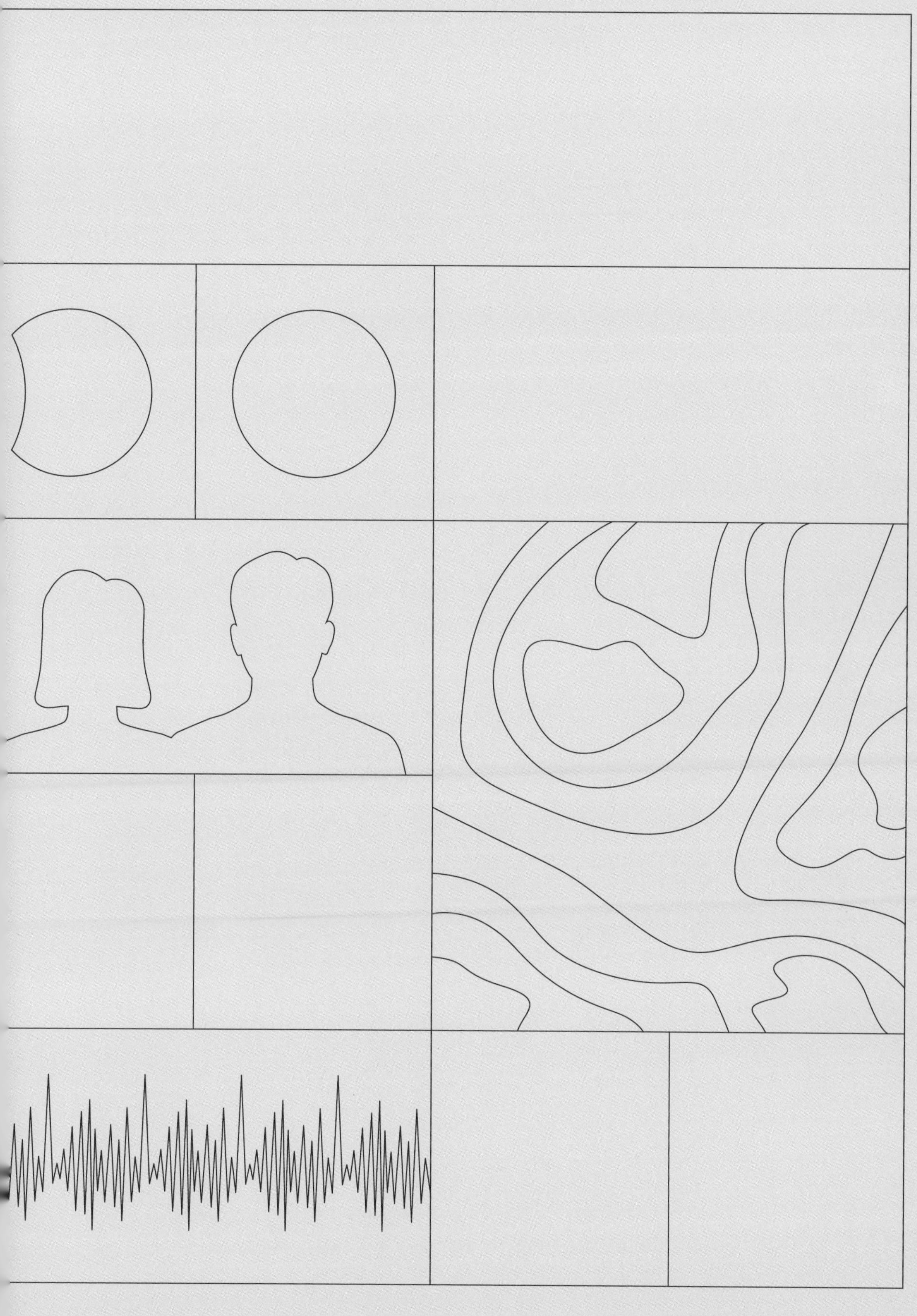

이심률(eccentricity)

(태양 주위를 도는 행성이나 혜성의 궤도처럼) 곡선 경로가 완전한 원의 모양과 다른 정도. 타원궤도의 장축(긴지름)과 단축(짧은지름)의 길이 차이를 이 축들의 길이의 합으로 나눈 값이다. 원궤도를 도는 물체는 궤도의 중심이 항상 태양이지만, 이심률이 매우 큰 궤도를 도는 물체는 궤도의 한쪽 끝에서는 태양과 매우 가까워지고, 다른 한쪽 끝에서는 매우 멀어진다. 닫힌궤도(운동 상태가 안정적이어서 지나간 위치를 일정한 시간 간격으로 반복해서 지나는 궤도)의 이심률은 항상 0(완전한 원인 경우)과 1 사이의 값을 갖는다.

궤도최원점(apoapsis)

궤도를 도는 물체가 궤도의 중심에서 가장 멀어지는 점. 태양 주위를 도는 궤도의 궤도최원점은 원일점(aphelion)이라고 부른다. 지구 주위 궤도를 도는 물체가 지구에서 가장 먼 거리에 있게 되는 점은 원지점(apogee)이라고 부른다.

궤도최근점(periapsis)

궤도최원점의 반대말. 궤도를 도는 물체와 궤도 중심의 거리가 가장 짧아지는 점. 태

물체의 궤도 이심률이 늘어나면 궤도최원점과 궤도최근점 사이의 거리도 늘어난다.

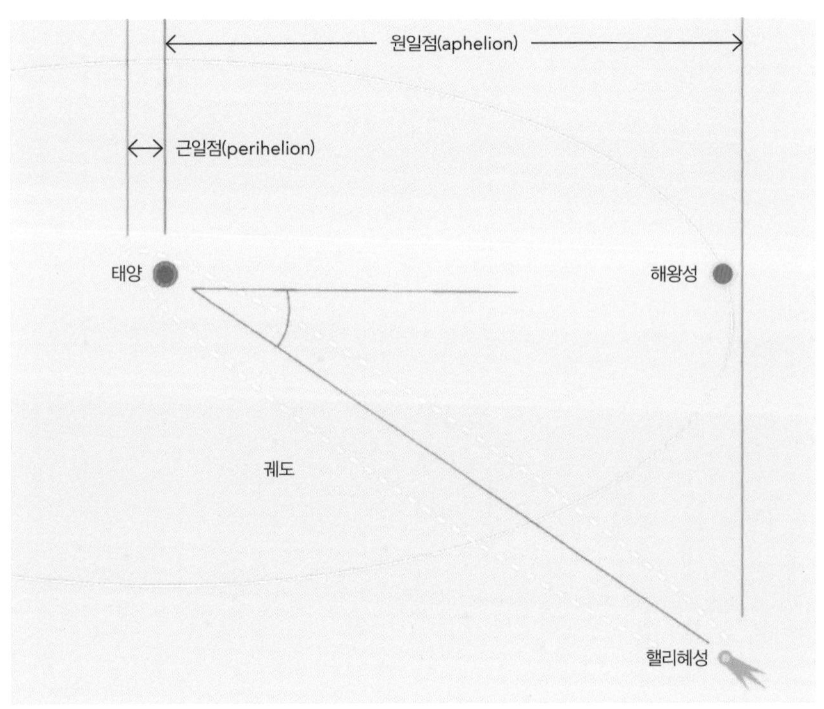

양 주위를 도는 천체들의 궤도최근접은 근일점(perihelion)이라고 부른다. 지구 주위를 도는 위성들은 그 위성들과 지구 사이의 거리가 가장 짧아지는 궤도최근접을 근지점(perigee)이라고 부른다. 달의 근지점과 지구의 거리는 약 359,000km로, 달의 원지점과 지구의 거리보다 42,000km 짧다. 핼리혜성의 근일점은 태양으로부터 약 0.6**AU** 거리에 있고, 핼리혜성의 원일점은 태양으로부터 55.3AU 거리에 있다.

경사(inclination)

두 천체의 궤도 평면 사이 각도. 보통은 지구의 궤도 평면과 다른 천체의 궤도 평면 사이 각도를 일컫는다. 물체의 궤도 평면은 그 물체의 궤도 전체를 포함하는 평면을 말한다.

각거리(angular distance)

지구를 중심으로 하는 **천구**상의 두 점으로 두 천체가 투사될 때 그 두 점 사이의 각도.

세차운동(precession)

(행성이나 팽이처럼) 회전하는 물체의 회전축 방향이 토크(torque, 물체를 회전시키는 효력을 나타내는 물리량–옮긴이)의 작용으로 점진적으로 변화하는 움직임. 행성의 세차운동은 중력에 의한 조석력(tidal force, 기조력, 지구의 경우는 태양과 달의 조석력)이 행성의 적도 부분을 끌어당김에 따라 발생한다(적도 부분에 조석력이 작용하는 이유는 대부분의 행성이 완벽한 구의 형태가 아니기 때문이다). 세차운동은 **천구좌표계**에서 측정되는 항성의 위치를 천천히 변화시킨다. 또한 세차운동은 황도를 따라 춘분점과 추분점을 매년 6분의 5초각(second of arc, 1초각은 1도의 3,600분의 1에 해당하는 각도–옮긴이) 정도 서쪽으로 움직이게 한다. 이를 분점의 세차운동이라고 부른다.

천구(celestial sphere)

지구를 중심으로 하는 반지름이 무한대인 가상의 구. 모든 천체(행성, 항성, 위성 등)는 천구상의 점으로 표시할 수 있다. 점의 위치는 지구 중심에서 시작해 천체를 통과하는 가상의 선이 천구와 만나는 곳이다.

황도(ecliptic)

태양이 1년 동안 다른 별들을 배경으로 천구상에서 움직이는 경로. 지구는 자전축이 기울어져 있기 때문에 황도는 천구의 적도(지구의 적도를 천구상으로 투사한 선) 쪽으로 23.43° 기울어져 있다. 황도는 지구 궤도 평면을 하늘에 투사한 것이기 때문에 일반적으로 태양계 전체의 평면으로도 생각된다(다른 행성들도 모두 비교적 비슷한 평면에서 궤도를 돌기 때문이다).

천문학자들은 다양한 목적으로 천구좌표계를 사용한다.

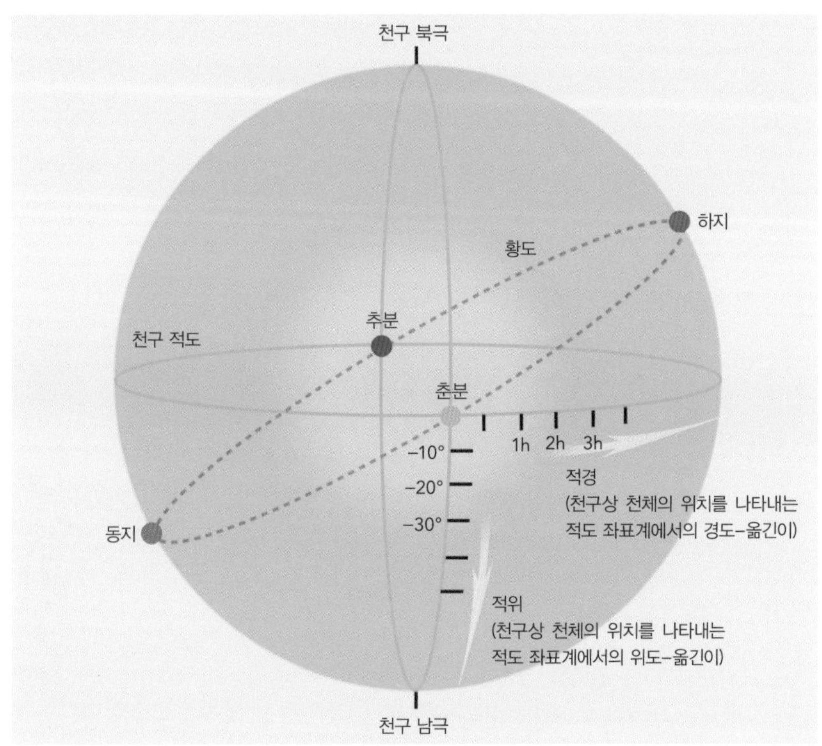

천구좌표계(celestial coordinate system)

천구상에서 물체들의 위치를 나타내는 시스템. 천문학자들이 주로 사용하는 시스템은 '적도' 시스템으로, **적위**와 **적경**을 이용해 물체의 절대적인 위치를 정의한다. 아마추어 천문학 연구자들과 신문 칼럼니스트들은 '지평좌표계(horizontal coordinate system)'를 선호한다. 지평좌표계는 **방위각**과 **고도**를 이용해 관찰자의 위치에서 본 물체의 위치를 나타내는 시스템이다. 지평좌표계는 직관적이어서 사용하기에 훨씬 편리하지만, 이 좌표계가 만들어내는 숫자들은 완벽하게 관찰자 기준이다. 따라서 미국 워싱턴DC에서 관찰했을 때 천정(zenith)에 있는 물체(즉, 고도가 90°인 물체)는 로스앤젤레스에서 관찰하면 훨씬 더 낮은 위치에 있게 된다. 천구좌표계의 종류는 이밖에도 다양하다. 이 천구좌표계들은 대부분 특수 목적으로 만들어진 것이다[은하수 은하(우리 은하) 평면을 기준으로 적위와 적경을 이용해 은하수 자체를 측정하기 위한 천구좌표계도 있다].

적위(declination)

지구의 적도를 천구에 투영한 것과 천체가 이루는 **각거리**. 적위가 양수라면 물체가 적도의 북쪽에, 적위가 음수라면 물체가 적도의 남쪽에 있다는 뜻이다.

적경(right ascension)

물체가 천구상의 춘분점을 통과하는 수직의 원으로부터 동쪽으로 벗어나는 **각거리**.

방위각과 고도는 관찰자 기준으로 위치를 찾는 데 유용하다.

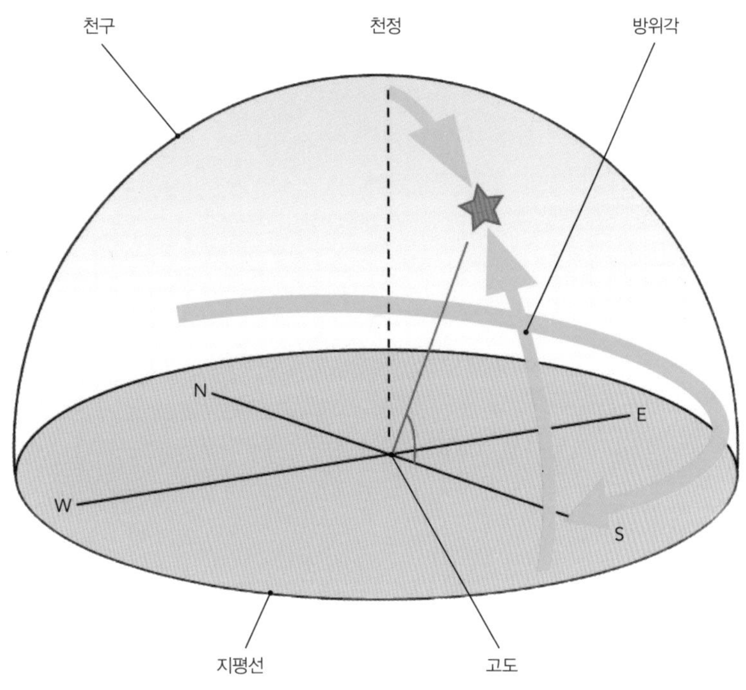

적경은 시(15°에 해당), 분(시의 60분의 1), 초(분의 60분의 1) 단위로 측정된다. 적위와 적경의 결합으로 **천구좌표계**의 '적도' 요소가 구성된다.

방위각(azimuth)

관찰자가 보는 지평선을 따라 북점(north point, 천구에서 자오선과 지평선이 스치는 두 점 중에 천구의 남극 근처에서 스치는 점을 남점, 천구의 북극 근처에서 만나는 점을 북점이라고 한다–옮긴이)으로부터 천구상에서 물체가 보이는 지점을 통과하는, 천정에서 천저로 이어지는 선(자오선)까지의 **각거리**를 시계 방향으로 측정한 수치.

이각(elongation)

지구에서 보는 천체와 태양 사이의 (직선) 각거리. 그 반대(다른 천체에서 보는 지구와 태양 사이의 각거리)는 천체의 위상각(phase angle)이라고 부른다.

궤도주기(orbital period)

궤도를 도는 물체가 그 궤도 중심 주위를 한 바퀴 완전히 도는 데 걸리는 시간. 궤도주기는 궤도속도, 궤도의 이심률, **궤도최원점, 궤도최근점**에 따라 달라진다.

궤도속도(orbital velocity, orbital speed)

천체가 궤도를 도는 **속력**(엄밀히 말하면 **속도**는 아니다).

시차는 서로 다른 위치에 있는 물체들이 실제로는 그렇지 않은데도 서로에게 더 가깝게 움직이는 것처럼 보이게 한다.

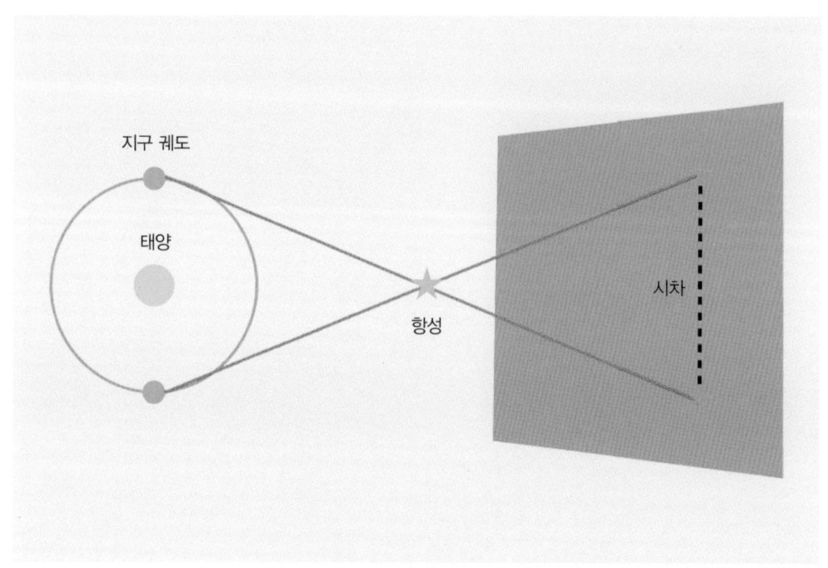

시차(parallax)

관찰자의 위치에 따라 천체의 위치가 달라 보이는 현상. 시차는 지구의 움직임 때문에 발생하며, 일주시차(diurnal parallax, 지구의 자전 때문에 발생한다), 연주시차(annual parallax, 지구의 공전 때문에 발생한다), 고유시차(secular parallax, 태양계가 우주에서 움직이기 때문에 발생한다)로 나눌 수 있다. 물체가 가깝게 있을수록 시차의 영향을 많이 받는다. 차를 타고 달릴 때 길가의 물체들이 멀리 떨어져 있는 물체들보다 더 빨리 움직이는 것처럼 보이는 것도 시차 때문이다.

고유운동(proper motion)

천구상 항성(또는 물체)의 각운동. 고유운동은 물체의 실제 움직임 중 관찰자의 시선과 수직을 이루는 방향으로의 움직임 부분이다.

시선속도(radial velocity)

물체가 관찰자의 시선 방향으로 운동할 때의 속도로, 관찰자를 향해 일직선으로 다가오거나 멀어지는 속도를 말한다. 통상 항성이 방출하는 빛(빛을 방출하지 않는 물체는 반사되는 빛)의 **편이**(청색편이 또는 적색편이)를 측정해 계산할 수 있다.

허블 상수(Hubble constant)

우주 팽창 때문에 먼 곳의 물체들이 서로 멀어지는 속도. 이 물체들 간 현재 거리의 함수로 측정된다. 허블 상수는 현재 존재하는 모든 물체에 적용된다는 점에서만 상수다. 20세기 내내 우주의 팽창은 138억 년 전 우주를 뜨겁고 밀도가 높은 상태로 탄생시킨 빅뱅 때문에 전적으로 발생하며, 따라서 우주의 팽창 속도는 자연스럽게 느려질 것으로 생각됐다. 하지만 최근에는 우주의 팽창 속도가 현재는 설명할 수 없는 암흑 에너지(dark energy)라는 현상 때문에 실제로는 점점 더 빨라지고 있다는 증거가 제시되고 있다. 현재까지 측정된 가장 정확한 허블 상수의 값은 약 70km/s/Mpc(킬로미터/초/메가파섹)이다.

탈출속도(escape velocity)

천체의 표면에서 그 천체의 중력장을 벗어나는 위치까지 도달하는 데 필요한 최소 속도. 지구의 탈출속도는 11,200m/s를 약간 넘는다. 실제로 우주선이 안정적인 궤도에 진입해 '무중력' 상태에 들어가기 위해 이 탈출속도에 도달할 필요는 없다.

라그랑주점(Lagrangian point)

2개의 커다란 천체가 있는 중력 시스템에서 이 천체들의 중력장이 상쇄되는 지점. 라그랑주점은 5개가 있다. 그중 2개는 안정적이고(근처의 물체는 이 2개의 물체 쪽으로 끌린다), 나머지 3개는 불안정하다(따라서 완벽한 중심에 있지 않은 물체는 이 두 물체에서 멀어진다).

정지궤도(geostationary orbit)

물체의 궤도주기가 행성의 회전주기와 정확하게 같아지는 높이에서 그 행성의 적도 위에 존재하는 궤도. 정지궤도에 있는 위성은 그 위성 밑에 있는 행성 표면에서 보면 항상 같은 자리에 있다는 뜻이다. 지구의 정지궤도 높이는 36,000km다.

로슈한계(Roche limit)

위성이 모행성(parent planet) 주위를 안정적으로 돌 수 있는 모행성 중심으로부터의 최소 거리. 상대적인 질량에 따라 다르지만, 로슈한계에 이르지 못하면 위성은 모행성 표면으로 빠르게 소용돌이치면서 추락하거나 부서져 고리 모양을 만들어낸다(토성의 고리가 전형적인 예다). 행성과 그 행성의 위성들 밀도가 비슷할 경우 로슈한계는 행성 반지름의 약 2.5배다.

슈바르츠실트 반지름(Schwarzschild radius)

표면 **탈출속도**가 빛의 속도보다 작아지는 질량을 갖기 위해 어떤 물체가 가져야 하는 최소한의 반지름. 질량 기준으로 슈바르츠실트 반지름 아래로 줄어드는 모든 물체는 블랙홀이 된다. 이런 물체가 붕괴하면 슈바르츠실트 반지름은 그 물체의 **사건의 지평선**이 된다.

사건의 지평선(event horizon)

어떤 정보도 외부 관찰자에게 도달할 수 없는 경계면. 이 경계면에서의 탈출속도가 빛의 속도나 전자기파의 속도를 넘어서는 블랙홀 주변에서 관찰된다.

로슈한계는 밀도에 따라 달라진다. 위성의 밀도가 모행성의 밀도를 기준으로 높아질수록 위성은 파괴되지 않고 모행성에 더 가깝게 다가갈 수 있다.

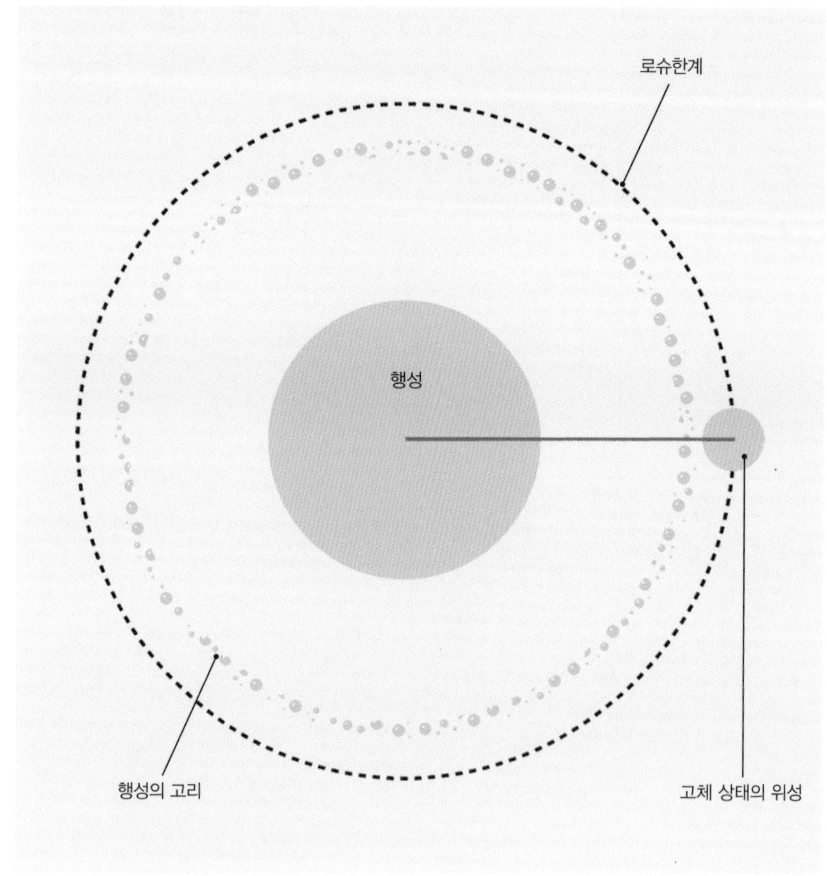

평면천구도(planisphere)

특정한 **위도**에서 보이는 모든 천체를 나타내는 원 모양의 별 지도. 날짜와 시간이 표시된 투명 용지가 덮여 있다. 이 투명 용지는 현재 날짜와 시간에 맞춰 지도에 덮을 수 있고, 위도와 **경도**에 따라 정밀하게 조절할 수 있으며, 눈에 보이는 모든 천체의 지평선 **천구좌표계**(즉, **방위각**과 **고도**)를 계산할 수 있게 한다.

실선 마이크로미터(bifilar micrometer)

극도로 정밀한 평행 전선 2개를 이용하는 같은 망원경을 통해 두 물체를 관찰할 때 이들의 각도 차이를 측정하는 간단한 장비.

헬리오미터(太陽儀, heliometer)

조절 가능한 렌즈를 이용해 이중 이미지를 생성해 두 천체 사이의 **각거리**를 측정하는 기구. 항성의 이미지를 포착한 다음 렌즈를 조절해 다시 이미지를 포착해 두 이미지를 정렬해보면, 두 이미지 사이의 각거리를 계산할 수 있다. 원래 태양의 지름을 계산하기 위해 만들어졌기 때문에 헬리오미터라는 이름이 붙었다(헬리오는 그리스어로 '태양'이라는 뜻이다–옮긴이).

헬리오미터의 작동 방식

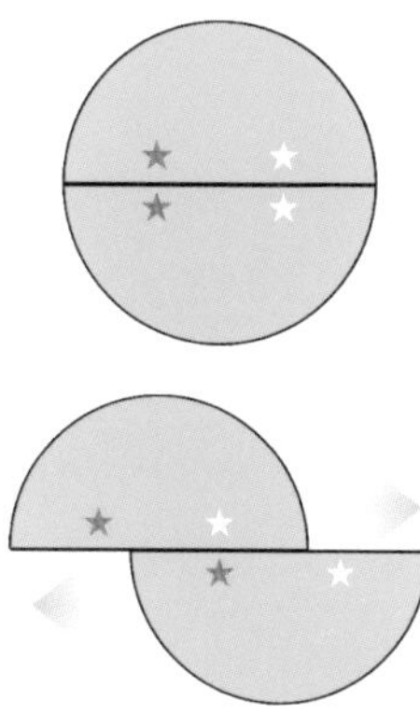

잰스키(jansky, Jy)

전자기파의 세기를 나타내는 단위. 전파망원경이 받는 신호의 강도를 측정하기 위해 주로 사용한다. 1잰스키는 $10^{-26}W/m^2/Hz$이다. 따라서 잰스키 단위 기준으로 볼 때, 1MHz의 채널 폭을 가진 신호가 되려면 1kHz의 채널 폭(channel width)을 가진 신호가 가진 절대 전력의 1,000배가 필요하다.

편이[shift, 적색편이(redshift), 청색편이(blueshift)]

지구에서 볼 때 먼 곳에 있는 항성들이 방출하는 빛(그리고 다른 방사선들)의 파장이 변화하는 것처럼 보이는 현상. 편이의 두 가지 원인은 상대적인 움직임(**도플러효과**)과 중간 공간의 팽창이다(중간 공간의 팽창은 매우 먼 거리에서만 중요성을 가진다). 적색편이는 물체가 우리로부터 멀어질 때 발생하고, 청색편이는 물체가 우리에게 가까워질 때 발생한다. 극도로 강한 중력장도 그 중력장을 통과하는 빛의 파장에 편이를 일으킬 수 있다.

스펙트럼형(spectral class)

항성이 다양한 **파장**으로 방출하는 빛의 세기를 기초로 항성의 온도와 화학적 구성을 분류한 결과. **태양 플레어**의 스펙트럼형은 1에서 9까지의 숫자를 문자 뒤에 붙이는 방법으로 분류된다. **광도계급** 같은 추가 정보가 숫자 뒤에 붙기도 한다. 항성 대부분은 (뜨거운 항성에서 차가운 항성 순으로) O, B, A, F, G, K, M의 스펙트럼형으로 분류되지만, 매우 특이한 일부 항성의 스펙트럼형에는 다른 문자가 붙기도 한다. 숫자는 각각의 스펙트럼형 안에서 가장 뜨거운 항성부터 차가운 항성의 순서를 나타낸다. 예컨대 A4 항성은 A6 항성보다 뜨거운 항성이다. 태양의 스펙트럼형은 G2다.

광도계급(luminosity class)

밝기를 기준으로 항성을 분류한 것. 보통 스펙트럼형 뒤에 추가로 붙으며, 1부터 7까지 로마숫자로 표시된다. 광도계급 6과 7은 거의 사용되지 않는다. I은 초거성(super-giant, 가장 크고 밝은 항성)을 뜻하고, V는 태양 같은 주계열성(main sequence star), 즉 왜성(dwarf star)을 뜻한다.

밝기 등급(magnitude)

항성의 밝기를 나타내는 단위. 항성(또는 그 외 천체들)의 겉보기등급(apparent magnitude)은 지구에서 볼 때의 밝기를 말하며, 숫자가 낮을수록 밝은 항성이다. 지구에서 육안으로 볼 수 있는 가장 어두운 천체의 밝기 등급은 6이다. 어떤 천체의 전체적인 밝기 등급이 1만큼 낮아진다는 것은 그 천체가 2.51배 더 밝아진다는 뜻이다. 항성의 절대등급(absolute magnitude)은 정확하게 10파섹(parsec) 거리에서 관찰했을 때의 겉보기등급을 말한다.

흑점수(sunspot number), 볼프흑점수(Wolf sunspot number, R)

흑점의 많고 적음을 토대로 태양의 표면 활동을 측정하기 위한 단위. 보이는 흑점의 숫자에 흑점 집단 수의 10배를 더해 얻은 숫자를, 관찰을 위한 망원경의 위치와 유형에 따라 달라지는 인자(보통 0에서 1 사이)와 곱한 숫자다.

태양 플레어 강도 등급(solar flare intensity scale)

태양 플레어의 엑스레이 에너지를 나타내는 등급. 따라서 이 등급은 전파 커뮤니케이션과 위성 커뮤니케이션에 태양 플레어가 미치는 파괴적 영향을 나타낸다(가장 강력한 태양 플레어는 지상의 전자장비와 전력전송망에도 영향을 미칠 수 있다). 태양 활동은 문자(A, B, C, D, M, X)와 숫자(보통 1에서 9)를 이용해 분류된다. A, B, C 등급은 태양의 활동이 평균 수준이라는 뜻이며, 통상 D 등급까지는 지구에 영향을 미치지 않는다. 각각의 문자로 표시되는 등급은 그 아래 등급보다 10배 강력함을 나타내며, 같은 등급 안에서 숫자들은 선형적으로 강도를 표시한다. 따라서 X3 플레어의 강도는 M5 플레어 강도의 6배이며, M5 플레어의 강도는 M1 플레어 강도의 5배다. 현재까지 가장 강력했던 태양 플레어는 2003년 11월 4일에 발생한 것으로, 강도가 X28이었다.

토리노 충돌척도는 어떤 천체의 지구 충돌 가능성과 그 충돌이 일으킬 수 있는 피해의 규모에 기초해 위험을 평가하는 척도다.

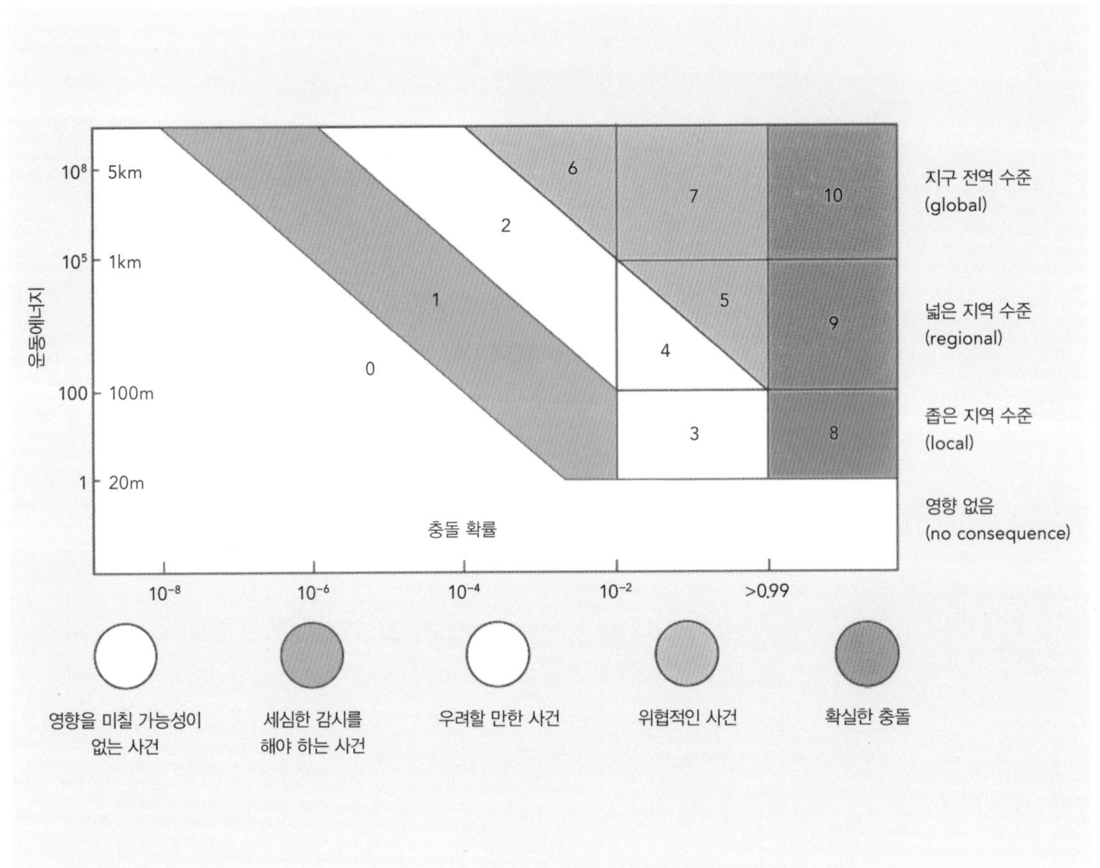

토리노 충돌척도(Torino impact scale)

혜성, 소행성 또는 지구 근접 물체 등이 인류의 생존을 위협하는 정도를 나타내는 지수. 사건들은 0에서 10까지의 단계로 평가되며, 각 단계는 다시 5개 등급으로 나뉜다. '영향을 미칠 가능성이 없는 사건(등급 0)'과 '세심한 감시를 해야 하는 사건(등급 1)'은 위협 수준이 낮은 사건이고, '우려할 만한 사건(등급 2~등급 4)'은 충돌 가능성이 작으며 충돌이 발생한다고 해도 비교적 좁은 지역에만 영향을 미칠 수 있는 사건이다. '위협적인 사건(등급 5~등급 7)'은 광범위하게(또는 지구 전체에 걸쳐) 파괴를 일으킬 가능성이 상당히 큰 근접 조우를 뜻한다. 등급 8에서 등급 10에 해당하는 '확실한 충돌'은 지역 수준의 파괴를 일으키는 비교적 소규모의 충돌에서 지구 생명체 전체를 쓸어버릴 정도의 지구 전역 충돌까지를 포함한다.

복사점(radiant)

유성우(meteor shower)나 그와 비슷한 현상이 시작되는 지점으로, 지구에서 관찰되는 **천구**상의 점(복사점이 관찰되는 이유는 평행선의 원근 효과에 있다. 복사점 현상은 평행한 두 선으로 구성되는 길이 멀어지면서 이 두 평행선의 간격이 좁아지는 것으로 보이는 것과 똑같은 현상이다).

역기점(epoch)

천문학 관측에서 (하늘의 항성이나 행성의 위치 같은) 데이터를 기록하기 위해 기준 시점으로 삼는 시각. 어떤 천체가 움직이기 시작한 시각, 천체의 위치와 움직임을 조합하면 그 천체가 다른 시각에 어디에 위치할지 계산해낼 수 있다. 따라서 계산된 데이터와 실제로 측정된 데이터가 차이 날 경우, 역기점은 알려진 천체의 움직임에 영향을 미친 미확인 천체를 발견하거나 가정을 수정하는 데 이용될 수 있다.

천문단위(astronomical unit, AU)

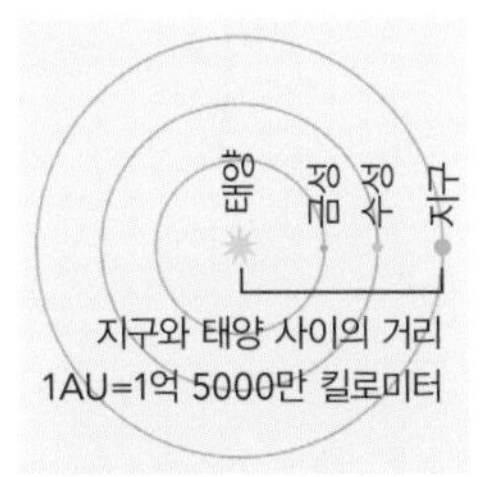

지구 공전궤도의 평균 반지름이 1AU다. 금성의 공전궤도 평균 반지름은 0.7AU, 수성의 공전궤도 평균 반지름은 0.38AU다.

천문학적 기준으로 보면 매우 작은 거리 단위. 1AU는 149.6Gm(기가미터), 즉 1억 5000만 킬로미터이며, 지구에서 태양까지의 평균 거리다. AU는 '지구와 같은 주기로 완벽한 원형 궤도를 도는 천체가 있다고 가정할 때 그 궤도의 반지름'으로 정의된다.

광년(light-year, ly)

진공상태에서 빛이 1년 동안 움직이는 거리로, 9조 4610억 킬로미터, 즉 63,241.1AU에 해당한다. 광분(light minute), 광초(light second) 등의 단위가 같이 사용되기도 한다.

파섹(parsec, pc)

천문학에서 사용하는 거리의 표준 단위. 1아크초의 원둘레가 **1AU**인 원의 반지름으로 정의된다. 즉, 지구에서 정확하게 1파섹 거리에 있는 항성은 1아크초(1도의 3,600의 1)의 시차 편이를 보인다는 뜻이다. 1파섹은 약 3.26광년 또는 약 31조 킬로미터에 해당한다. 우리 태양계에서 가장 가까운 항성인 센타우루스자리 프록시마(Proxima Centauri)는 지구와 1.29파섹(4.22광년) 거리에 있다.

허블 길이(Hubble length, LH)

물체가 지구에서 관찰 가능한 상태를 유지한 채 멀어질 수 있는 최대 거리. 허블 길이는 우주의 나이만큼 빛이 움직인 거리에 해당한다. 더 먼 거리에 있는 물체들로부터 방출된 빛은 그 시간 동안 우리에게 도달하지 못한 상태이기 때문이다. 1LH만큼 떨어진 물체들은 우주의 팽창 때문에 우리로부터 빛의 속도로 멀어진다.

태양 질량(solar mass)

천문학자들이 연구하는 항성들의 **질량**을 나타내는 질량의 단위(무게의 단위가 아니다). 1태양 질량은 1.989×10^{30}kg으로 정의되며, 대략 태양의 질량과 같다.

목성 질량(Jupiter mass)

말 그대로 목성의 **질량**. 다른 항성 주위를 도는 행성들에 대해 기술할 때 질량의 단위로 사용된다. 약 1.9×10^{24}톤에 해당하며, 태양 질량의 1,000분의 1이 채 안 된다.

지구 질량(Earth mass)

우리가 사는 지구의 질량. 6×10^{21}톤이다(목성의 질량은 지구 질량의 약 315배다). 다른 항성계에 있는 비슷한 행성들을 찾는 천문학자들이 비교 단위로 사용한다.

달의 위상(phases of moon)

달의 위상각(phase angle)이 변화하면서 나타나는, 달의 보이는 부분의 변화. 달의 위상각이 줄어들면 달 표면 중에서 보이는 부분이 늘어나며, 보름달(만월)은 위상각이 0°에 매우 가까울 때, 월식은 위상각이 정확히 0°일 때 관찰된다. 망원경을 통해 보이는 행성들도 정확하게 같은 방식으로 위상을 나타낸다.

달이 초승달에서 보름달로 모양이 바뀌는 것을 '달이 커진다'라고 말한다. 커진 달은 다시 보이는 부분이 줄어들기 시작한다. 볼록달(gibbous moon)은 상현달이든 하현달이든 반달보다 크다.

회합주기(synodic period)

천체가 지구에서 본 하늘에서 태양에 대해 상대적으로 같은 위치로 돌아오는 데 걸리는 시간. 예를 들어, 달의 회합주기는 삭망월(synodic month)과 같으며, 보름달과 보름달 사이의 시간을 말한다.

태양주기(solar cycle)

태양 활동이 최대치가 되는 기간[흑점과 **태양 플레어**(solar flare)가 가장 많이 나타나는 기간]과 다음으로 다시 최대치가 되는 기간 사이의 시간. 평균적인 태양주기는 약 11년이지만 가장 짧았을 때 9년, 가장 길었을 때 14년을 기록하기도 했다.

사로스주기(saros)

일식과 월식을 예측하기 위해 사용하는 시간 단위. 223삭망월에 해당하며, **그레고리력**으로는 18년 11일 또는 18년 10일 7.4시간에 해당한다(그사이에 윤년이 얼마나 포함되는지에 따라 달라진다). 사로스주기가 지나면 지구, 태양, 달은 서로에 대해 상대적으로 같은 위치로 돌아온다. 사로스주기의 마지막 자리에 7.4시간이 붙어 있다는 것은 각각의 일식 또는 월식이 일어날 때 지구 표면의 다른 부분에서 후속 일식 또는 월식을 관찰할 수 있다는 뜻이다. 지구는 3사로스주기가 지나면 거의 같은 위치로 돌아온다(동일한 지역에서 같은 일련번호의 일식을 관측할 수 있다는 뜻이다-옮긴이).

플라톤년(platonic year), 대년(great year)

지구가 세차운동 회전을 한 바퀴 마치는 데 걸리는 시간(즉, 분점이 **세차운동**을 통해 황도상의 원래 위치로 돌아가는 데 걸리는 시간). 플라톤년은 약 2만 5800년에 해당한다.

은하년(galactic year), 우주년(cosmic year)

태양이 은하수 은하 궤도를 완전히 한 바퀴 도는 데 걸리는 시간. 일반적으로 1은하년은 약 2억 2500만 년으로 간주된다.

태양계의 나이(age of solar system)

전 태양성운(pre-solar nebula)에서 고체 물질 덩어리들이 생기기 시작한 시점으로부터 현재까지의 시간. 전 태양성운은 태양계에 기본 원료를 제공한 매우 거대한 가스와 먼지구름이다. 운석과 지구에서 가장 오래된 돌들에 보존된 광물 성분을 방사성동위원소 연대측정법으로 생성 시점을 측정한 결과 약 45억 7000만 년 전에 이 물질들이 만들어졌다는 사실이 확인됐다.

우주의 나이(age of the universe)

'빅뱅' 이후 흘렀다고 계산되는 시간. 우주의 현재 크기와 우주 팽창 속도를 기초로 계산한 우주의 추정 나이는 약 138억 년이다.

황도대(zodiac)

태양의 궤도, 즉 황도를 분할하는 12개 별자리. 점성술사들이 다양한 행성(그리고 달과 태양)의 상대적인 위치를 나타내기 위해 사용한다. 현대의 점성술사들은 황도를 12개 부분으로 똑같이 나누지만, 고대의 점성술사들은 각 별자리가 차지하는 실제 영역에 따라 황도를 나눴다(이 실제 영역의 폭은 모두 다르다). 서양 황도대의 12개 별자리는 양자리, 황소자리, 쌍둥이자리, 게자리, 사자자리, 처녀자리, 천칭자리, 전갈자리, 궁수자리, 염소자리, 물병자리, 물고기자리다. 하지만 이 별자리들에 서양 점성술사들이 부여한 의미와 완전히 상반되는 의미를 부여하는 다른 점성술 시스템도 있다. **세차운동** 때문에 별자리들은 처음에 이름이 정해졌던 때 이후로 황도와의 거리가 달라졌고, 현재 태양은 열세 번째 별자리인 땅꾼자리(Ophiuchus)에서 해마다 짧은 시간 동안 머문다.

시대(age)

여기서의 시대란 '물고기자리의 시대, 물병자리의 시대라고 말할 때의 시대'를 가리키는 천문학의 시간 단위다. 어떤 정의를 따르는지에 따라 2,100년(분점이 황도를 따라 30°만큼 **세차운동**을 하는 시간)이 되거나, 춘분이 특정한 황도 12개 별자리 안에서

24.09 - 22.11
23.11 - 22.12
23.12 - 20.01
21.01 - 19.02
20.02 - 20.03
21.03 - 20.04
21.04 - 21.05
22.05 - 21.06
22.06 - 22.07
23.07 - 23.08
24.08 - 23.09
24.09 - 23.09

일어나는 시간이 되기도 한다.

상승점(ascendant)

점성술에서 말하는, 한 사람이 태어난 시간과 장소에서 지평선 너머로 올라오던 별자리.

중천점(midheaven)

점성술에서 말하는, 한 사람이 태어난 시간과 장소에서 **천정**과 가장 가까웠던 별자리. 별자리가 차지하는 영역은 폭이 정확하게 같지 않기 때문에, 늘 그렇지는 않지만 통상 같은 시간과 장소의 상승점으로부터 세 자리 앞의 별자리가 중천점이 된다.

하우스(house)

한 사람의 별자리 운세를 12부분으로 나눈 것 중 하나를 가리키는 점성술 용어. 점성술사에 따라 다르기는 하지만, 별자리에 할당되는 하우스들 또는 정확한 출생 시점에 대해 할당되는 하우스들의 폭은 같을 수도 있고 서로 다를 수도 있다.

어포지션(opposition)

황경(ecliptic longitude)으로 180° 떨어진 두 물체의 위치를 가리키는 용어.

컨정션(conjunction)

어포지션의 반대말. 점성술에서는 2개의 행성(또는 행성과 태양)이 하늘에서 서로 가깝게 보일 때 이 두 행성이 컨정션 관계에 있다고 말한다.

중국 점성술 사이클(Chinese astrological cycle)

서양 점성술보다 복잡한 시스템. 중국의 점성술은 열두 종류의 동물(이 동물들이 모두 별자리를 가지지는 않는다)과 5개 '요소'(서양 연금술의 4요소와 비슷하다)를 기초로 한다. 열두 동물과 5개 요소가 결합해 60년 주기를 만들어낸다.

거리

많이 사용되는 미터법 접두어. 미터법 단위 앞에서 그 단위가 특정 배수만큼 증가한다는 것을 나타낸다.

접두어	약자	배수
kilo–	k	10^3
hecto–	h	10^2
deka– deca–	da	10
–	–	1
deci–	d	10^{-1}
centi–	c	10^{-2}
mili–	m	10^{-3}
micro–	μ	10^{-6}
nano–	n	10^{-9}

메트릭마일(metric mile)

운동 경기에서 주로 쓰는 길이의 단위. 메트릭마일은 임페리얼마일(imperial mile), 즉 법정 마일(statute mile)과는 다른 단위로 주로 경주 거리를 나타내기 위해 사용하며, 통상 1,500m에 해당한다. 1메트릭마일은 약 0.932057임페리얼마일이다. 메트릭마일은 (1임페리얼마일에 훨씬 더 가까운) 1,600m 거리에 적용되기도 한다(미국 고등학교 경주 대회에서 이렇게 적용된다).

킬로미터(kilometer, km)

1,000m(또는 0.621371임페리얼마일). 킬로미터는 미터법에서 흔히 사용되는 단위 중 가장 큰 단위다.

미터(meter, m)

미터법 시스템의 기본단위. 1m는 100cm(또는 약 39.37인치)다. 미터라는 말의 어원은 그리스어 μέτρον(메트론)이다. CGPM에 따르면 현재 1m는 빛이 진공상태에서 299,792,458분의 1초 동안 움직이는 거리로 정의된다. 이 정의는 미래의 과학자들이 빛의 속도를 더 정확하게 측정하게 된다면 바뀔 수도 있다.

센티미터(centimeter, cm)

1m의 100분의 1에 해당하는 길이(또는 약 0.39인치).

밀리미터(millimeter, mm)

1m의 1,000분의 1에 해당하는 길이(또는 약 0.039인치).

마이크로미터(micrometer, micron, μm)

1m의 100만 분의 1에 해당하는 길이(또는 약 0.00004인치). 짧은 길이나 얇은 두께를 측정하는 도구에서 주로 사용한다.

나노미터(nanometer, nm)

1m의 10억 분의 1에 해당하는 길이(또는 약 0.00000004인치). 가시광선, 감마선, 자외선 같은 빛의 파장을 측정하는 데 주로 사용한다.

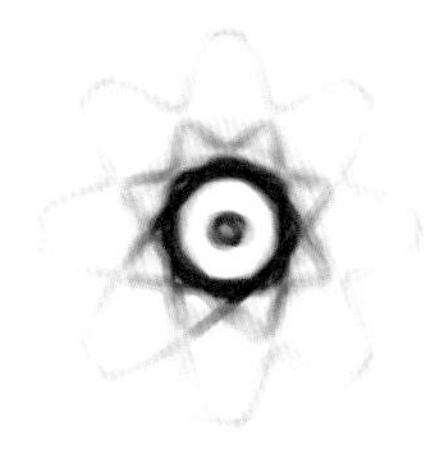

원자핵의 지름은 일반적으로 펨토미터 단위로 측정된다.

옹스트롬(angstrom, Å)

10^{-10}m, 즉 0.1nm(나노미터). 이 단위는 스웨덴의 물리학자 안데르스 요나스 옹스트롬(Anders Jonas Ångström, 1814~1874)이 태양 스펙트럼을 설명하기 위해 처음 사용했다. 옹스트롬은 0.25~3Å 사이 원자의 반지름을 표시하는 데 지금도 사용되고 있지만, 요즘에는 옹스트롬보다는 나노미터가 주로 사용된다.

펨토미터(femtometer, fm)

10^{-15}m. 물리학에서는 페르미(fermi)라고 부르기도 한다. 펨토미터는 원자핵이나 원자핵보다 작은 입자들의 크기를 측정하는 데 사용한다. 원자핵보다 작은 입자인 양성자나 중성자의 지름은 약 2.5fm다.

플랑크길이(Planck length, lp)

양자물리학에서 사용하는 자연단위계(인간과 무관한 자연의 특성으로만 정의되는 단위계–옮긴이)의 길이 단위. 독일의 이론물리학자 막스 플랑크(Max Planck, 1858~1947)가 처음 정의했으며 현대 이론물리학에서 사용하는 단위 중 가장 작은 단위다. 1lp는 1.616×10^{-35}미터에 해당한다.

인치(inch, in)

2.54cm 또는 36분의 1야드에 해당하는 영국 임페리얼 단위 체계의 길이 단위. 인치는 매우 오래된 단위로, 엄지손가락 끝에서 첫 번째 관절(엄지손가락이 구부러지는 부분)까지의 길이로 처음 정의됐다고 알려진다. 실제로 일부 언어에서는 인치와 엄지손가락을 가리키는 말이 매우 비슷하기도 하다. 미국 서베이(survey) 인치는 표준 임페리얼 인치보다 약간 길다. 서베이 인치와 표준 임페리얼 인치는 수천, 수만 킬로미터 거리를 인치로 나타낼 경우에만 그 차이가 중요해진다.

피트(foot, ft)

12인치, 즉 30.48cm에 해당하는 임페리얼 길이 단위. 피트는 처음에 인간의 발 길이를 기준으로 정의됐다고 일반적으로 알려져 있다(하지만 인간의 발 길이는 보통 12인치보다 짧다). 미국에서는 흔히 사용되는 서베이 피트와 구별하기 위해 인터내셔널 피트라고 부른다(**인치** 참조).

야드(yard, yd)

3피트, 즉 0.9144m에 해당하는 임페리얼 길이 단위. 야드는 그동안 수많은 방식으로 표준화 작업이 이뤄졌다. 전설에 따르면 영국의 헨리 1세는 팔을 쭉 편 상태에서 자신의 엄지손가락 끝에서 코끝까지의 길이로 정했다고 한다.

로드(rod)

길이를 나타내는 임페리얼 단위. 전통적으로 땅을 측정하는 데 사용됐다. 1로드는 16.5피트 또는 5.03m에 해당하며, 현재 로드는 북아메리카에서만 사용된다. 로드는 퍼치[perch, **페르슈**(perche)와는 전혀 다른 단위다] 또는 폴(pole)이라고 불리기도 한다. 역사적으로 로드는 별로 정확하지 않은 단위였다.

페르슈(perche)

길이나 면적 또는 그 둘 다를 나타내는 단위. 나라마다 페르슈에 대한 정의가 다르다. 페르슈는 미국 단위인 퍼치(**로드** 참조)와 전혀 다른 단위이며, 각 나라에서 다음과 같이 다양하게 정의된다. 1페르슈는 캐나다에서는 231.822인치, 세이셸에서는 약 6.497m, 스위스에서는 3m, 벨기에에서는 6.5m로 각각 정의된다. 미터법 도입 이전의 프랑스에서 페르슈는 지역에 따라 다르게 정의되기는 했지만 매우 중요한 땅 측정 단위였다.

체인(chain)

길이를 나타내는 미국의 비미터법 단위. 정확한 이름은 건터체인(Gunter's chain)이며, 미국 공공 토지조사에서 가장 많이 사용된다. 1체인은 22야드 또는 20.1168m 또는 100link(링크)다. 스코틀랜드와 아일랜드의 건터체인은 미국의 건터체인보다 훨씬 짧다. 스코틀랜드의 1건터체인은 8.928인치, 아일랜드의 1건터체인은 10.08인치다. 건터체인 외에 램든체인(Ramden Chain), 래스본체인(Rathborn's chain)이라는 단위도 있지만 잘 사용되지 않는다. 키프로스에서 1체인은 8인치다.

펄롱(furlong)

660피트 또는 201.168m(1마일의 8분의 1)에 해당하는 임페리얼 단위 겸 미국 전통 단위. 펄롱은 고대 영어의 퍼(furh, 고랑이라는 뜻)와 랑(lang, 길다는 뜻)을 어원으로 하며, 10에이커 크기의 밭에 있는 고랑의 길이를 나타냈다. 현재 펄롱은 영국 경마 분야에서만 제한적으로 사용된다.

마일(mile)

인터내셔널 마일 또는 법정 마일로도 부르는 임페리얼 길이 단위. 1마일은 1,760야드 또는 약 1,609m다. 하지만 해상마일, 즉 해리[nautical mile, '영국해리(Admiralty mile)'라고도 부른다]는 1,853m이며, 항해와 항공 분야에서 사용된다. 법정 마일은 1593년 영국 엘리자베스 1세 여왕이 8펄롱으로 정의했는데, 마일이라는 말 자체는 라틴어의 밀레 파수스(mille passus, '1,000걸음'이라는 뜻, **로마마일** 참조)에서 유래했다.

리그(league)

땅 측정에 전통적으로 사용됐던 거리 단위. 처음에 이 단위는 사람이나 말이 1시간 동안 움직인 거리로 정의됐지만, 16세기경 약 3마일을 나타내는 단위로 정착했다(지역에 따라 차이가 있기는 했다).

케이블(cable)

다양하게 정의되는 해상 거리 단위. 일반적으로 해리의 10분의 1, 즉 185.3m로 정의되지만, 1케이블은 100패덤, 즉 182.88m를 가리키는 말이기도 하다. 미국 해군에서는 1케이블을 120패덤, 즉 219.456m로 사용하는 반면 영국 해군에서는 1케이블이 608피트, 즉 185.3184m로 사용한다.

패덤(fathom)

해상 거리를 나타내는 전통 단위. 1패덤은 6피트 또는 1.8288m다. 원래 패덤은 남자가 두 팔을 활짝 벌린 길이에 해당하는 단위였다.

스팬(span)

9인치 또는 22.86cm에 해당하는 길이 단위. 스팬은 손가락들을 쫙 폈을 때 엄지손가락 끝과 새끼손가락 사이의 길이를 기초로 만들어진 단위다.

핸드(hand, hh)

4인치 또는 10.16cm에 해당하는 길이 단위. 손바닥의 폭을 기준으로 한 단위지만 현재는 말의 키를 잴 때만 사용한다. 이 단위의 약자 hh는 '핸즈 하이(hands high)'의 줄임말이다.

큐빗(cubit)

매우 오래전 고대 문명에서 사용됐던 길이의 단위. 큐빗이라는 말은 팔꿈치를 뜻하는 라틴어 '쿠비툼(cubitum)'에서 온 말이며, 남자의 팔뚝 길이와 비슷한 길이를 뜻한다. 로마 큐빗은 약 44.35cm였지만, 큐빗이라는 단위는 바빌로니아나 이집트 같은 고대 국가에서도 측정 단위로 사용됐다. 바빌로니아 큐빗, 즉 수메르 큐빗은 51.72cm였으며, 바빌로니아 큐빗은 현재까지 알려진 가장 오래된 길이의 측정 단위다. 이집트 큐빗은 약 52.4cm였던 것으로 추정된다. 큐빗은 한때 영연방 국가들에서 18인치를 나타내는 길이 단위로 사용되기도 했지만, 지금은 그렇게 사용되지 않는다.

스타디움(stadium)

고대 로마와 고대 그리스의 길이 단위. 스타디움이라는 영어 단어는 고대 그리스어 στάδιον(스타디온)에서 왔으며, 1스타디온은 약 606피트(185m)였다. 고대 그리스와

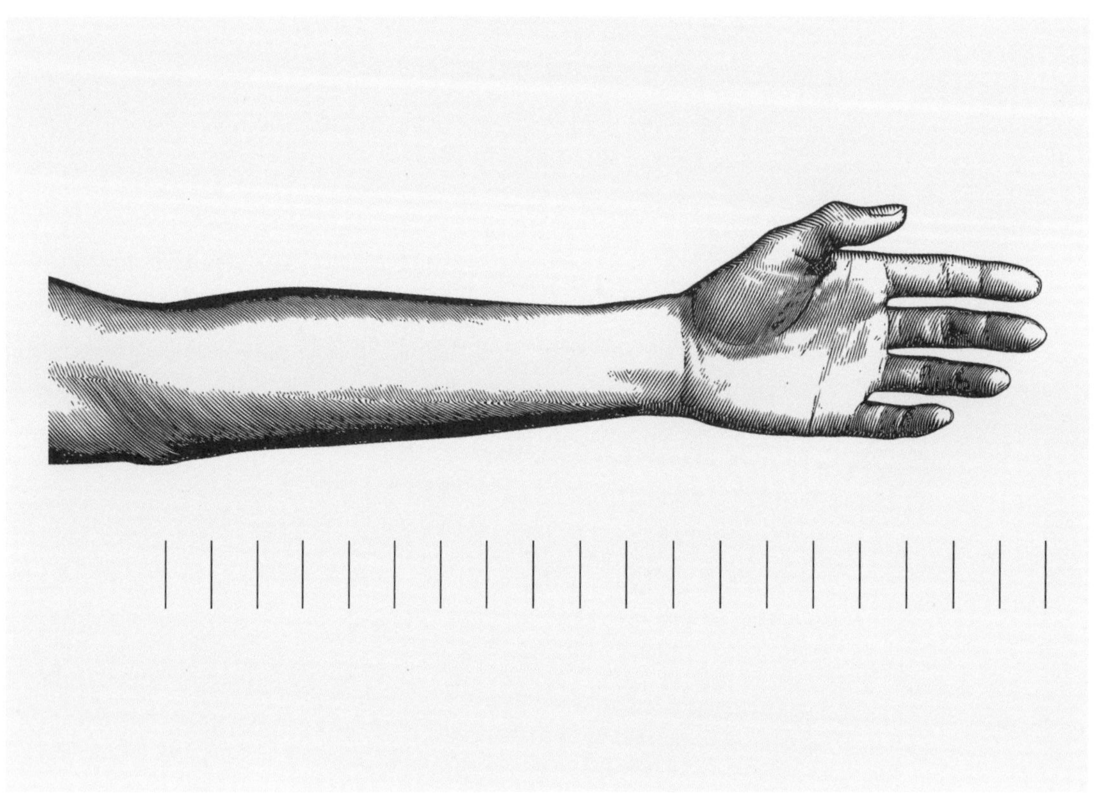

큐빗은 가장 오래된 거리 측정 단위 중 하나로, 인류 역사에 걸쳐 여러 지역에서 다양한 거리를 나타내는 데 사용됐다.

고대 로마에서 운동 경기가 열리던 타원형 경기장이 이 스타디온 단위를 기초로 지어졌으며, 스타디온이라는 단위 이름 자체가 이런 운동 경기장을 뜻하는 말이 됐다.

로마마일(Roman mile)

고대 로마의 길이 단위로 현대의 법정 마일이 여기서 유래했다. 로마마일을 뜻하는 라틴어 단어는 1,000걸음을 뜻하는 '밀레 파수스'다. 1로마마일은 약 1,485m였던 것으로 추정된다.

마라톤(marathon)

장거리 도로 경주. 마라톤은 BCE 490년 그리스인들이 페르시아의 침략을 물리친 후 마라톤에서 아테네로 승전을 알리는 전령을 보낸 일을 기념하기 위해 만들어진 운동 종목이다. 당시 전령이 달린 거리가 약 35km로 전해진다(그리스 역사가 헤로도토스는 이 이야기와는 좀 다른 버전을 이야기했다. 전령인 페이디피데스는 35km가 아니라, 페르시아군과의 전투가 벌어지기 전에 스파르타의 지원을 얻기 위해 아테네에서 스파르타까지 약 240km를 달렸다고 한다). 1896년 제1회 근대올림픽 경기대회에서 최초의 마라톤 경주가 열렸지만, 국제올림픽위원회가 마라톤 경주 거리를 최종 확정한 것은 1924년에 이르러서다. 이때 확정된 거리가 42.195km다.

표준궤(standard gauge)

철도 선로 양쪽 두 레일 사이의 표준 거리. 전 세계 철도 선로의 60%가 이 표준 거리, 즉 1.435m를 따른다. 표준궤는 영국에서 1846년 게이지 법이 제정됨에 따라 확정된 것이다. 그 이전에는 철도의 두 레일 간 간격이 이보다 조금 좁은 1.422m였다. 광궤(broad gauge)의 폭은 2.14m이며, 유럽 대륙의 고속열차 선로에 적용된다.

캘리버(caliber)

총알 같은 탄약이나 총열의 내부 직경(지름). 총의 캘리버는 인치(예를 들어 0.44인치) 또는 밀리미터(예를 들어 9mm)로 표시한다.

보어(bore)

인치나 밀리미터로 나타낸 실린더의 내부 직경. 산탄총 같은 무기에 대해 말할 때 보어는 1파운드의 무게가 될 총열 직경에 들어가는 납 총알 수를 나타낸다. 따라서 4보어 산탄총은 12보어 산탄총보다 더 강력한 무기다.

캘리퍼스(calipers)

물체의 외경, 내경, 깊이 등을 측정하는 도구. 끝이 뾰족한 다리 2개가 연결된 모양으로, 컴퍼스와 비슷하게 생겼다. 안쪽 길이를 측정할 때는 이 뾰족한 부분들이 바깥쪽으로 향하고, 바깥쪽 길이를 측정할 때는 안쪽으로 향한다.

버니어 눈금(vernier scale)

측정 도구의 측정 정확도를 향상시키기 위해 메인 눈금(mail scale, 주척)에 추가된 움직이는 눈. 프랑스 수학자 피에르 베르니에(Pierre Vernier, 1580~1637)가 고안했으며, 측정 도구의 메인 스케일에 추가돼 미세한 길이를 잴 수 있게 해준다. 버니어 눈금은 기압계, 육분의(각도와 거리를 정확하게 재는 데 쓰이는 광학 기계–옮긴이), 캘리퍼스, 마이크로미터(나사의 원리를 이용해 길이를 정밀하게 측정하는 도구–옮긴이) 등에서 사용된다.

주행거리계(odometer)

바퀴 달린 탈것이 운행한 거리를 측정하는 도구. 현재 주로 자동차에 설치돼 있지만, 주행거리계라는 개념이 등장한 것은 수천 년 전이다. BCE 25년경 고대 로마의 건축가 비트루비우스(Vitruvius)가 이 개념을 언급했으며, 아르키메데스(Archimedes)가 최초의 주행거리계를 발명했다고 알려져 있다.

만보기(pedometer, 보수계 또는 페도미터)

발로 걸은 거리를 측정하는 도구. 사용자가 자신의 평균 보폭을 설정하면 만보기가

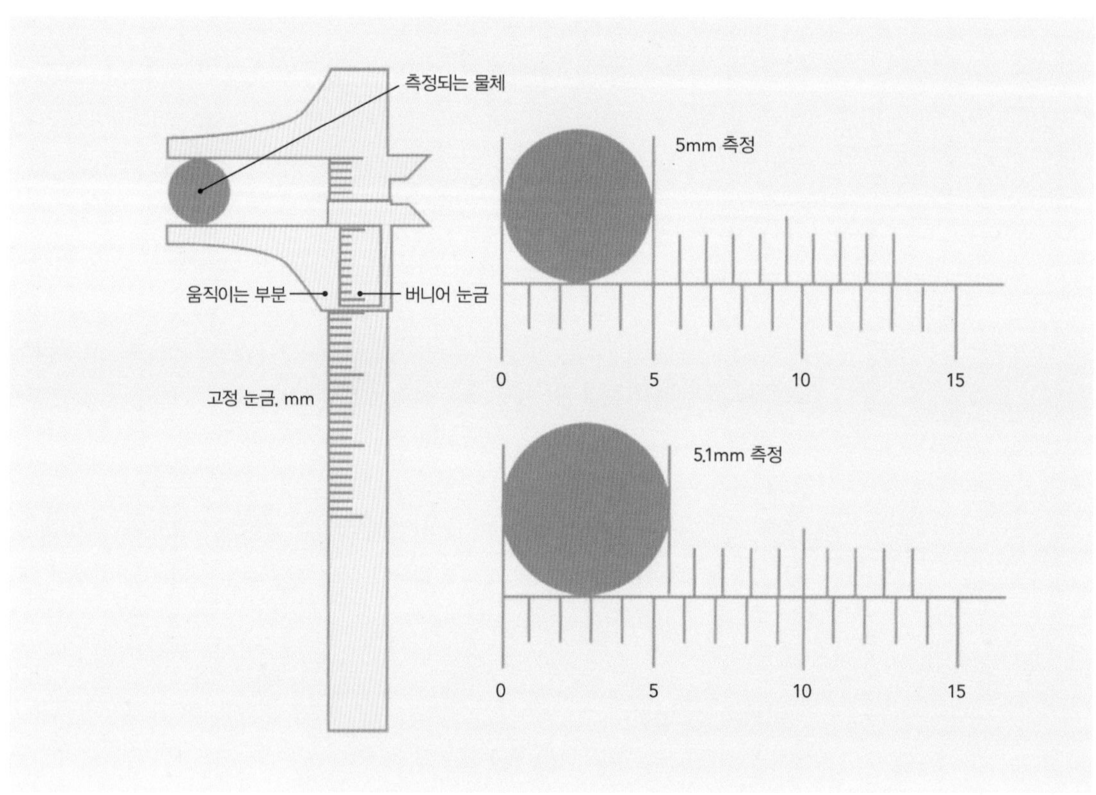

버니어 눈금은 작은 길이를 훨씬 더 미세하게 측정할 수 있게 한다.

걸을 때 같이 움직이는 부분을 감지해 걸음 수를 측정한다. 걸어간 거리는 평균 보폭에 걸음 수를 곱한 값이다. 최근 들어서는 피트니스 트래커(fitness tracker, 손목에 착용하는 웨어러블 디바이스–옮긴이), 스마트폰, **GPS**의 등장으로 기존의 만보기는 거의 사용되지 않는다.

GPS (Global Positioning System, 글로벌 포지셔닝 시스템)

매우 정밀도가 높은 위성 내비게이션 시스템들의 총칭. GPS는 처음에는 특수한 목적으로만 사용됐는데, 21세기 들어서는 대부분 분야에 사용되고 있다. [내브스타(NavStar)라고도 불렸던] 원래 GPS는 1970년대부터 미국 정부가 개발하고 운영해왔으며, 러시아·중국·유럽 국가들도 비슷한 시스템을 가동해왔다. 이 시스템은 지구 주위 궤도를 도는 위성들로부터 받은 신호의 시간 지연을 측정해 지구상의 사용자 위치를 정확하게 계산함으로써 오차 범위 1m 내외로 사용자의 위치를 특정하거나 사용자의 움직임을 포착할 수 있다.

지질학

지질학 연대 표

선캄브리아 시대(pre-Cambrian time)는 원생누대, 시생누대, 명왕누대라는 3개의 누대(eon)로 구성된다. 지구는 45억 년 전 명왕누대에 고체 행성의 형태를 갖췄지만 당시 생명체가 존재했다는 증거는 없다.

지구의 나이(age of Earth)

지금까지 알려진 가장 오래된 지구상 암석들의 나이는 38~39억 년 정도지만, 그 암석들 안에 있는 광물의 나이는 41~42억 년이나 된다. 이런 사실들은 **방사성동위원소 연대측정**, 같은 시점에 생성됐다고 추정되는 운석들의 연구를 통해 측정할 수 있다.

누대/대 (eon/era)	기 (epoch)	세 (period)	연대	특이사항
명왕누대 (Hadean)			45억 년 전	지구가 고체 행성이 된 시기. 생명체 존재 증거 없음.
시생누대 (Archaean)			40억 년 전	고체 지각 형성. 단세포생물 출현.
원생누대 (Proterozoic)			25억 년 전	산맥 형성이 시작됨. 다세포생물 출현, 지각판(techtonic plate)의 움직임이 현재 수준으로 늦어지기 시작함.
고생대 (Paleozoic)	캄브리아기 (Cambrian)		5억 4100만 년 전	해면동물, 산호 같은 후생동물(metazoan), 삼엽충 등장. 곤드와나 초대륙(Gondwana supercontinent)이 분열되기 시작함.
	오르도비스기 (Ordovician)		4억 8500만 년 전	어류 출현. 하지만 생명체 대부분은 여전히 무척추동물 상태. 생명체는 물속에서만 존재함.
	실루리아기 (Silurian)		4억 4400만 년 전	상어 출현. 땅에서 식물 출현.
	데본기 (Devonian)		4억 1900만 년 전	암모나이트 출현. 공기호흡을 하는 절지동물 출현.
	석탄기 (Carboniferous)		3억 5900만 년 전	날아다니는 곤충 출현. 식물이 땅에 완전히 정착함. 석탄기 말기에는 파충류 출현.
중생대 (Mesozoic)	페름기 (Permian)		2억 9900만 년 전	삼엽충 멸종. 판게아 초대륙 형성.
	트라이아스기 (Triassic)		2억 5200만 년 전	공룡 출현. 육지에 포유동물 출현.
	쥐라기 (Jurassic)		2억 100만 년 전	조류 진화, 판게아 초대륙 분열. 대서양 형성.
	백악기 (Cretaceous)		1억 4500만 년 전	꽃식물 출현. 공룡과 암모나이트 멸종. 현재의 대륙들이 지금과는 다른 위치에 출현함.
신생대 (Cenozoic)	팔레오기 (Paleogene)	팔레오세 (Paleocene)	6600만 년 전	내해들(inland sea, 육지로 둘러싸여 있고 해협으로 대양과 통하는 바다-옮긴이)의 물이 모두 마름. 유제류(발굽이 있는 포유류 동물-옮긴이), 설치류, 영장류가 진화함.
		에오세 (Eocene)	5600만 년 전	알프스-히말라야산맥, 로키산맥이 형성되기 시작함.
		올리고세 (Oligocene)	3400만 년 전	숲이 사라지고 그 자리에 초원이 들어서 확장되기 시작함. 유인원 출현.
	네오기 (Neogene)	마이오세 (Miocene)	2300만 년 전	고등영장류 진화함. 기온이 내려가고, 남극대륙이 얼기 시작함.
		플리오세 (Pliocene)	500만 년 전	사람속(genus Homo) 출현.
	제4기 (Quaternary)	플라이스토세 (Pleistocene)	260만 년 전	호모사피엔스 출현.
		홀로세 (Holocene)	1만 2000년 전	최초의 문명 시작됨.

방사성동위원소 연대측정(radio-isotope dating)

방사성동위원소 연대측정은 동위원소가 '딸(daughter)' 동위원소로 얼마나 많이 붕괴되는지 측정해 연대를 알아내는 방법이다. 예를 들어, 마그마가 식는 과정에서 만들어지는 지르콘 결정(zircon crystal)은 방사성 우라늄-235를 잡아내지만 납은 잡아내지 않는다. 처음에는 납이 전혀 없었고, 우라늄-235가 붕괴해 납-207이 되기 때문에 납의 양은 암석의 나이를 나타내는 지표가 된다. 우라늄-235의 반감기는 7억 400만 년이므로, 지르콘 샘플에 처음부터 존재하던 우라늄-235 원자들의 반은 7억 400만 년 후에는 납-207이 될 것이다. 암석의 나이를 알 수 있게 해주는 다른 동위원소로는 루비듐-87(반감기: 488억 년, 딸 동위원소: 스트론튬-87), 칼륨-40(반감기: 12억 8000만 년, 딸 동위원소: 아르곤-40) 등이 있다.

탄소연대측정(carbon dating)

탄소 동위원소인 탄소-14와 '딸' 동위원소인 질소-14를 이용한 **방사성동위원소 연대측정**. 탄소연대측정은 탄소-14의 반감기가 비교적 짧은(지질학적 관점에서 짧다는 뜻이다) 5,730년밖에 되지 않아 500년에서 5만 년 정도의 나이를 가진 물체의 정확한 연대측정에 유용하다는 장점이 있다. 방사성동위원소 연대측정에서처럼 탄소연대측정을 할 때도 샘플이 화산 폭발로 분출된 이산화탄소 같은 물질로 오염되지 않도록 주의해야 한다.

화산폭발지수
화산의 폭발성, 화산재[테프라(tephra), 고체상태로 분출되는 화산 분출물]의 양, 화산재 구름의 높이를 나타내는 단위. 인류 역사에서 화산폭발지수가 8이상인 화산 폭발은 없었지만, 그렇다고 해서 이 정도 규모의 화산 폭발이 인간이 출현하기 전의 지질 시대에도 없었다는 뜻은 아니다.

경사계(clinometer)

암석 **지층**의 기울기 정도를 측정하는 도구. 지구 지각의 운동 때문에 원래 수평으로 놓여 있던 암석 지층들이 상당히 많은 정도로 기울어진다.

	0	1	2	3	4	5	6	7	8
관측 특징	폭발 없음 (non explosive)	소규모 (small)	중간 규모 (moderate)	약간 대규모 (moderately large)	대규모 (large)	매우 대규모 (very large)			
테프라의 부피(m^3)		10^4	10^6	10^7	10^8	10^9	10^{10}	10^{11}	10^{12}
화산재 분출 높이(km)*	<0.1	0.1~1	1~5	3~15	10~25	25			
화산 폭발 정도	소규모(gentle), 중간 규모(effusive)	← 폭발(explosive) →	← 다소 대규모(severe), 극심함(violent), 엄청남(terrific) →	← 대규모(cataclysmic), 매우 대규모(paroxysmal), 파국적(collossal) →					
분화의 종류	하와이식(Hawaiian)	← 스트롬볼리식(Strombolian) →	← 불카노식(Vulcanian) →	← 플리니식(Plinian) →	← 울트라플리니식(ultra-Plinian) →				
역대 폭발 횟수	487	623	3,176	733	119	19	5	2	0
1975~1985년 사이의 폭발 횟수	70	124	125	49	7	1	0	0	

*주: VEI 0-2 데이터는 분화구 위 킬로미터 단위를 적용했으며, VEI 3-8 데이터는 평균해수면 위 킬로미터 단위를 적용했다.

메르칼리 진도

1. 사람들이 느끼지 못함.

2. 건물 꼭대기에 있는 사람들이 느낄 수 있음. 매달려 있는 물체들이 흔들림.

3. 소형 트럭이 지나갈 때 느껴지는 진동 정도가 느껴짐. 매달려 있는 물체들이 움직임. 지진으로 느껴지지 않을 수 있음.

4. 대형 트럭이 지나갈 때 느껴지는 진동 정도가 느껴짐. 서 있는 차들이 흔들리거나 접시들이 달가닥거림.

5. 실외에서 감지됨. 컵에서 액체가 넘치고 작은 물체들이 넘어짐.

6. 모든 사람이 느낌. 사람들이 겁을 먹을 수 있음. 액자가 벽에서 떨어지고 유리에 금이 갈 수 있음.

7. 서 있기 힘들어짐. 약한 굴뚝이 무너짐. 천장이나 벽에 바른 회반죽, 타일, 천장과 벽 사이의 돌림띠가 갈라짐. 연못에 파도가 생김.

8. 자동차 운전이 힘들어짐. 벽돌로 된 벽이 무너짐. 건물 구조가 심각하게 훼손됨. 샘의 온도가 변하고 물살이 생김.

9. 건물, 댐, 둑에 대규모 피해가 발생함. 사람들이 극심한 공포를 느끼고, 동물들이 내달림.

10. 대부분의 빌딩이 파괴됨. 산사태가 일어나고 강이 범람함.

11. 도로, 철도 선로, 지하시설이 파괴됨. 땅이 크게 갈라짐.

12. 전면적인 피해가 발생함. 큰 바위들이 굴러다니고 물이 사방에 넘침. 시야와 수평면이 뒤틀림. 물체들이 공중으로 튕겨 나감.

화산폭발지수(Volcanic Explosivity Index, VEI)

화산 폭발 강도를 나타내는 지수. 화산폭발지수에는 폭발에 대한 설명과 폭발의 이름도 포함된다. 그동안의 폭발 횟수도 이 지수로 기록된다.

지각판 이동(tectonic drift)

지구의 지각은 지속적으로 움직이는 지각판이라는 층으로 구성돼 있으며, 이 지각판들이 움직임으로써 땅의 모양, 특히 산맥의 모양이 결정된다. 지각판들은 1년에 최대 5cm 정도까지 움직인다. 지각판에는 큰 지각판 7개와 수많은 작은 지각판이 있다.

지층(strata)

시간이 흐르면서 쌓이는 퇴적암의 각 층을 나타내는 말. 절벽 표면을 보면 다양한 종류의 암석층들을 확인할 수 있다.

릭터 규모(Richter scale)

지진의 규모를 나타내는 단위. 단위 이름은 미국의 지진학자 찰스 릭터(Charles Richter, 1900~1985)의 이름을 딴 것이다. 릭터 규모는 0에서 시작하는 로그 척도를 따른 값이며, 릭터 규모가 1만큼 늘어나면 지진의 규모는 10배 커지고 지진으로 인해 방출되는 에너지의 양은 약 32배가 된다. 릭터 규모는 지진이 건물 같은 구조물에 미치는 영향이 아니라 지진계에 기록되는 데이터를 사용한다는 점에서 **메르칼리 진도**와 다르다. 2004년 12월 인도양 대지진의 릭터 규모는 9.3으로, 역사상 기록된 지진 중 최대 규모에 속했다.

메르칼리 진도(Mercalli scale)

지진의 영향[진도(intensity)]을 나타내는 단위. 이탈리아의 지진학자 주세페 메르칼리(Giuseppe Mercalli, 1850~1914)의 이름에서 따왔다. 메르칼리는 물리학자 데로시(de Rossi)와 포렐(Forel)의 연구를 기초로 지진이 땅에 미치는 영향을 나타내는 등급을 만들었다. 이 등급은 지진계로만 감지되는 정도를 나타내는 1등급에서 완벽한 파괴를 나타내는 12등급까지로 구성된다. 그 후 미국의 지진학자 해리 우드(Harry Wood)와 프랭크 노이만(Frank Neumann)이 수정하여 현재에 이르렀는데, 이를 수정 메르칼리 진도라고 한다.

모멘트 규모(moment magnitude scale)

릭터 규모를 계승한 지진 규모 단위. 릭터 규모가 값이 높아지면 '포화(saturation)' 문제가 생긴다는 사실을 발견한 일본의 지질학자 가나모리 히로오가 개발한 단위다. 여기서 포화 문제란 릭터 규모 값이 커질수록 지진 규모 사이의 차이가 불분명해지는 문제를 말한다. 모멘트 규모는 대형 건물에 가장 큰 타격을 주는 저주파 지진 파

릭터 규모와 모멘트 규모의 비교

그간 발생한 지진	릭터 규모	모멘트 규모
미주리주 뉴마드리드 (1812)	8.7	8.1
캘리포니아주 샌프란시스코 (1906)	8.3	7.7
아칸소주 프린스윌리엄 (1964)	8.4	9.2
캘리포니아주 노스리지 (1994)	6.4	6.7

장을 고려한 규모다.

퇴적 속도(sedimentation rate)

물 또는 공기 속에 떠 있는 입자들이 가라앉는 속도. 어떤 물질이 가라앉는지, 어떤 조건하에서 가라앉는지에 따라 퇴적 속도가 달라지기 때문에 특정한 물질의 퇴적 정도를 측정하면 시간에 따라 주위 조건이 어떻게 변했는지 알 수 있다.

주보프 스케일(Zhubov scale)

얼음이 덮인 면적(ice coverage)을 재는 척도. 소련의 해군 장교 주보프(N. N. Zhubov, 1895~1960)가 만든 단위로, 볼(ball)이라는 단위를 사용한다. 맑은 물의 주보프 스케일은 0볼이며, 10%가 얼음인 경우는 1볼, 20%가 얼음이면 2볼이다.

위도(latitude)

적도와 평행한, 지구를 둘러싸는 상상의 선. 적도의 위도는 0°이며, 적도와 남·북극 사이의 각도는 90°다. 북회귀선(Tropic of Cancer)은 북위 23.5°, 남회귀선(Tropic of Capricorn)은 남위 23.5°에 위치한다. 위도 1°는 땅에서 볼 때 약 111km에 해당한다.

경도(longitude)

자오선(meridian)이라고도 불리는, 남극과 북극 사이의 지구 표면을 따라 그어진 상상의 선. 경도 0° 선은 영국 런던의 그리니치를 지나는 선으로 본초자오선(prime meridian)이라고도 부른다. 그리니치 본초자오선에서 가장 먼 경도선은 동쪽 또는 서쪽으로 180° 떨어진 선으로, 국제 날짜변경선이라고도 부른다. 경도는 **위도**와 함께 지구상의 모든 위치를 확인할 수 있게 해주는 격자 기준 시스템을 구성한다.

북극과 남극(North and South Pole)

북극과 남극은 적도에서 북쪽과 남쪽으로 각각 가장 멀리 떨어진 지점이며, 경도선들이 한데 모이는 지점이다. 지구에는 자기장이 있는데, 이 자기장의 두 극점은 각각 북극과 남극의 위치와 대략만 일치한다. 따라서 실제 방향을 정확하게 알기 위해서는 나침반을 반드시 수정해야 한다. 이 수정 작업은 북쪽으로 갈수록 중요해진다. 자북(Magnetic North)은 진북(True North)에서 1,000km 떨어져 있으며, 해마다 위치가 10~40km 정도 계속해서 변한다. 지구 자기장의 극성은 그동안 수없이 역전되곤 했다.

주향과 경사(strike and dip)

지층면 또는 단층면이 수평면에 대해 기울어진 각도를 나타내는 용어. 주향은 기울

지구 표면을 가로세로로 가로지르는 상상의 선들이 격자 기준 시스템을 제공해 지구상의 모든 위치를 확인할 수 있게 해준다.

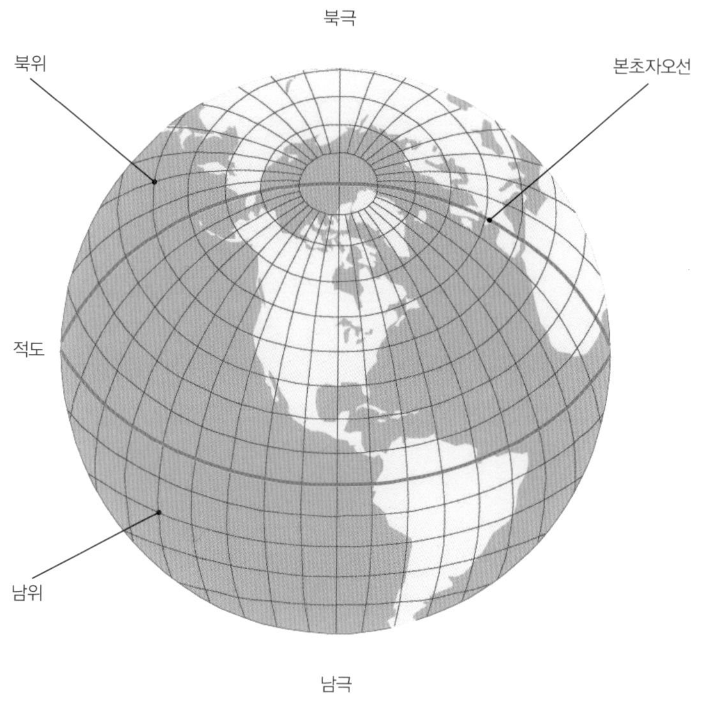

어진 지층면과 수평면이 서로 만날 때 만들어지는 직선(주향선)의 방향을 뜻한다. 즉, 주향은 진북을 기준으로 이 주향선이 동쪽 또는 서쪽으로 몇 도 돌아가 있는지를 나타낸다. 경사는 기울어진 지층의 구조 면이 지구 표면과 이루는 각도를 말한다.

중력계(gravimeter)

중력계는 지구 표면의 다양한 지점에서 지구중력장의 세기를 측정해 각 지점에서의 중력장 크기를 비교할 수 있게 해주는 도구다. 중력계는 석유나 광물 탐사에 특히 유용하다.

자기편각(magnetic declination, magnetic deviation)

진북과 자북의 방향 차이(**북극과 남극** 참조). 자북의 위치는 계속 변하기 때문에 자기편각 또한 계속 변화한다.

땅의 넓이

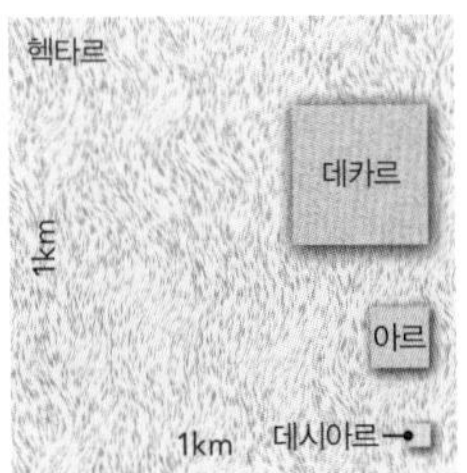

1헥타르는 1km²다. 1헥타르는 10데카르(decare) 또는 100아르(are) 또는 1,000데시아르(deciare)다.

헥타르(hectare, ha)

1km² 또는 약 2.471에이커에 해당하는 면적을 나타내는 미터법 단위. 프랑스어 '아르(are, 100m²)'와 그리스어 '헤카톤(hekaton, 100)'에서 유래한 말로, 미국에서 주로 사용된다.

제곱미터(m²)

넓이를 나타내는 미터법 기본단위. 1m²는 한 변의 길이가 1m인 정사각형의 넓이다. 미터가 길이를 나타내는 기본 SI단위이듯 제곱미터는 넓이를 나타내는 기본 SI단위다. CGPM은 모든 넓이를 헥타르나 제곱킬로미터 등이 아닌 제곱미터로 나타내기를 권고한다. 물론 제곱미터가 반드시 정사각형의 넓이를 나타내는 건 아니다. 길이 4m, 폭 25cm인 직사각형의 넓이도 1m²다.

에이커(acre, ac)

4,840제곱야드 또는 4,046.8564m²에 해당하는 땅의 면적을 나타내는 임페리얼 단위. 역사적으로 에이커는 정확한 측정 단위가 아니라, 소 한 마리가 하루에 갈 수 있는 땅의 넓이를 나타내는 말이었다. 따라서 에이커는 정사각형 모양의 땅 면적을 나타낸다기보다는 길쭉한 직사각형 모양의 땅 면적을 나타내는 단위였다고 할 수 있다. 땅의 모양이 길쭉해야 쟁기의 방향을 바꾸는 횟수가 적어지기 때문이다. 1에이커가 현재의 4,840제곱야드로 정의된 것은 1878년 영국 도량형법에 따라서다. 미국의 서베이 에이커는 국제 표준 에이커보다 약간 큰 4,046.8726m²다.

루드(rood, ro)

1에이커의 4분의 1 또는 약 0.1012헥타르에 해당하는 넓이를 나타내는 임페리얼 단위. 원래 1루드는 길이 40로드(rod), 폭 1로드의 땅의 넓이를 나타내는 말이었다(1로드는 5.03m). 루드는 현재는 거의 사용하지 않는다.

하이드(hide)

땅 넓이를 나타내는 모호한 단위. 영국 전역에서 사용됐던 하이드는 한 가족이 생계를 유지할 수 있는 정도의 땅 넓이를 뜻했다. 생계유지에 필요한 땅의 넓이는 가족구성원의 수에 따라 다르기 때문에 하이드는 60에이커에서 120에이커까지 다양한 넓이로 생각됐다. 시간이 지나면서 하이드는 세금 부과를 위한 기준 단위로도 사용됐다. 『앵글로색슨 연대기(Anglo-Saxon Chronicle)』(앵글로색슨어로 앵글로색슨인의 역사를 기록한 편년체 연대기들을 취합한 책-옮긴이)에 따르면, 1008년 당시 앵글로 색슨의 왕 애설레드 1세는 300하이드에 대해서는 전함 한 척을 만들 수 있는 금액을, 8하이드에 대해서는 투구 하나와 쇠사슬 갑옷 한 벌을 만들 수 있는 금액을 세금으로 내야 한다고 공표했다.

헌드레드(hundred)

땅 넓이의 단위로 사용된 카운티(county, 주) 또는 셔(shire, 주)의 일부를 나타내는 말.

라이딩(riding)

고대 영국에서 땅의 일부를 나타내던 말. 고대 영어 '트리싱(trithing)'에서 온 말이다[트리싱이라는 말은 고대 노르드어 '트리스융그르(trithjungr, 제3자라는 뜻)'에서 유래했다]. 전통적으로 라이딩은 고대 영국의 카운티를 구성하는 3개 부분 중 하나를 나타내는 말로 사용됐으며, 영국 요크셔를 구성하는 3개 부분(이스트라이딩, 노스라이딩, 웨스트라이딩)의 명칭에 지금도 남아 있다.

알프레드 대왕은 영국 최초로 '셔'를 수백 부분으로 나눈 왕으로 알려졌다.

카운티(county)

나라를 이루는 부분을 가리키는 말. 원래 카운티는 백작(count)의 지배하에 있는 영국의 땅을 뜻했다. 현재 카운티는 지방 행정의 주요 부분을 이루는 국가 영토의 한 부분을 말한다.

섹션(section)

주로 미국과 캐나다의 토지조사에서 사용되는 땅의 단위. 땅의 모양에 따라 약간 달라질 수도 있지만 통상 1섹션은 1제곱마일 또는 640에이커에 해당한다.

타운십(township)

주로 미국과 캐나다의 토지조사에서 사용되는 땅의 단위. 1타운십은 36섹션이며, 36제곱마일 또는 23,040에이커에 해당한다. 타운십은 1785년 토지법에 따라 토지 단위로 처음 정의됐다. 이 법에 따르면 1타운십의 땅은 두 변은 남북 방향 나머지 두 변은 그 두 변과 직각을 이뤄야 한다. 즉, 타운십으로 측정이 되려면 땅이 직사각형 또는 정사각형이어야 한다는 뜻이다. 강 때문에 이런 모양이 나올 수 없거나, 아메리칸 원주민 보호구역이 포함된 땅에는 이 원칙이 적용되지 않았다.

1타운십은 36섹션으로 구성되며, 1섹션은 1제곱마일이다(땅의 모양 탓에 예외가 있기도 하다).

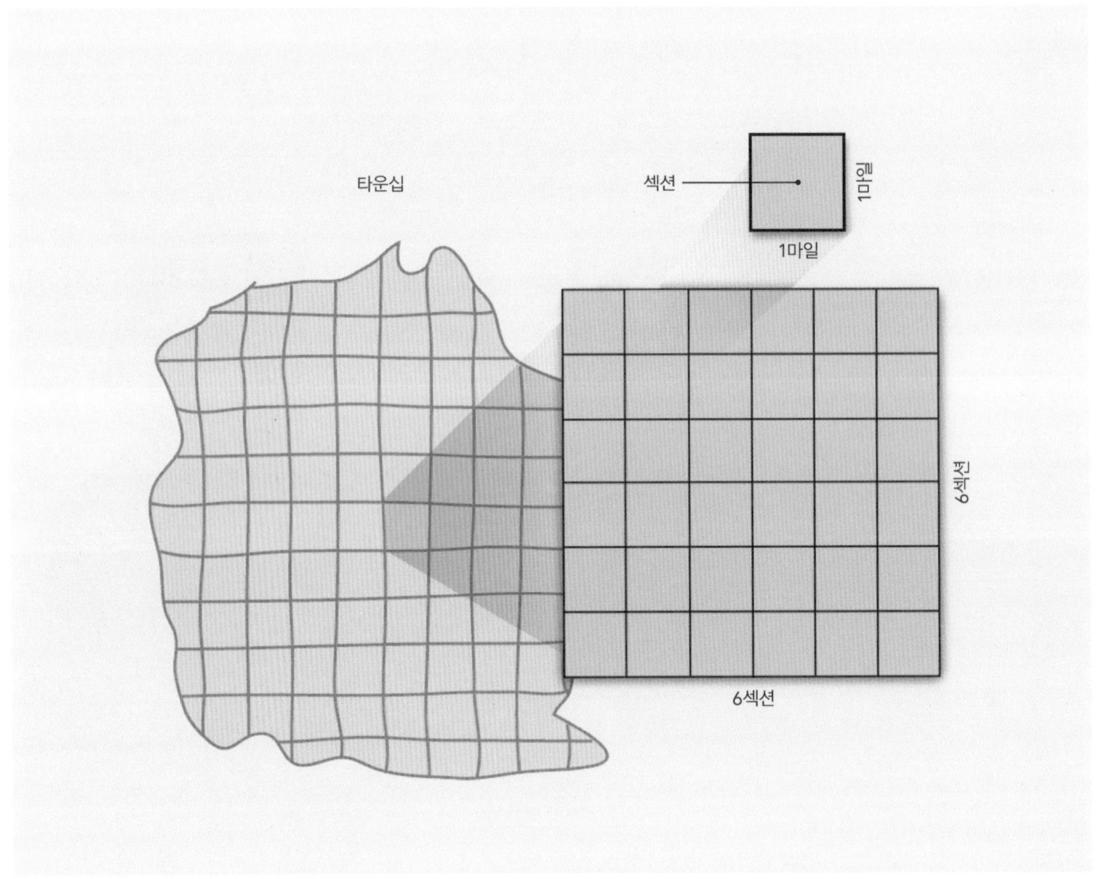

제곱마일(square mile, sq mi)

땅 넓이를 나타내는 임페리얼 단위. 1제곱마일은 길이가 각각 1마일인 변들로 만들어지는 정사각형의 넓이를 말하지만, 땅 모양이 꼭 정사각형일 필요는 없다. 길이 4마일, 폭이 0.25마일인 땅의 면적도 1제곱마일이다. 1제곱마일은 640에이커 또는 약 2.5km²다.

제곱인치(square inch, sq in)

넓이를 나타내는 임페리얼 단위. 1제곱인치는 길이가 각각 1인치인 변들로 만들어지는 정사각형의 넓이를 말하지만, 땅 모양이 정사각형일 필요는 없다. 1제곱인치는 6.4516cm²다.

아시엔다(hacienda)

남미 스페인어권 땅의 넓이를 측량하는 단위. 원래 아시엔다는 멕시코, 아르헨티나 등 중남미 나라들에 살던 스페인 귀족들에게 하사된 땅을 가리키는 말이었다. 1아시엔다는 공식적으로 89.6km²이지만, 실제로 아시엔다가 나타내는 넓이는 매우 다양하다.

악투스 콰드라투스(actus quadratus)

고대 로마의 기본 땅 측량 단위. 길이 120로마피트[페스(pes)], 폭 120로마피트의 땅 넓이를 말한다. 따라서 1악투스 콰드라투스는 14,400제곱페스가 되며, 현재의 넓이로는 13,500제곱피트가 된다.

아르팡(arpent)

16세기에서 18세기까지 프랑스에서 사용됐던 땅 넓이의 기본단위. 아르팡은 100제곱페르슈로 정의되지만, 수치가 고정된 것이 아니었다. 페르슈라는 단위 자체가 지역에 따라 다르게 정의됐기 때문이다. 예를 들어, 가장 널리 사용된 '파리의 아르팡'은 약 3,420m²였지만, '지방의 아르팡'은 약 4,220m², 행정 아르팡[arpent d'ordonnance, '물과 숲의 아르팡(arpent des eaux et forêts)' 또는 '대아르팡(grand arpent)'으로도 불림]은 약 5,100m²였다. 아르팡 단위는 프랑스의 영향을 받은 캐나다에서도 사용됐다. 캐나다 아르팡은 파리의 아르팡에서 온 것이어서 그것과 동일하게 약 3,420m²였다.

칭(ching, 頃)

13.3m² 또는 약 143제곱피트에 해당하는 중국의 땅 넓이 단위.

궁칭(ch'ing, 公頃)

중국의 땅 넓이 단위. 칭보다 훨씬 큰 단위로, 1궁칭은 1헥타르 또는 2.47에이커다.

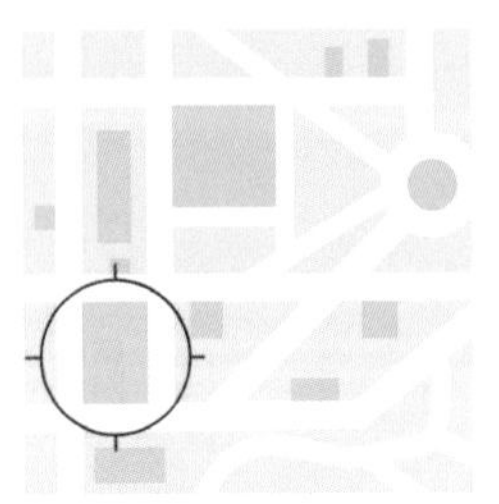

블록이 정사각형이 아니라 직사각형인 경우 평행한 거리들 사이의 거리는 '긴 블록', '짧은 블록'이라고 불린다.

무(mu, 畝)

중국의 땅 넓이 단위. 중국 역사를 통틀어 무에 대한 정의는 계속 변화했다. 주나라 초기에 1무는 192m²밖에 안 됐지만, 원나라 때는 840m²를 나타내기도 했다. 이 단위는 1959년에 666.666…(666과 3분의 2)m²를 나타내는 단위로 표준화됐다.

페단(feddan)

이집트와 수단에서 사용되는 땅 넓이 단위. 페단은 북아프리카와 중동 전반에 걸쳐 사용돼왔으며 1페단은 약 4,200m²다.

모르겐(morgen)

북유럽에서 사용됐던 전통적인 땅 넓이 단위. 아침을 뜻하는 독일어 '모르겐(morgen)'이 어원이다. 1모르겐은 황소 한 쌍이 아침에 갈 수 있는 땅의 넓이다. 이 단위는 부정확할 수밖에 없었고, 따라서 지역에 따라 1모르겐이 가리키는 넓이가 달랐다.

호메르(chomer)

땅의 넓이와 생산 능력을 나타내는 고대 히브리 단위. 기독교 성경의 영어 번역판에서는 '호메르(homer)', '세아(se'ah, 1세아는 호메르의 30분의 1을 나타낸다–옮긴이)' 등 다양한 용어로 번역된다. 1호메르는 약 230L(리터)였으며, 1호메르의 씨앗을 심을 수 있는 땅의 넓이도 1호메르라고 불렀다. 땅 넓이 1호메르는 약 2.4헥타르 또는 6에이커였다.

라이(rai)

태국의 땅 넓이 단위. '라이'라는 말은 논이 아니라 밭을 뜻한다. 라이는 고대부터 사용해온 단위로, 1라이는 1,600m² 또는 약 0.4에이커에 해당한다.

블록(block)

명확하지 않은 넓이의 땅을 나타내는 단위. 미국과 캐나다에서 주로 사용된다. 북아메리카의 도시 대부분은 격자 모양을 하고 있다. 한 블록은 교차로 4개로 둘러싸인 땅을 의미하기도 하고, 어떤 거리와 그 거리와 평행하게 들어선 거리 사이의 길이(거리)를 나타내기도 한다. 거리 사이의 거리는 도시마다 다르지만 보통 80~160m 정도의 거리를 한 블록이라고 말한다. 뉴욕 같은 도시에서는 같은 방향으로 늘어선 거리들의 간격이 그와 직각 방향으로 늘어선 거리들의 간격보다 더 좁기 때문에 '긴 블록', '짧은 블록'이라는 말을 쓴다.

집코드(zip code), 우편번호(postal code)

글자와 숫자로 땅의 영역을 표시하는 시스템. ZIP는 구역개선계획(Zone Improve

ment Plan)의 약자이며 5개 숫자로 구성된다. 확장 집코드는 'ZIP+4'라고 하며, 기존 집코드에 숫자 4개를 더해 위치의 정확도를 높인 것이다. 집코드의 첫 번째 숫자는 주의 특정 지역, 두 번째 숫자는 그중 한 지역, 나머지 숫자 3개는 그 지역 내 더 좁은 지역을 나타낸다. 우편번호는 글자와 숫자의 조합이다. 첫 글자는 지역을 나타내며, 다음 숫자 1개 또는 2개는 그 지역 내 구역을 나타낸다. 나머지 글자 또는 숫자들은 더 구체적인 영역을 나타낸다. 우편번호로 거리 이름, 거리의 특정한 부분 또는 특정 건물을 나타낼 수 있다.

대륙(continent)

지구 표면에 거대한 면적을 가진 육지. '대륙'이라는 말은 '계속 이어지는 땅'을 뜻하는 라틴어 단어 'terra continens'에서 유래했다. 대륙의 정의가 세밀하지 않기 때문에 지구상에 대륙이 몇 개인지에 대해 의견이 일치하진 않는다. 하지만 일반적으로는 7개 대륙(유럽, 아시아, 아프리카, 북아메리카, 남아메리카, 오스트레일리아, 남극)이 있다고 생각되고 있다.

아시아대륙과 유럽대륙이 서로 연결돼 있고, 오스트레일리아대륙을 아시아대륙의 일부로 보기도 하지만, 세계는 7개 대륙으로 나뉜다는 것이 일반적인 생각이다.

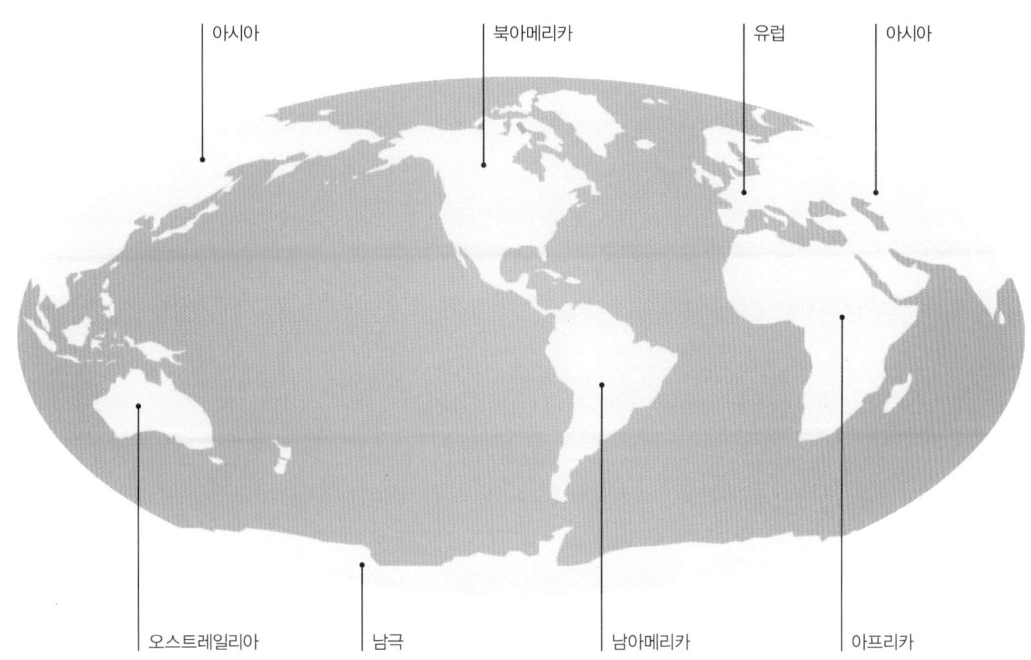

상업

유상하중(payload)

상업 항공기가 실을 수 있는 수익용 짐(즉, 화물, 우편물, 승객, 수하물 등)의 용량. 항공기가 실을 수 있는 용량은 톤으로 표시하며, 유상하중 용량이라고 부른다. 수익용 짐의 양도 톤으로 표시하며, 적재하중이라고 부른다.

톤마일(ton-mile), 톤킬로미터(tonne-kilometer)

상업 항공기가 수익용 짐을 운반하는 데 드는 비용을 계산하는 단위. 짐의 무게(톤)에 수송 거리(마일 또는 킬로미터)를 곱한 값이다.

톤수(tonnage)

화물을 운반하는 선박의 용량 단위. 선박 등록, 통행료 산정 등의 목적으로 사용된다. 단위 이름은 톤수지만, 톤수는 무게를 나타내는 단위가 아니라 부피를 나타내는 단위다. 일반적으로 톤수라고 말할 때는 총톤수(gross tonnage, gt)를 의미한다. 총톤수는 화물, 저장품, 연료, 승객, 선원들이 모두 포함된 톤수다. 선박톤수 측정에 관한 1969년 국제협약이 체결되기 전까지 톤수는 총등록톤수(gross registered tonnage, grt, 1grt=100세제곱피트)로 표시했지만, 현재는 총톤수(gt)가 다음의 식으로 정의돼 세제곱미터 단위로 사용된다.

$gt=K_1V$

- $K_1=0.2+0.02\log_{10}V$
- V=세제곱미터로 표시한 공간 크기

순등록톤수(net registered tonnage, nrt)는 흘수(draft, 물에 떠 있는 선박을 놓고 볼 때 선박 중앙부의 수면이 닿은 위치에서 선박의 가장 하단 부분까지의 수직거리. 즉, 선체가 물속에 잠겨 있는 부분의 깊이-옮긴이), 승객 수송 용량, 계수 Kc 등이 포함된 복잡한 수식으로 계산한다. 선박의 크기와 종류도 포함하며 훨씬 더 복잡한 식으로 계산하는 표준화물선 환산 톤수(compensated gross tonnage, cgt)도 있다.

재화중량톤수(dead weight tonnage, dwt)는 다행히도 계산이 쉽다. 재화중량톤수는 선박이 가라앉지 않고 실을 수 있는 무게의 한계를 말한다. 화물, 여객, 선원 및 그 소지품, 연료, 음료수, 밸러스트(ballast, 공선인 상태에서 선체의 안정을 유지하기 위해 싣는 물이나 모래 따위-옮긴이), 식량, 선용품 등이 포함된 무게로, 실제 수송할 수 있는 화물의 톤수는 재화중량톤수에서 이들 각 중량을 차감한 수치가 된

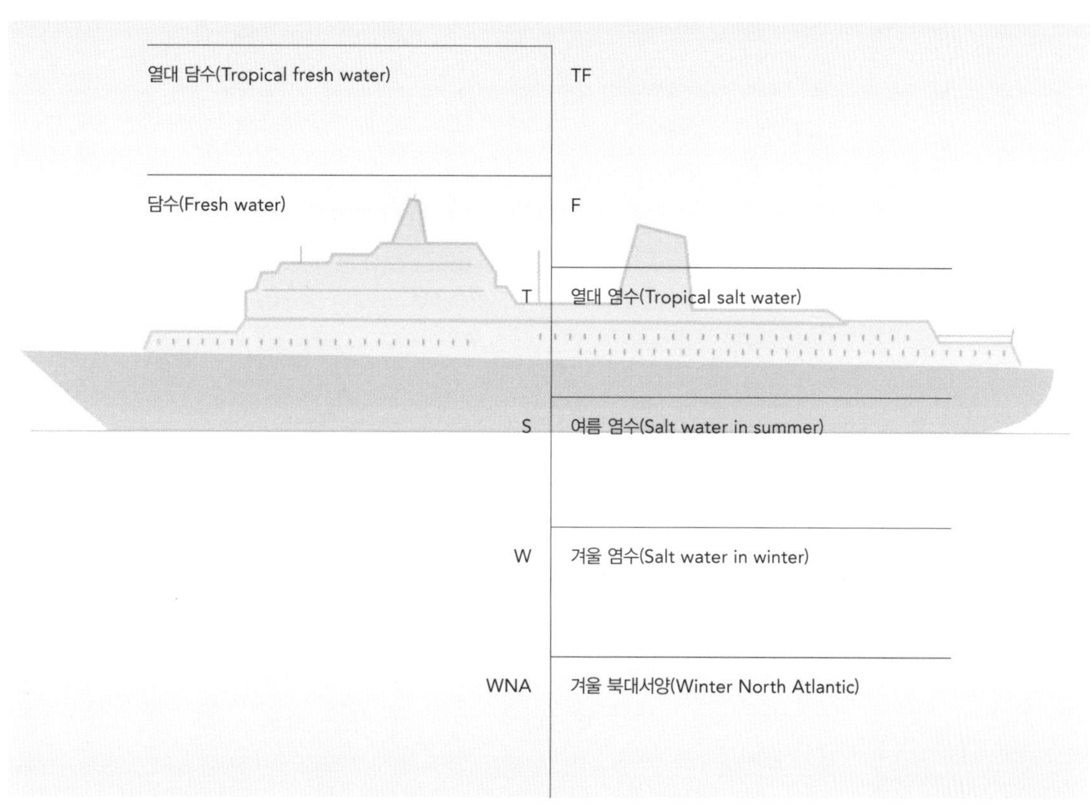

보트든, 일반적인 선박이든, 플로팅 도크든 해상의 물체는 물의 온도나 농도 또는 그 둘 다의 영향을 받아 물에 뜬다. 짐을 가득 실었을 때 적절한 흘수선(수면과 선체가 만나는 선–옮긴이)은 현재 잠겨 있는 물의 농도와 계절을 고려했을 때 배가 가라앉지 않는 높이에 있어야 한다.

다. 경하중량톤수(lightweight tonnage, lwt)는 물에 잠긴 선박 부분의 무게를 톤으로 표시한 것이다. 선박이 화물을 싣지 않았을 때의 배수량(배가 물에 떠 있음으로 해서 밀려나게 되는 물의 무게로, 배의 크기를 나타내는 수치로 사용된다–옮긴이)을 뜻한다.

플림솔 라인(Plimsoll line), 흘수선(loadline)

다양한 계절과 물 상태에서 최대로 허용 가능한 흘수를 보여주는, 배 옆면에 표시된 선. 즉, 배에 사람이나 화물을 싣고 안전하게 항해할 수 있는 최대한의 흘수를 표시한 선이다. 공식적인 명칭은 흘수선이지만 플림솔 라인이라는 이름으로 더 많이 불린다. 플림솔 라인이라는 명칭은 바다를 항해하는 선박에 대한 규제를 강화한 영국의 정치인 새뮤얼 플림솔(Samuel Plimsoll, 1824~1898)의 이름을 딴 것이다.

TEU(twenty–foot equivalent, 20피트 상당)

컨테이너에 담긴 화물의 수송에서 사용되는 단위. 해운업에서는 통상 TEU나 FEU(40–foot equivalent, 40피트 상당) 단위를 사용한다. 여기서 20과 40은 컨테이너의 길이를 뜻한다. 물론 다른 길이의 컨테이너도 사용된다. 이 컨테이너들의 표준 폭은 8피트(2.4384m)이며, 비교적 최근까지는 컨테이너의 높이도 8피트였다. 하지만 요즘은 40피트 길이 컨테이너의 높이가 통상 9피트 6인치(2.8956m)다.

턴(tun)

주로 와인, 독주, 맥주의 부피를 나타내는 영어권의 단위. 턴은 보통 가장 큰 크기의 술통에 담긴 술의 부피를 나타내는 단위지만, 술통의 크기가 조금씩 다를 수 있기 때문에 1턴은 200영국갤런[252미국갤런(와인갤런)], 즉 953.88L로 표준화됐다. 1턴은 2파이프(pipe) 또는 4혹스헤드(hogshead), 6티어스(tierce)다. 맥주, 와인, 독주 도매는 현재 리터나 헥토리터 단위로 이뤄진다.

배럴(barrel)

와인이나 독주 같은 액체 또는 차, 설탕, 곡물 등의 건조 상품을 거래할 때 사용하던 부피 단위. 오늘날 배럴은 석유의 양을 재는 국제단위로만 사용되며, 1배럴은 42미국갤런 또는 158.987L다. 하지만 영어권에서는 아직도 배럴이 다양한 상품의 양을 재는 단위로 사용된다(나라마다 1배럴의 양이 달라 혼란이 일곤 한다). 예를 들어, 맥주 배럴은 미국과 영국이 다르다(1미국배럴은 31미국갤런 또는 117.35L인 반면 1영국배럴은 26영국갤런 또는 163.66L다). 심지어 1배럴의 정의가 미국의 주마다 다르기도 하다. 과일이나 채소 같은 건조 상품에 대해 1미국배럴은 7,056세제곱인치이며, 건조 상품 중에서도 크랜베리는 예외적으로 1미국배럴이 5,826세제곱인치다. 심지어 배럴은 무게의 단위로 쓰이기도 한다. 시멘트 1캐나다배럴은 350파운드인 반면, 시멘트 1미국배럴은 280파운드다. 게다가 포틀랜드 시멘트는 1미국배럴이 376파운드다.

킬더킨(kilderkin)

액체와 건조 상품의 부피를 재는 가변적인 단위. 미국에서는 0.5배럴인데, 미국배럴은 양이 다양하기 때문에 1배럴이 어느 정도인지에 따라 1킬더킨의 부피가 달라진다. 영국에서 킬더킨은 약 16~18영국갤런(73~82L) 용량의 술통을 가리키는 말이다.

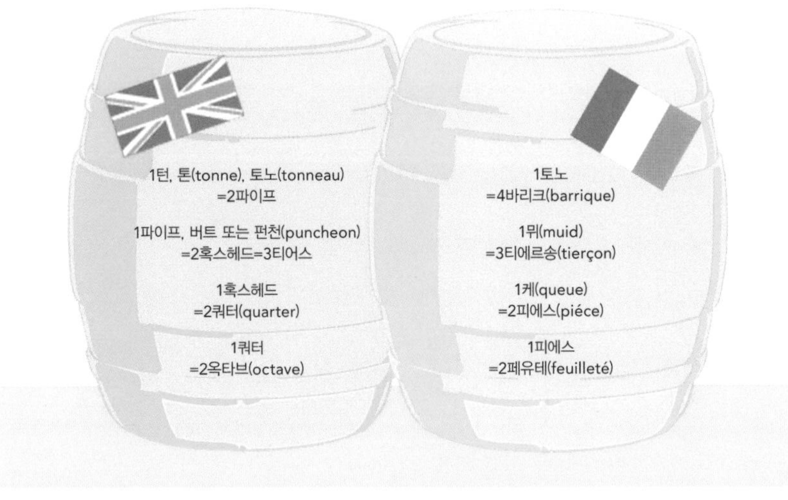

맥주, 와인, 독주를 담는 통의 크기를 나타내는 용어들. 이 통들의 실제 부피는 지역에 따라 차이가 크며, 버트(butt), 옴(aum), 리거(leaguer), 슈틱(stück)처럼 특정 지역의 특정한 술만 담는 통의 크기를 나타내는 단위도 매우 다양하게 존재한다.

퍼킨(firkin)

액체와 건조 상품의 부피를 재는 단위. 킬더킨의 2분의 1 값을 갖는다. 미국에서는 퍼킨을 무게 단위로도 사용한다. 1퍼킨은 56파운드(25.401kg)이다. 이 값은 퍼킨(작은 원형 통) 안에 들어가는 물건의 무게인 것으로 보인다.

병 크기(bottle size)

와인 병은 375ml의 '반병'에서 15L의 네부카드네자르(Nebuchadnezzar) 병에 이르는 다양한 종류가 있다. 큰 병은 주로 스파클링 와인, 특히 샴페인용이다. 와인은 보통 75cl(센티리터)(또는 1L) 크기 병으로 판매되고, 독주는 70cl(또는 75cl나 1L) 크기의 병으로 판매되며 12개들이 케이스에 담아 팔기도 한다. 가격이 싼 와인은 1L 짜리 병으로 팔기도 한다. 맥주와 사과주는 보통 275ml, 330ml, 500ml, 1L, 1.5L, 2L, 3L 크기의 병으로 팔며, 영국의 펍에서는 파인트나 하프파인트 단위로 생맥주와 사과주를 판다.

술병의 크기와 이름
하단의 그림은 국제적으로 통용되는 술병의 규격을 나타낸다. 하지만 프랑스 보르도 지방에서는 제로보암이 보통 술병 5~6개 정도의 양이 들어가는 술병이고, 므두셀라는 앙페리얼(impériale)이라고도 부른다. 한편 영국에서는 제로보암이 보통 술병 6개 정도의 양이 들어가는 술병이고, 르호보암은 보통 술병 8개 정도의 양이 들어가는 술병이다.

암포라(amphora)

고대 그리스와 고대 로마에서 와인이나 오일을 담던 통. 배럴의 경우처럼 용기의 이름이 특정한 크기를 나타냈다. 로마 후기에는 25L 정도를 담는 용기를 뜻했다. 암포라라는 단위와 암포라라는 용기를 혼동하면 안 된다. 용기의 크기가 다양했기 때문이다. 1암포라는 3modus(모두스) 또는 2urna(우르나)였으며, 암포라는 액체와 건조 물품 모두에 사용한 단위였다.

헥토리터(hectoliter)

100L를 뜻하는 미터법 단위. 도매 분야에서 널리 쓰인다. 헥토리터는 석유 분야를 제외한 대부분의 분야에서 배럴, 턴(tun) 같은 전통적인 단위를 대체했다. 물론 헥토리터 사용을 거부하는 사람들도 있다. 예를 들어, 미국인들은 여전히 임페리얼 단위를 사용한다.

케그(keg)

다양한 술을 담는 작은 술통. 크기와 정의가 다양하다. 와인 업계에서 1케그는 12미국갤런(약 45.52L) 또는 2분의 1 맥주 배럴이다. 케그의 값은 미국과 영국이 다르다. 어업 분야(fishing industry)에서 1케그는 청어 60마리 분량을 말한다. 1케그는 1nail(네일)과 같으며, 100파운드(45.359kg)에 해당한다.

부셸(bushel)

몇 가지 다른 값을 가진 부피 단위. 지금은 거의 사용하지 않는다. 미국에서 부셸은 건조 상품의 부피를 측정하는 단위다. 미국 부셸은 윈체스터 부셸(Winchester bushel)이라고도 하며, 1부셸은 4펙(peck) 또는 약 1.2445세제곱피트(35.239L)다. 영국에서 부셸은 액체의 부피를 재는 단위이며, 1부셸은 8영국갤런(36.369L)이다. 영어권에서는 곡물(grain) 같은 농산물의 무게를 지역과 상품에 따라 값이 달라지는 부셸 단위로 측정했다. 나중에 1부셸이 60파운드(27.216kg)로 표준화됐지만, 지금은 미터법 단위에 밀려 부셸 단위는 거의 사용되지 않는다.

펙(peck)

부셸의 하위 단위. 곡물이나 과일 같은 건조 상품의 부피를 재는 데 주로 사용했다. 1펙은 4분의 1부셸 또는 2갤런이다. 1펙은 미국에서는 8.80975L, 영국에서는 9.09225L다.

쉬프(sheaf)

줄기에 아직 달려 있는 밀이나 보리 같은 곡물의 크기를 재는 전통적(근사치) 단위. 1쉬프는 둘레가 약 30~36인치(75~90cm)인 줄기들의 묶음 하나를 말한다.

코드(cord)

임업에서 쌓인 통나무들의 부피를 재는 단위. 미국에서는 지금도 널리 사용된다. 1코드는 길이 8피트, 폭 4피트, 높이 4피트의 통나무 더미 1개의 부피로 정의된다. 따라서 1코드는 128세제곱피트(3.625m^3)다. 1cord foot(코드피트)는 8분의 1코드 또는 16세제곱피트(0.4531m^3)이며, 1릭(rick)은 1코드의 3분의 1이다.

보드피트(board foot)

목재의 부피를 재는 전통 단위. 피트보드단위(foot board measure, fbm), 보드단위(board measure), 슈퍼피트(super foot)라고도 부른다. 1보드피트는 폭 1피트, 길이 1피트, 두께 1인치 목재의 부피를 나타낸다. 따라서 1보드피트는 세제곱피트의 12분의 1(0.00283m³)에 해당한다.

호퍼스피트(hoppus foot)

목재의 부피를 재기 위한 영국의 전통 단위. 길이가 L피트이고 둘레가 G피트인 통나무의 부피를 재는 다음의 공식을 만들어낸 에드워드 호퍼스(Edward Hoppus)의 이름을 딴 단위다.

사용 가능한 목재(호퍼스피트)$=L(G/4)^2$

호퍼스피트는 1.273세제곱피트(0.0361m³)다. 호퍼스피트와 연관된 단위로 아직도 일부에서 사용되고 있는 단위로는 호퍼스톤[hoppus ton, 1호퍼스톤은 50호퍼스피트(1.8027m³)], 호퍼스보드피트(1호퍼스보드피트는 1호퍼스피트의 12분의 1)가 있다.

스탠더드(standard)

쌓여 있는 목재의 부피를 재는 전통 단위. 널리 사용된 스탠더드 단위는 세인트피터스버그 스탠더드[St. Petersburg standard, 165세제곱피트, 페트로그라드 스탠더드(Petrograd standard)라고도 한다], 예테보리 스탠더드(Göteborg standard, 180세제곱피트), 잉글리시 스탠더드(English standard, 270세제곱피트)가 있었다.

큐닛(cunit)

목재의 부피를 재는 전통 단위. 큐닛은 사용 가능한 나무의 부피, 즉 통나무의 나무껍질과 통나무들 사이의 빈틈을 제외한 나무 부분을 나타내는 말이다. 1큐닛은 원목 100세제곱피트(2.8317m³)에 해당한다.

링(ring)

통을 만드는 사람들이 판자와 널빤지의 양을 재는 단위. 링이란 단위의 이름은 널빤지를 240개씩 묶어 나르던 통 제조업자들이 사용하던 금속 링에서 온 말이다. 1링은 널빤지 또는 판자 240개를 뜻하며, 널빤지 60개를 묶어 만든 단(shock) 4개로 구성된다.

의학

아프가점수(apgar score)

갓 태어난 신생아의 건강상태를 평가하는 점수. 0점에서 10점까지 있으며, 신생아의 심박수(heart rate), 호흡 노력, 근긴장도, 반사 과민성, 피부색 등 다섯 가지 요소를 평가해 매겨진다. 각 요소에 0~2점이 할당되며, 검사는 보통 출생 1분 후와 5분 후에 이뤄진다. 따라서 신생아는 아프가점수를 2개 갖게 된다. 점수가 3점보다 낮으면 위독한 상태로 의학적 조치를 취해야 할 수 있다. 점수가 7점보다 높으면 정상으로 평가된다.

아프가점수라는 이름은 1952년에 이 점수를 고안한 버지니아 아프가(Virginia Apgar, 1909~1974)의 이름을 딴 것이다.

판단항목	점수=0	점수=1	점수=2
심박수	없음	100 미만	100 초과
호흡 노력	없음	약하고 불규칙적이거나 헐떡거림	정상, 울음
근긴장도	탄력 없음	팔다리가 약간 굽혀짐	팔다리가 잘 굽혀지고 활발하게 움직임
반사 과민성	반응 없음	찡그림/약한 울음	우렁찬 울음
피부색	온몸이 파랗거나 창백함	말단청색증	온몸이 분홍색

체질량지수(body mass index, BMI)

몸무게(kg)를 키(m)의 제곱으로 나눈 값. 건강상태를 대략 짐작할 수 있게 해주는 지수다. 체질량지수는 한 사람이 키에 비해 저체중인지 과체중인지 정상체중인지 판단하게 해주는 기준이다. 일반적으로 BMI가 18.5 미만이면 저체중이고, 25를 넘으면 과체중으로 인식된다. 하지만 BMI는 한 사람의 건강상태를 대략적으로만 보여주는 지수다. 권장 BMI는 나이에 따라 다르며, 더욱이 BMI는 체지방량을 고려하지 않은 지수다. 따라서 근육량이 매우 많은 운동선수는 비만한 사람과 BMI가 같더라도 과체중은 아닐 수 있다.

혈압(blood pressure, mmHg)

동맥에 흐르는 혈액의 압력. 혈압은 두 가지 숫자로 측정된다. 최고혈압, 즉 수축기혈압(건강한 사람은 보통 100~135 범위에 있다)과 최저혈압, 즉 이완기혈압(건강한 사람은 보통 50~90 범위에 있다)이다. 혈압이 120/80이라는 말은 수축기혈압이 120mmHg, 이완기혈압이 80mmHg라는 뜻이다.

혈압계(sphygmomanometer)

혈압을 재는 도구. 팽창과 수축이 가능한 커프(cuff)를 상박(어깨에서 팔꿈치에 이르는 부분–옮긴이)에 감으면 커프가 팽창한다. 그 후 공기가 천천히 빠져나가면서 커프가 상박에 가하는 압력이 줄어든다. 커프에 공기가 가득 차면 혈압계는 수축기혈압을 측정하고, 커프에서 공기가 빠져나가면 혈압계는 이완기혈압을 측정한다.

혈구 검사(blood count)

일정 부피의 혈액 안에 존재하는 혈구(corpuscle)의 수를 측정하는 방법. 혈액에는 수많은 종류의 입자들이 포함돼 있으며, 그 입자들의 양은 건강상태를 나타내는 좋은 지표가 된다.

응고시간(clotting time)

혈액이 응고하는 데 걸리는 시간. 혈액응고의 효율과 혈액의 전반적인 건강상태를 측정하는 척도. 건강한 사람의 혈액응고시간은 5분에서 15분 사이다.

혈액 집단(blood group)

인간 혈액의 특징을 나타내는 방법. 가장 일반적인 혈액 집단 분류법은 ABO 시스템이다. ABO 시스템은 어떤 유형의 항원(A 또는 B)이 적혈구 표면에 있는지, 적혈구가 어떤 유형의 항체를 만들어내는지에 따라 혈액 집단(A, B, O)을 정의하는 시스템이다. 어떤 혈액 집단은 다른 혈액 집단과 공존할 수 있지만, 어떤 혈액 집단은 다른 혈액 집단과 공존할 수 없다.

심전도(electrocardiogram, ECG)

심전도 장비(심장 내 전위 변화를 연속적인 조각 그래프로 기록하는 장비)를 이용해 심장박동수(heart rate)를 비롯한 심혈관 기능들을 기록한 것. TV나 영화에서 심전도 그래프가 평평하게 이어지는 장면은 사망을 나타내기 위해 사용된다. 하지만 정확하게 말하면 심전도의 '평평한 일직선(flatline)', 의학 용어로는 '심장수축'은 예후가 매우 나쁜 심정지 상태임을 보여주긴 하지만 반드시 사망을 뜻하는 것은 아니다.

휴식기 심박수(resting heart rate)

휴식 상태에서 1분 동안 심장이 수축하는 횟수. 휴식기 심박수 평균치는 70이다. 휴식기 심박수가 60보다 작으면 서맥(bradycardia, 느린맥)이라고 부른다. 하지만 서맥은 다른 증상들과 같이 나타나지 않는 한 크게 걱정할 일은 아니다. 운동선수들처럼 매우 건강한 사람들 중에는 휴식기 심박수가 60 아래인 이들도 많다. 휴식기 심박수가 100이 넘는 상태는 빈맥(tachycardia, 빠른맥)이라고 부른다.

대사율(metabolic rate)

인간의 몸이 태우는 칼로리의 수. 기초대사율(basal metabolic rate, BMR)은 휴식 상태에서 기본적인 신체 기능을 유지하는 데 필요한 칼로리 수를 말하며 나이, 체중, 키, 식단, 건강상태 등 다양한 요인에 따라 달라진다. 대사율은 운동을 하면 상승하며, 갑상선기능항진증 같은 특정 증상의 영향을 받는다.

뇌전도(electroencephalogram, EEG)

뇌의 전기적 활동을 시각적으로 나타낸 것. EEG 검사는 뇌손상, 뇌전증(간질) 등을 확인하기 위해 두피에 전극을 부착해 뇌전도를 측정하는 신경생리학적 방법이다. EEG는 종이나 오실로스코프상에 선 형태로 표현된다.

뇌전도 장비는 시간의 흐름에 따른 뇌의 전기적 활동을 측정한다. 전기적 활동이 없다는 것을 나타내는 평평한 일직선은 뇌 활동(brain activity)이 없다는 사실을 드러낸다.

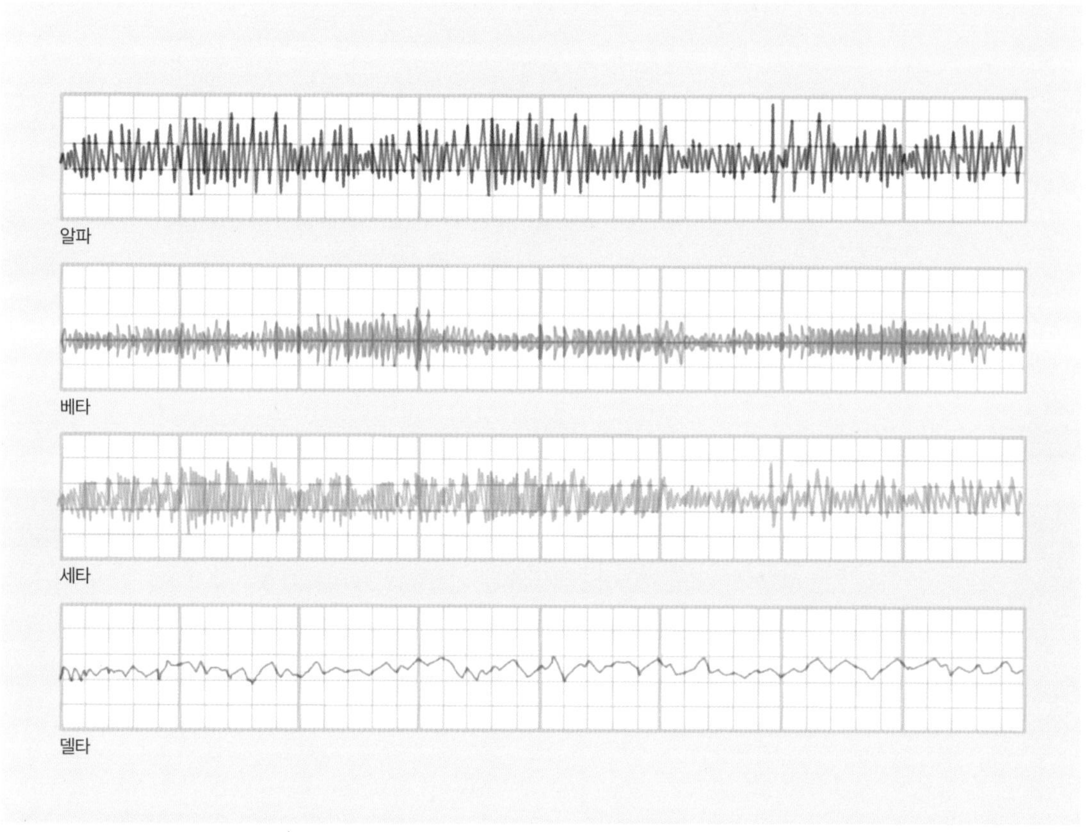

뇌파(brain waves)

뇌의 전기적 활동을 **뇌전도** 파동으로 나타낸 것. 뇌전도검사는 주파수가 각각 다른 알파, 베타, 델타, 세타의 네 가지 뇌파를 측정한다. 뇌가 방출하는 뇌파의 종류는 의식 상태와 연령에 따라 달라진다.

IQ

사람의 인지능력을 보여주는 수치. IQ는 'Intelligence Quotient(지능지수)'의 약자다. 표준화된 일련의 테스트를 통해 측정되며, 특정 연령대 사람들의 평균 IQ를 100으로 설정해 이와 비교해 나타낸다. 따라서 IQ가 100이 넘는다는 것은 같은 나이 사람들의 평균 IQ보다 높다는 뜻이다. 반면, IQ가 100 밑이면 평균 IQ보다 낮다는 뜻이다.

20/20 시력(twenty-twenty vision)

네덜란드의 안과의사 헤르만 스넬런(Hermann Snellen, 1834~1908)이 개발한 시력검사표 기준으로 완전히 정상인 시력을 나타내는 말. 시력이 20/20이려면 스넬런의 시력검사표 스무 번째 줄에 있는 글자를 20피트(약 6.1m) 거리에서 읽을 수 있어야 한다.

폐 용적(lung capacity)

최대한 숨을 깊게 들이마시는 동안 폐가 흡수할 수 있는 공기의 양. 폐활량(vita capacity)이라고도 한다. 폐 용적은 몸의 표면적에 2,500을 곱한 값을 세제곱센티미터 단위로 표시한 것이다.

최대유속(peak flow)

일부러 숨을 내쉬는 동안 배출되는 공기의 최대속도. 최대유속은 최대유속 측정기(눈금이 매겨진 짧은 튜브와 마우스피스로 구성됨)로 측정한다.

호흡측정기(respirometer)

유기체의 호흡속도를 측정하는 기구. 호흡측정기는 산소의 유입과 이산화탄소의 방출을 측정한다.

음주측정기(Breathalyzer)

사람이 내쉬는 숨으로 체내 알코올 양을 측정하는 기구. 혈액이 폐를 통과할 때 공기가 혈류 안에 있을 수 있는 모든 알코올이 증발되게 한다. 따라서 내쉬는 숨에 있는 알코올의 양은 혈액 내 알코올 양과 정비례한다. 음주측정기가 혈중알코올농도를 정확하게 나타내는 원리가 여기에 있다. 사람에 따라 다르기는 하지만, 혈중 알코올과

숨 속 알코올의 비율은 통상 2,100:1이다.

글래스고혼수척도(Glasgow coma scale, GCS)

머리 외상에 대한 환자의 반응을 측정하는 척도. 개안반응, 언어반응, 운동반응 등 세 가지를 관찰해 그 결과에 각각 점수를 부여해 계산한다. 각각의 관찰 결과에는 1~5점이 부여되며, 이 세 가지 점수를 합쳐 GCS 점수가 산출된다. GCS 점수가 3(가장 낮은 점수)이면 깊은 혼수상태, 15(가장 높은 점수)이면 완전히 깨어난 상태를 뜻한다.

자외선차단지수(sun protection factor, SPF)

일광화상(sunburn)을 일으키는 자외선B를 차단하는 자외선차단제의 효과를 나타내는 지수. 어떤 자외선차단제의 SPF 지수가 10이라는 것은 사용자가 그 자외선차단제를 사용하지 않았을 때보다 10배 더 긴 시간 동안 햇볕에 머물 수 있다는 뜻이다. 하지만 SPF 지수는 사용자의 피부 유형, 태양 광선의 강도 같은 요소에도 영향을 받는다. 또한 SPF 지수가 표시된 자외선차단제가 자외선A까지 차단하지는 않는다. 자외선A도 피부를 손상시킬 수 있다.

화상 등급(degrees of burns)

화상의 정도를 나타내는 등급. 보통 1도부터 3도까지 3개 등급이 사용된다. 1도 화상의 증상은 피부가 빨개지고 화끈거리는 것, 2도 화상의 증상은 물집이 생기는 것, 3도 화상의 증상은 피부가 검은색으로 바뀌는 것이다. 피부밑 조직들에 영향을 미치는 화상을 4도 화상이라고 부르기도 한다.

컴퓨터단층촬영(computed tomography, CT)

몸의 자세한 횡단면 이미지를 만들어내는 과정. CT는 특정한 회전축 주위로 돌아가면서 엑스레이 촬영을 하는 방식을 이용한다. 이렇게 만들어진 이미지를 흔히 CAT 스캔이라고 한다.

초음파 스캔(ultrasound scanning)

고주파 음파를 이용해 내부장기의 2차원 또는 3차원 이미지를 만드는 방법. 초음파 스캔은 근육을 비롯한 연조직(근육, 근막, 건, 인대, 관절낭, 피부, 지방 등과 같이 뼈나 연골을 제외한 조직–옮긴이)을 이미지로 나타내는 데 매우 유용하며, 화면에 움직이는 실시간 이미지를 나타낼 수 있다는 장점이 있다. 하지만 초음파가 뼈는 통과하지 못한다.

자기공명영상(magnetic resonance imaging, MRI)

자기와 음파를 이용해 내부장기의 2차원 또는 3차원 이미지를 만드는 방법. MRI로 스캔한 이미지는 엑스레이 이미지와 비슷하지만 더 세밀하며, 인체에 위험할 수도 있는 엑스레이에 노출되지 않아도 된다는 장점이 있다.

양전자방출단층촬영(positron emission tomography, PET)

대사과정처럼 몸 안에서 일어나는 과정을 2차원 또는 3차원 컬러 이미지로 보여주는 방법. PET 스캔은 수명이 짧은 방사성동위원소를 몸에 집어넣은 다음 그 물질을 추적하는 방법이다.

방사선진단법(radiography)

엑스레이를 이용해 사진 필름에 이미지를 나타내는 방법. 엑스레이는 고체를 통과할 수 있지만 고체를 통과한 엑스레이의 세기는 물질의 밀도에 따라 달라진다. 따라서 방사선진단법으로 유기체의 2차원 내부구조 이미지를 나타낼 수 있다.

엑스레이는 뼈보다 연조직을 더 잘 통과하기 때문에 방사선진단법은 뼈의 이미지를 표시하는 데 매우 유용하다.

약량학(posology)

약의 용량에 관한 연구. 약량학이라는 말은 '얼마나 많이'를 뜻하는 그리스어 '포소스(posos)'가 어원이며 프랑스어를 거쳐 영어권으로 유입됐다.

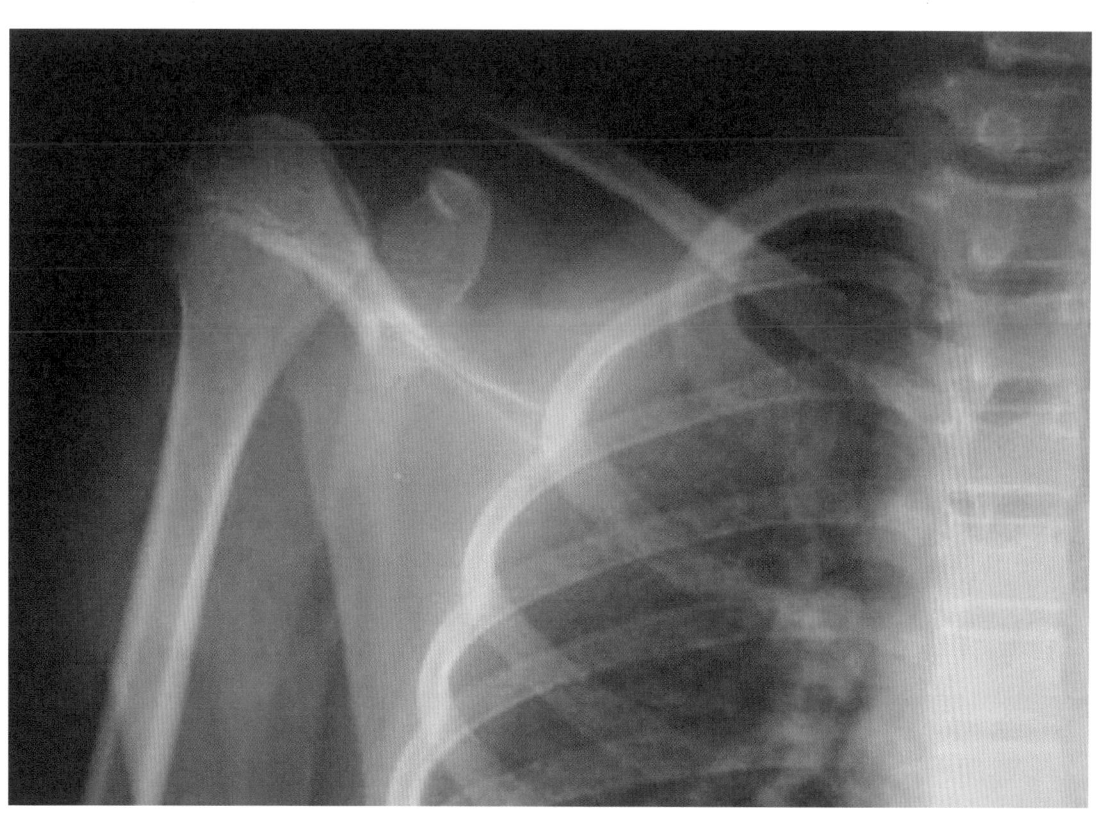

반수치사량(L.D.50)

독성을 나타내는 양. L.D.50은 '치사 복용량 50%(lethal dose 50%)'의 약자로, 피실험 동물의 50%를 죽이는 물질의 양을 말한다. 물질의 양을 몸의 질량으로 나눈 값이며, mg/kg 단위로 표시한다. 반수치사량은 독성의 양을 나타내는 말로 쓰이는 일이 점점 줄어들고 있는데, 인간이 아니라 동물에 적용할 수밖에 없기 때문이다.

마우스단위(mouse unit, MU)

독성의 단위. 마우스단위는 실험용 쥐들의 50%를 죽일 수 있는 물질의 양이다. 즉, 쥐에 적용하는 L.D.50이라고 할 수 있다. 마우스단위의 크기는 독성물질에 따라 다르다.

인구통계학(demography)

인구의 크기, 구조, 분포에 대한 연구. 인구통계학 요소로는 사망률, 출생률, 질병 발생률, 출산율, 영아사망률, 기대수명, 재생산율 등이 있다. 인구통계학 데이터는 출생 기록, 사망 기록, 센서스 정보 등 다양한 출처에서 얻는다.

출생률과 사망률(birth and death rate)

한 해 동안의 출생자 수와 사망자 수를 인구 1,000명당 숫자로 표현한 것. 출생률과 사망률은 오해의 소지가 있기 때문에 조출생률[crude birth rate, 특정 인구집단의 출산 수준을 나타내는 기본적인 지표로 특정 해에 태어난 모든 출생아의 수를 해당 연도의 연앙 인구(한 해의 중간인 7월 1일을 기준으로 산출한 인구)로 나눈 수치를 천분율로 나타낸 것–옮긴이]과 조사망률(crude death rate)로 나타내는 것이 더 적절하다. 더 의미 있는 사망통계는 연령당 사망률이다.

기대수명(life expectancy)

특정 인구집단에서 특정 연도에 출생한 사람이 향후 생존할 것으로 기대되는 평균 생존연수. 따라서 영아사망률이 높은 인구집단의 출생 시점 기준 기대수명은 5세 기준 기대수명과 상당히 다르다. 기대수명이라는 용어는 보통 출생 시점 기준 기대수명을 뜻한다.

기상학

고도(altitude)

지구 표면 위나 평균해수면 위 또는 등압면(기압이 일정한 면) 위에 있는 물체의 높이를 말하는 기상학 용어.

고도계(altimeter)

물체의 고도를 측정하는 도구. 기압고도계(pressure altimeter)는 대기압을 측정해 그 수치를 해수면 대기압과 비교하는 장치다. 전파고도계(radio altimeter)는 전파 신호가 지구 표면의 전송기로부터 특정한 물체에 이르렀다가 수신기로 다시 돌아오는 시간을 측정한다. **GPS**는 전파 신호가 위성과 수신기 사이를 오가는 시간을 측정한다.

기온감률(lapse rate)

고도가 상승함에 따라 대기의 온도가 감소하는 비율.

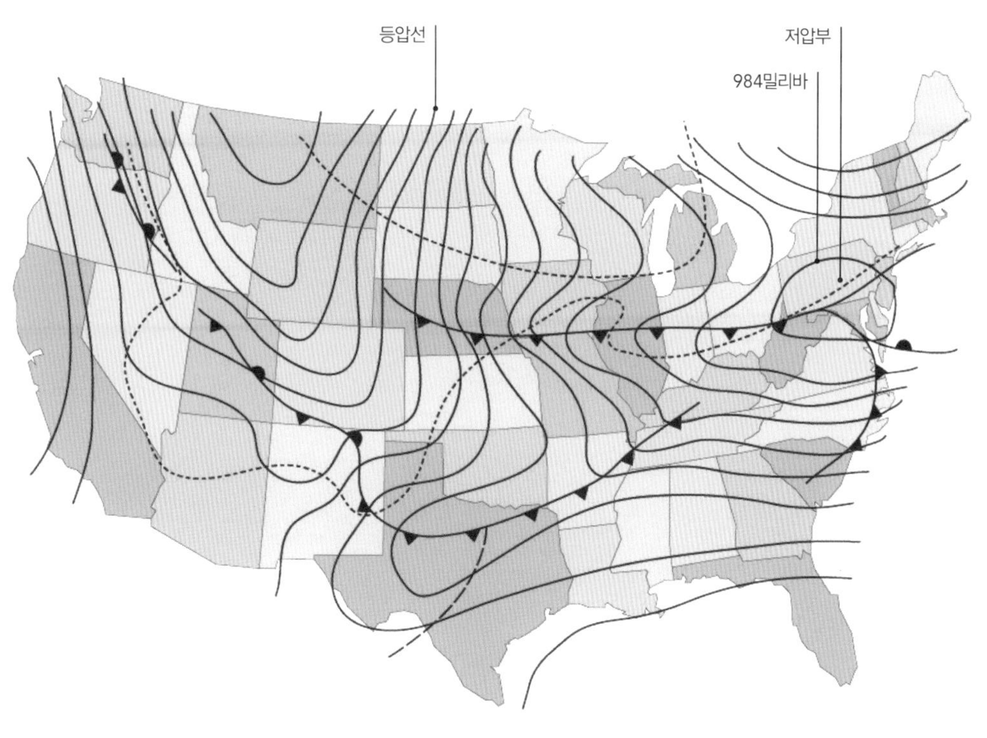

일기도는 등압선으로 고기압 지역과 저기압 지역의 위치를 나타내며, 전선(weather front)의 위치와 유형을 보여준다.

유리관에 들어 있는 수은에 작용하는 대기압은 수은기둥을 세울 정도로 높다. 눈금이 새겨진 유리관의 맨 윗부분에 있는 공간을 '토리첼리의진공(Torricellian vacuum)'이라고 부른다.

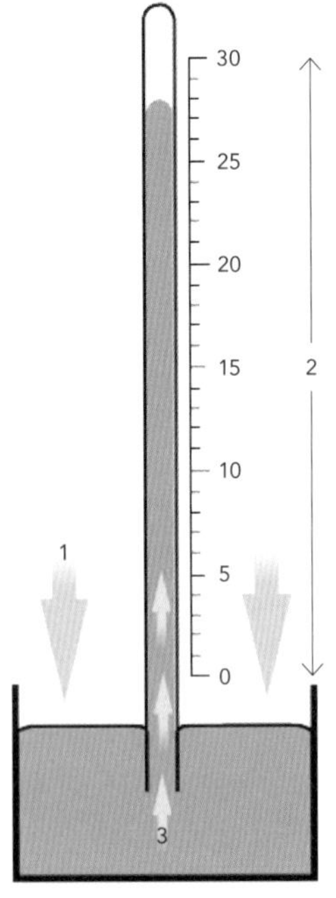

1. 기압이 아래의 수은 용기를 눌러 비어 있던 유리관에 수은이 차오르게 한다.
2. 눈금은 수은의 높이를 나타낸다.
3. 덮개는 수은이 넘치지 않게 하면서 기압이 수은에 영향을 미치게 한다.

바(bar, b)

1cm² 넓이를 질량 1.01972kg이 누르는 힘에 해당하는 기압의 단위. 1기압은 1.013 25바로, 평균 지구 대기압보다 약간 높다. 기상학에서는 실용성 때문에 일반적으로 바 대신 밀리바(mb)를 사용한다. 관련 단위인 바리(barye, ba)는 압력을 나타내는 CGS 단위이며, 1마이크로바와 같은 값을 가진다. 바리라는 말은 그리스어 '바리스(barys, 무게라는 뜻)'에서 왔다. 같은 그리스어 어원을 가진 말로는 바로밀(baromil, 수은기압계 눈금 단위), 기압계(barometer), 자기기압계(barograph) 등이 있다.

수은주밀리미터(millimeter of mercury, mmHg)

지구 표면에서 1mm 위에 있는 수은주에 미치는 기압이 1mmHg다. 이 단위는 기압을 수은기압계의 수은주 높이로 잿기 때문에 나온 단위다. 현재 기상학에서는 수은주밀리미터와 수은주인치가 바와 밀리바로 대체됐지만, 의학 분야에서는 지금도 mmHg 단위를 사용한다.

기압계(barometer)

대기압을 재는 기구. 수은기압계는 수은이 든 유리관을 아래는 수은이 든 용기에 담고 위는 막아서 만든다. 기압은 이 유리관에 있는 수은주의 높이로 측정한다. 아네로이드기압계(aneroid barometer)는 수은기압계보다 정확도는 떨어지지만 크기가 작아서 휴대가 편하다. 아네로이드기압계는 골이 진 얇은 금속으로 만든 풀무 형태의 진공 상자다. 이 진공 상자의 한쪽 끝은 고정돼 있고, 다른 한쪽은 대기압 변화에 의한 풀무의 움직임을 눈금을 가리키는 포인터의 움직임으로 바꾸는 장치와 연결돼 있다.

온도·기압계(thermobarograph)

압력과 온도를 기록하는 장치. 온도기록계와 기압기록계가 합쳐진 것이다.

등압선(isobar)

일기도에서 특정한 시점에 대기압이 같은 지점들을 연결한 선.

등온선(isotherm)

일기도에서 특정한 시점에 기온이 같은 지점들을 연결한 선.

대기권(atmosphere)

지구 표면을 둘러싸는 기체들의 층. 지구의 대기권은 고도 약 2,500km 높이까지 분포하며, 외기권과 열권으로 이뤄지는 비균질권, 중간권·성층권·대류권으로 이뤄지는 균질권으로 나뉜다.

대기권을 구성하는 층들의 고도

1. 외기권: 700~2,500km
2. 열권: 85~700km
3. 중간권: 50~85km
4. 성층권: 약 12~50km
5. 대류권: 약 12km

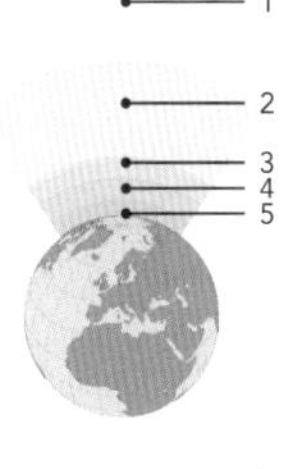

풍속(wind speed)

지구 표면에서 움직이는 공기의 속도. m/s(초당 미터)로 측정되며, 시간당 마일 또는 노트로 측정되기도 한다.

보퍼트풍력계급(Beaufort wind force scale)

관측 가능한 바람의 효과를 기초로 추산한 풍속을 분류하는 풍력계급. 영국의 해군 제독 프랜시스 보퍼트(Francis Beaufort, 1774~1857)가 고안한 계급으로, 해상의 파도에 미치는 양향을 기초로 바람의 속도를 분류한 것이다. 보퍼트풍력계급은 이후 육지에서 부는 바람의 관측 가능한 효과를 기초로 풍속을 추산하는 풍력계급으로 발전했다. 원래는 0에서 12에 이르는 계급이 있었지만, 1955년 미국 기상청이 17까지 확장했다. 하지만 13부터 17까지의 계급은 일반적으로 실용적이지 않고 불필요하다고 여겨진다.

풍속냉각지수(wind chill factor)

바람이 인체 표면에 미치는 냉각효과와 낮은 온도가 인체 표면에 미치는 냉각효과를 합산한 효과를 나타내는 지수. 2001년에 이 지수를 개선한 체감온도지수(WCTI)가 발표됐다. 체감온도지수 공식에 따르면 바람으로 인한 냉각효과는 다음과 같다.

체감온도지수에 따른 냉각효과 $=13.12+0.6215T-11.37(V^{0.16})+0.3965T(V^{0.16})$

- T: 기온(°C), V: 풍속(km/h)

코리올리힘(Coriolis force)

회전하는 시스템 안에 있는 물체의 운동을 설명하기 위한 가상의 힘. 기상학에서는 지구의 자전 때문에 물체의 움직임이 예상을 벗어나는 현상을 설명하기 위해 사용한다. 코리올리힘은 적도에서 북쪽으로 부는 바람이 동쪽으로 치우치는 현상으로 관찰된다. 코리올리힘은 서로 다른 위도에서 지구의 자전속도가 다르기 때문에 발생한다. 코리올리힘이라는 명칭은 프랑스의 수학자 가스파르 코리올리(Gaspard Coriolis, 1792~1843)의 이름을 딴 것이다.

후지타 토네이도 등급(Fujita tornado scale)

토네이도가 일으키는 피해 정도를 기초로 토네이도의 풍속을 측정하는 척도. 정확한 이름은 후지타-피어슨 등급(Fujita-Pearson Scale)이다. 후지타 토네이도 등급은 F0에서 F5까지 숫자를 이용해 등급을 나타낸다는 점에서 보퍼트풍력계급과 비슷하다(숫자가 클수록 토네이도의 풍속이 높다).

대조 시기에는 만조와 간조의 차이가 평균보다 커진다. 소조 시기에는 그 차이가 평균보다 작아진다.

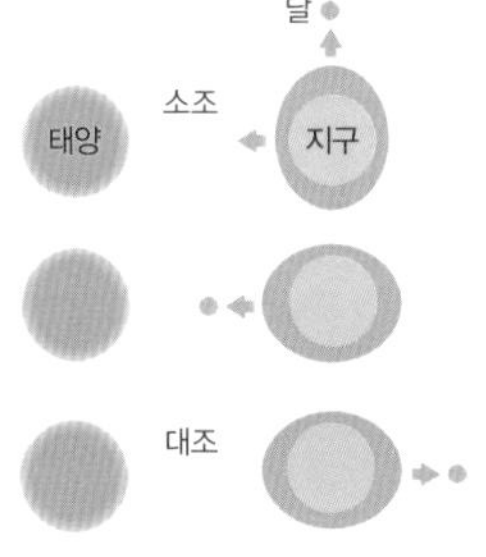

열대 사이클론 강도 등급(tropical cyclone intensity scale)

열대 대양에서 발생하는 (사이클론, 허리케인, 태풍 등) 회전성 폭풍의 강도를 표준 풍속계 높이(10m)에서의 평균 풍속에 기초해 나타내는 척도. 국제적으로 합의된 강도 등급은 다음과 같다.

1. 열대저기압(tropical depression): 초당 최대 17m의 풍속을 가진 폭풍
2. 열대폭풍(tropical storm): 초당 18~32m의 풍속을 가진 폭풍
3. 강한 열대 사이클론(severe tropical cyclone): 초당 33m 이상의 풍속을 가진 폭풍

사피어-심프슨 열대저기압 등급(Saffir-Simpson hurricane scale)

허리케인이 일으키는 피해를 기초로 허리케인의 강도를 측정하는 척도.

가뭄심도지수(drought severity scale)

강수 부족량과 날씨 이상을 기초로 특정 시점에 특정 지점의 가뭄 정도를 측정하는 지수. 1965년에 미국의 기상학자 W. C. 파머(W. C. Palmer)가 파머가뭄지수(Palmer Drought Severity Index, PDSI)를 고안해냈는데, 강수량과 기온 정보, 유효토양수분량을 토대로 계산한 지수다.

조석(소조와 대조)[tides(neap and spring)]

기상학 용어로 조석은 주로 달의 중력 그리고 일부분은 태양의 중력으로 지구의 대양에서 발생하는 밀물과 썰물을 뜻한다. 달과 태양의 중력은 대양의 해수가 달 쪽으로 '튀어나오게' 하고, 지구 반대편에서도 해수가 튀어나오는 현상(만조 현상)이 일어나게 한다. 태양의 중력이 달의 중력을 강화할 때(보름달이나 그믐달이 나타날 때) 간조와 만조의 차이가 가장 큰 '대조'라는 현상이 나타난다. 태양의 중력이 달의 중력과 90° 각도를 이룰 때(반달이 나타날 때)는 조수 간만의 차이, 즉 조차가 가장 작게 나타나서 바닷물이 많이 들어오지도 않고 빠지지도 않는 '소조' 현상이 나타난다.

습도(humidity)

공기 중 수분의 양. 보통 습도라고 하면 상대습도를 말한다. 상대습도란 특정한 온도의 대기 중에 포함되어 있는 수증기의 압력을 그 온도의 포화수증기 압력으로 나눈 것을 말한다[특정한 온도의 대기 중에 포함되어 있는 수증기의 양(중량 절대습도)을 그 온도의 포화수증기량(중량 절대습도)으로 나눈 것이다-옮긴이]. 특정한 공기 샘플의 상대습도는 온도의 영향을 크게 받으며, 상대습도는 역으로 체감온도에 영향을 미친다. 이 관계는 열지수 차트(쾌적성 차트라고도 한다)에서 관찰할 수 있다. 열지수 차트는 풍속 냉각 차트와 비슷한 차트로, 다양한 기온과 상대습도에서 체감되는 온도를

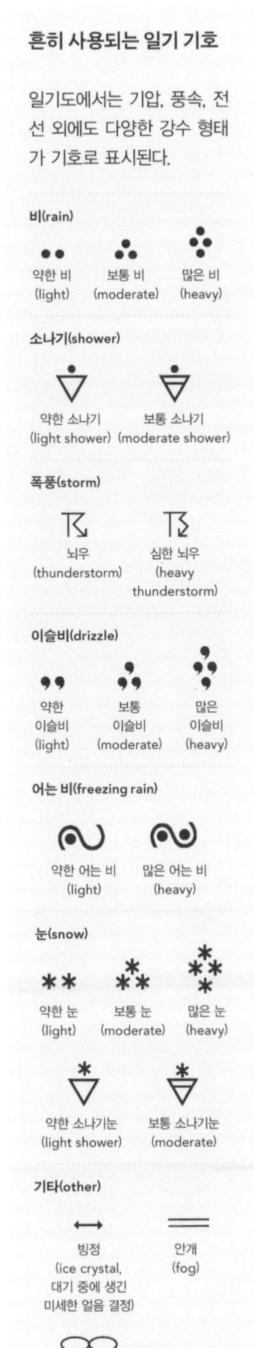

나타낸 것이다.

이슬점(dewpoint)

수분이 있는 공기가 지표면 또는 차가운 표면과 접촉해 포화되는 온도. 즉, 공기 중 수분이 물방울로 응집돼 지표면 위에 떨어지는 온도[구름점(cloud point)이라고도 부른다].

습도계(hygrometer)

대기의 습도를 측정하는 기구. 습도계에는 몇 가지 종류가 있다. 이 중 건습구습도계는 온도계 2개로 구성된다. 하나는 물에 담긴 젖은 심지로 구(bulb) 부분을 감싼 온도계로 주변 공기의 상대습도가 미치는 냉각효과에 영향을 받는 수치를 나타내고, 다른 하나는 '실제' 온도를 나타낸다. 건습구습도계는 이 두 수치를 비교해 상대습도를 계산한다.

강우량(rainfall)

특정 시기의 특정 시점에 지구 표면에 떨어지는 수분의 양. 보통 센티미터나 인치로 나타낸다. 기상학에서는 '강우량'과 '강수량(precipitation)'을 엄격하게 구분하는데, 강수량은 강설량과 우박의 양을 포함하기 때문에 기상 현상을 더 정확히 설명하는 데 유용하다.

우량계(pluviometer)

비의 양을 재는 도구. '레인 게이지(rain gauge)'라고도 한다.

우량주상도(hyetograph)

한 지점의 강수 시점과 강수량을 보여주는 차트 또는 다이어그램. 우량주상도 데이터는 우량계 기록에서 얻는다.

존데(sonde)

풍선, 위성 또는 로켓에 실려 온도, 압력, 습도 같은 데이터를 지구로 전송하는 장치. 라디오존데(radiosonde)는 성층권 높이로 올라가면서 각 대기층의 이런 데이터를 지상의 수신기에 전송한다.

역전(inversion)

대기 내에서 고도가 올라갈수록 기온이 오히려 상승하는 현상. 역전층은 그 아래층보다 온도가 높은 공기층을 말한다. 역전현상은 흔하지 않으며, 맑은 밤이나 고기압일 때 나타난다.

시정(visibility)

정상적인 일광 상태에서 지평선 가까이에 있는 적당한 크기의 검은 물체를 인식할 수 있는 최대 거리 또는 밤에 적당히 밝은 빛이 보일 수 있는 최대 거리. 일반적으로 시정 수치는 한 지점에서 보이는 지평선 근처의 몇 개 점을 기준으로 측정되며 이 측정치들의 평균이 이 지점의 시정이 된다.

투과형 시정계[(transmissometer, transmttance meter)]

시정을 측정하는 도구. 정확하게는 시정을 결정하는 대기의 투과계수 또는 소멸계수를 측정하는 도구다. 텔레포토미터(telephotometer) 또는 헤이즈미터(hazemeter)라고도 한다.

운저(cloud base)

특정한 구름 또는 구름층 안에서 공기가 구름 입자를 포함하게 되는 최저 고도. 운량 기저(base of cloud cover)라고도 부른다. 지형 위에 떠 있는 구름의 높이는 운고(cloud height)라고 하고, 운저에서 구름 최상층부까지의 수직거리는 구름의 두께 또는 깊이라고 한다.

구름의 종류(cloud types)

구름은 모양과 발생 고도에 따라 분류하며, 1803년 영국의 기상학자 루크 하워드(Luke Howard)가 구름에 권운(Cirrus), 층운(stratus), 적운(cumulus) 등의 라틴어 이름을 붙였다. 구름은 크게 열 가지 유형으로 나뉘며, 각 유형은 다시 상층구름(고도 6,000m 이상), 중층구름(2,000~6,000m), 하층구름(2,000m 이하)으로 구분된다.

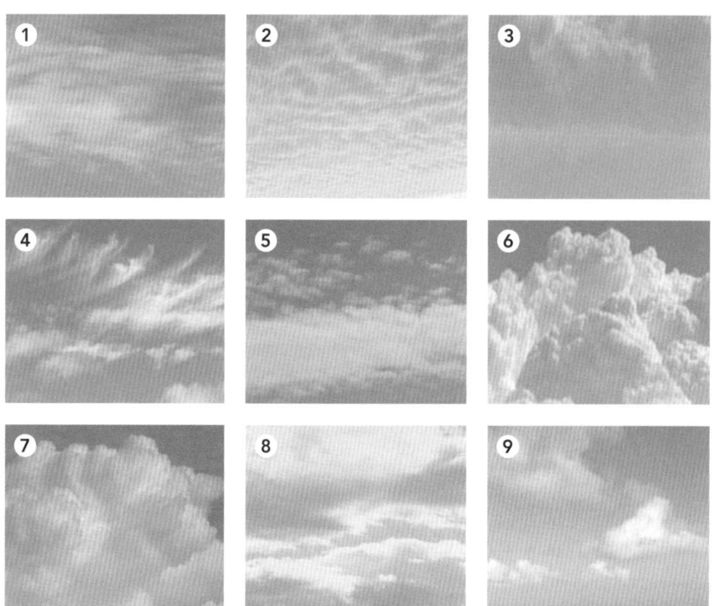

1. 권운(cirrus)
흰색 빙정으로 이뤄진 성긴 구름으로 여기저기 떨어져서 나타난다.

2. 권적운(cirrocumulus)
빙정과 물방울로 이뤄진 작고 둥근 구름. 대부분 규칙적인 물결 모양이다.

3. 권층운(cirrostratus)
빙정으로 이뤄진 연속적인 흰색 베일 모양의 구름.

4. 고층운(alostratus)
물방울을 포함하는 회색 또는 푸른색 천 모양의 구름.

5. 고적운(altocumulus)
대부분 물결 모양인 회색 또는 푸른색 둥근 구름.

6. 적란운(cumulonimbus)
수직으로 발달하면서 솟아오르는 구름. 밑 부분은 어두운 색이며 윗부분은 흰색 모루 모양이다.

7. 적운(cumulus)
수직으로 발달하는 소용돌이 모양의 흰 '솜구름'. 대부분 밑 부분이 회색이다.

8. 층운(stratus)
특정한 모양이 없이 회색 천 조각들이 모여 있는 듯한 형태의 구름. 층운은 대부분 안개 형태로 시작된다.

9. 층적운(stratocumulus)
천 조각 모양의 회색 둥근 구름.

광물과 금속

조흔색(streak)

광물을 풍화되지 않은 표면에 긁는 등의 방법으로 가루를 냈을 때의 색깔. 눈으로 보기에는 비슷하게 보이는 광물들을 구별하는 데 유용한 척도다.

투과율(permeability)

물체가 액체나 기체를 통과시키는 정도. 투과율은 물체에 난 구멍들의 크기, 그 구멍들의 연결 정도에 따라 달라진다.

애세이톤(assay ton, AT)

광석에 포함된 귀금속의 양을 나타내는 단위. 광석 1톤에서 얻을 수 있는 순수한 금속을 트로이온스(troy ounce, 1트로이온스는 31.1034768g–옮긴이) 단위로 잰 값이다. 미터법 단위가 도입되면서 애세이톤은 2,240파운드에 해당하는 영국의 롱톤을 기준으로 한 애세이톤과 2,000파운드에 해당하는 미국의 쇼트톤을 기준으로 하는 애세이톤으로 갈라졌다. 롱톤을 기준으로 하면 1애세이톤은 광석 32.7kg에 들어 있는 귀금속의 그램수이지만, 쇼트톤을 기준으로 하면 광석 29.2kg에 들어 있는 귀금속의 그램수가 된다.

광석의 품위(ore grade)

광석 안에서 귀금속이 차지할 것으로 기대되는 비율. 흔한 금속의 경우 광석 전체 무게에서 금속이 차지할 것으로 기대되는 비율을 ppt(천분율) 또는 ppm(백만분율)으로 나타낸 값이다. 귀금속이나 (우라늄처럼) 농도가 낮은 특수한 금속은 톤당 그램수로 나타낸다.

한계품위(cut–off)

추출 가치가 있는 가장 낮은 단계의 광석 품위. 한계품위 값은 특정한 광맥(vein)이 채굴 가치가 있는지 판단하기 위한 경제적 기준이다. 한계품위 값은 물질의 종류에 따라 천차만별이다. 노천채굴의 경우 철광석의 한계품위 값은 약 55~60%인 반면, 금의 한계품위 값은 톤당 1그램 이하다.

미량(trace)

광물의 매우 낮은 농도를 뜻하는 말. 1ppm 이하의 농도를 의미할 때도 있다. 미량 물질은 (귀금속의 경우처럼) 채굴의 목적이 되기도 하지만, 채굴을 방해하는 미량 물

광석들이 지구 지각에 함유된 비율과 광석 품위

	원소	평균 함유 비율 (ppm)	최저 광석 품위 (ppm)	계수
	금	0.004	0.5	125
	몰리브덴	2	500	250
	주석	2	500	250
	납	12	15,000	1,250
	구리	55	5,500	100
	아연	70	5,000	700

질도 있다.

매장량(reserve)

특정한 광물 매장층 또는 **광맥** 안에 포함된 광석, 화석연료 등 가치 있는 물질들의 양. 통상 광석의 **한계품위**가 매장층 전체에 걸쳐 동일하게 유지된다는 가정하에 톤수(또는 배럴수 등)로 표시된다. 금속의 경우 매장량은 특정한 평균 품위를 가지는 광석의 톤수로 표시되기도 한다. 채굴 회사나 석유 기업들은 자신들이 채굴하고 있는 매장층의 총매장량을 매장량으로 표시한다.

체수(sieve number)

메시 체(mesh sieve)에 있는 구멍 크기를 나타내는 말. 따라서 메시 체를 통과할 수 있는 가장 큰 입자의 크기를 나타낸다. 메시 체의 체수는 단위길이당 구멍의 수다.

슬레이트 크기(slate size)

지붕 슬레이트의 크기. 다양한 표준 크기가 있으며, 다른 전통 재료들에서처럼 슬레이트 크기는 슬레이트 자체의 크기를 나타내는 현대의 관행과 상관없이 다양한 이름으로 불린다. '와이드' 슬레이트는 표준 슬레이트보다 폭이 2인치 크며, '스몰' 슬레이트는 표준 슬레이트보다 폭이 2인치 작다. 이에 따라 와이드 더치스(wide Duchess) 슬레이트의 크기는 24인치×14인치이며, 스몰 레이디 슬레이트의 크기는 14인치×8인치다.

지붕 슬레이트의 표준 길이와 폭(인치)

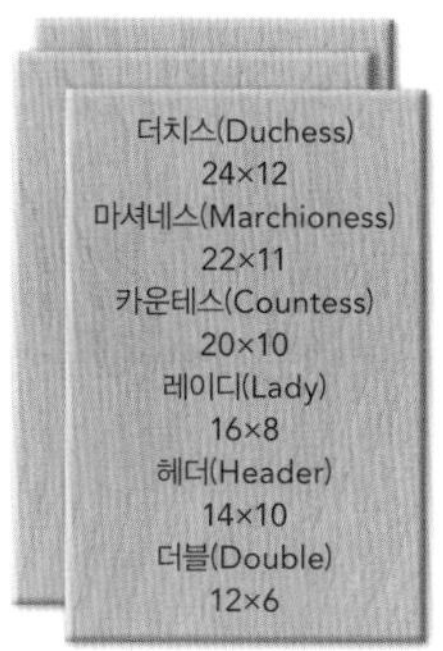

지붕 슬레이트를 부르는 전통적인 이름들이 사용되지 않은 지는 꽤 오래됐지만, 전통 슬레이트를 파는 회사들의 웹사이트를 보면 이런 이름들을 아직도 볼 수 있다.

파이 단위(phi scale)

평균 지름을 기초로 한 입자의 크기 단위. 침전물, 모래 등 작은 입자들의 크기를 나타내는 데 사용한다. 크기가 0ϕ인 물체의 지름은 (약) 1mm다. 파이 단위 시스템에서 숫자가 1만큼 높아질 때마다 물체의 지름은 반으로 줄어든다(따라서 2ϕ 물체의 지름은 0.25mm다). 큰 물체에 대해서는 음수도 사용된다. 예를 들어, 지름 1인치 물체의 크기는 파이 단위로 −4.7ϕ다.

ASTM 결정립 크기 지수(ASTM grain size undex)

금속 구조물이나 다른 물체를 구성하는 '결정립(grain)'(또는 입자)의 크기를 재는 척도. 100배로 확대한 사진에서 1제곱인치당 결정립의 수가 $2^{(N-1)}$인 경우 ASTM 결정립 크기 지수를 N으로 나타낸다. 따라서 제곱인치당 결정립 수가 1이면 결정립 크기 지수는 1, 결정립 수가 2이면 결정립 크기 지수는 2, 결정립 수가 4이면 결정립 크기 지수는 3이 된다.

금속피로(metal fatigue)

금속이 금속 자체의 장력보다 항상 낮은 상태를 유지하는 변동응력(fluctuating stress, 응력이란 외부의 힘이 물질에 작용할 때 그 내부에 생기는 저항력을 말한다-옮긴이)을 받아 점차 힘을 잃다가 결국 파괴되는 과정. 응력이 계속해서 변화하면 금속의 구조가 서서히 변화돼 금속이 갈라지다가 응력집중(stress concentration) 상태에 이른 다음, 결국 **그리피스 파괴 길이**(Griffith crack length)에 이를 때까지 서서히 팽창한 후 완전히 파괴된다.

*어덴-웬트워스 척도(Udden-Wentworth scale)

파이 단위*	크기	웬트워스 크기 등급	침전물/암석의 이름
−8	256mm	거력(boulders)	침전물: 자갈
		대력(cobbles)	
−6	64mm		
		소력(pebbles)	
−2	4mm		암석 종류: 루다이트(역암, 각력암)
		세력(granules)	
−1	2mm		
		매우 거친 모래(very coarse sand)	
0	1mm		
		거친 모래(coarse sand)	침전물: 모래
1	1/2mm		
		보통 모래(medium sand)	
2	1/4mm		
		미세한 모래(fine sand)	암석 종류: 사암(정사암, 잡사암)
3	1/8mm		
		매우 미세한 모래(very fine sand)	
4	1/16mm		
		실트(silt, 모래보다 작고 점토보다 큰 토양입자)	
8	1/256mm		침전물: 진흙 암석 종류: 루타이트(이질암)
		점토(clay)	

피로한도(fatigue limit)

아무리 여러 차례 발생해도 물질이 피로로 인한 피해를 받지 않을 정도의 응력. 예를 들어 알루미늄 같은 물질은 피로한도가 없으며, 하중이 실려 최소한의 응력이 몇 번만 발생해도 완전히 부서진다. 응력의 크기는 물질이 견딜 수 있는 피로주기의 수만을 변화시킨다. 피로강도(fatigue strength)는 피로한도와 관련은 있지만 전혀 다른 척도다. 피로강도는 부러지지 않고 주어진 횟수만큼의 주기를 견딜 수 있는 응력의 최대치를 말한다.

연성(ductility)

물질이 전선, 막대기, 종이 등의 모양으로 얼마나 쉽게 만들어질 수 있는지 측정하는 척도이자 이렇게 만들 때 물질이 견디는 능력을 가리킨다.

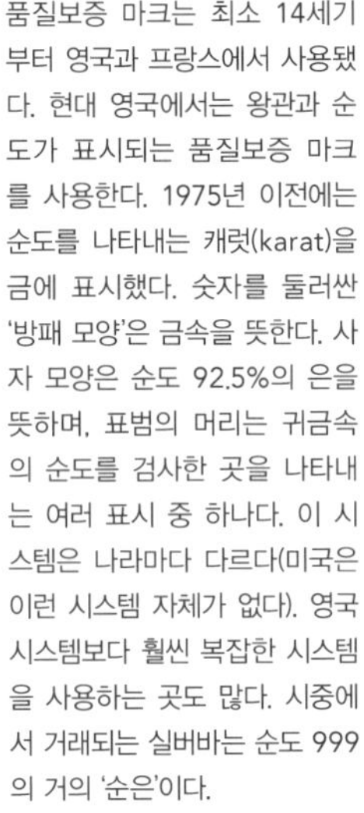

품질보증 마크는 최소 14세기부터 영국과 프랑스에서 사용됐다. 현대 영국에서는 왕관과 순도가 표시되는 품질보증 마크를 사용한다. 1975년 이전에는 순도를 나타내는 캐럿(karat)을 금에 표시했다. 숫자를 둘러싼 '방패 모양'은 금속을 뜻한다. 사자 모양은 순도 92.5%의 은을 뜻하며, 표범의 머리는 귀금속의 순도를 검사한 곳을 나타내는 여러 표시 중 하나다. 이 시스템은 나라마다 다르다(미국은 이런 시스템 자체가 없다). 영국 시스템보다 훨씬 복잡한 시스템을 사용하는 곳도 많다. 시중에서 거래되는 실버바는 순도 999의 거의 '순은'이다.

전성(malleability)

물질이 얼마나 쉽게 펴져 모양을 이룰 수 있는지 측정하는 척도이자 물질이 펴지는 과정을 얼마나 견딜 수 있는지 측정하는 척도.

캐럿[karat(kt), carat(ct)]

금의 순도를 나타내는 단위. 24캐럿 금은 순도 100%의 순금, 18캐럿 금은 순도 75%의 금이라는 뜻이다. '색깔이 들어간' 금은 약 18캐럿 금 이상의 순도를 가질 수 없다. 색깔은 불순물 탓에 나타나기 때문이다(구리가 섞이면 붉은색 금이 되고, 니켈과 백금이 섞이면 흰색 금이 된다). 미국에서는 'Karat'이라고 쓸 때는 금속의 순

22캐럿 금(91.66%)

9캐럿 금(37.5%)

18캐럿 금(75%)

스털링 실버(92.5%)

14캐럿 금(58.5%)

브리태니아 실버(95.8%)

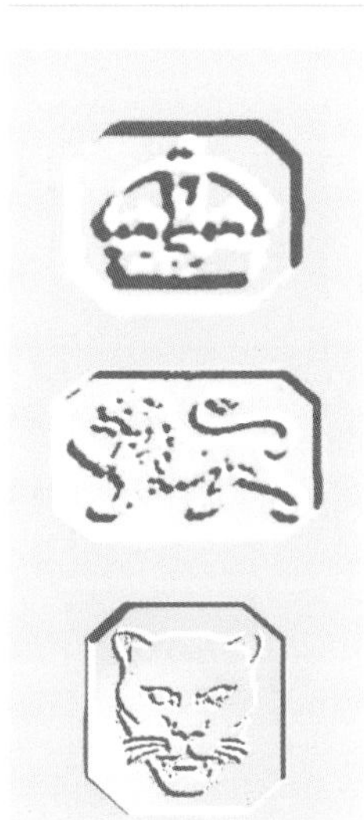

도를 나타내고, 'carat'이라고 쓸 때는 보석의 질량을 나타낸다. 이 두 용어는 어원이 같으며, 두 용어를 섞어 사용하는 나라도 많다. 영국에서는 이 두 가지 의미에 모두 'carat'을 사용하고, 독일에서는 'Karat'만을 사용한다. 질량 단위로서 1캐럿(carat)은 200mg으로 1907년에 공식 표준화됐다.

순도 (fineness)

귀금속의 순도를 나타내는 척도. 천분율로 표시하며 1과 1,000 사이의 숫자를 가진다. 따라서 18캐럿(karat) 금의 순도는 750이다.

은 등급 (silver grades)

은의 표준 순도를 나타내는 말은 다양하다. '코인 실버(coin silver)'는 순도 90%의 은이다(나머지 10%는 보통 구리다). 코인 실버는 기념주화를 만드는 데 사용된다. 멕시칸 실버(Mexican silver)는 보통 순도 95%의 은을 말한다(나머지 5%는 구리다). 보석과 장신구 그리고 많은 나라에서 기념주화를 만드는 데 사용하는 등급의 은은 스털링 실버(Sterling silver, 순도 92.5%)와 브리태니아 실버(Britannia silver, 순도 95.8%) 등 두 종류다.

게이지 (gauge, 판금과 전선의 두께 단위)

전선이나 판금의 두께를 재는 단위. 전통적으로 인치를 사용해온 미국과 영국에서는 이 게이지 숫자가 높을수록 물질이 얇다는 것을 뜻했다. 음수는 게이지 숫자로 사용되지 않았다. 게이지 숫자가 1보다 작아져 0이 되면 다음 게이지 숫자는 00 또는 2/0이 되고, 그다음 숫자는 000 또는 3/0이 된다. 하지만 인치를 게이지 단위로 바꿀 수 있는 기준은 확립되지 않았다. 미터법 전선 게이지는 전통적인 게이지보다 훨씬 간단하다. 숫자가 1 늘어나면 두께가 밀리미터 단위로 10배가 된다.

시간과 달력

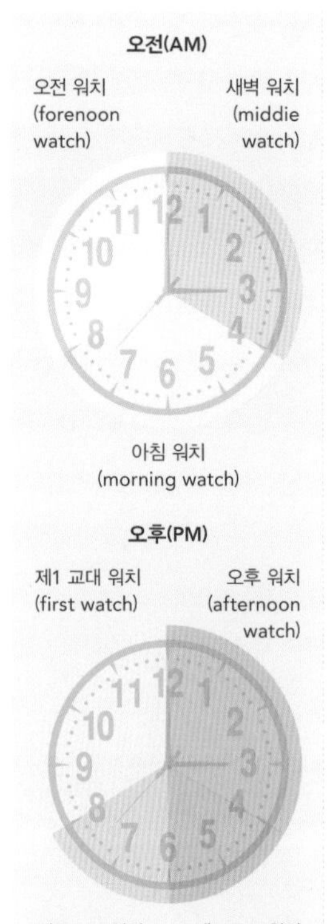

배에서 사용하는 단위 벨은 운행을 시작한 배에서 30분마다 종을 쳐 시간의 경과를 알리는 관행에서 비롯됐다. 4시간에 해당하는 '워치'는 선원들의 근무 시간을 알리는 데 사용됐다.

플랑크시간(Planck time)

현재의 물리학 법칙 범위 안에서 가장 작은 시간 단위다. 플랑크시간은 양자가 빛의 속도로 1**플랑크길이**를 움직이는 데 걸리는 시간으로 정의된다. 1플랑크시간은 약 1.351×10^{-43}초다.

초(second, s 또는 sec)

SI단위계의 기본 시간 단위. 1초는 처음에는 평균태양일(mean solar day)의 86,400분의 1에 해당하는 시간으로 정의됐지만, 1900년 1월 1일에 태양년의 315,596,925.9747분의 1에 해당하는 시간으로 다시 정밀하게 정의됐다. 하지만 이 정의도 1967년에 열린 CGPM 총회에서 '세슘-133 원자의 바닥상태에 있는 두 초미세 준위 간의 전이에 대응하는 복사선(방사)의 9,192,631,770주기의 지속 시간'으로 대체됐다. 분이나 시 같은 시간 단위는 모두 초에서 유도된 단위다.

분(minute, min)

60초에 해당하는 시간. 초가 기본 SI단위로 채택되기 전 1분은 1시간의 60분의 1, 하루의 1,440분의 1로 정의됐었다. **항성일**(sidereal day)은 이 방식으로 나뉜다.

벨(bell)

배에서 사용하는 단위인 **워치**(watch)의 하위 단위. 4시간에 해당하는 1워치는 30분에 해당하는 벨 여덟 번으로 이뤄진다. 해상에서는 30분마다 종을 울리며 워치의 시작 이후 지난 벨 수만큼 종을 울린다.

시간(hour, h 또는 hr)

3,600초 또는 60분에 해당하는 시간. 초가 기본 SI단위로 채택되기 전 1시간은 대략 하루의 24분의 1로 생각됐다. 실제로 1**항성시**(sidereal hour)는 1항성일의 24분의 1이다. 하루가 24시간이라는 생각은 일광 시간을 12부분으로 나누던 고대의 관습에서 비롯됐다(그 결과로 여름의 1시간이 겨울의 1시간보다 길어지는 결과가 발생했다). 밤 시간도 이 관습에 따라 12부분으로 나눠졌다. 하루를 24부분으로 나누는 작업은 기계식 시계의 등장과 함께 시작됐다.

일(day, d 또는 da)

지구가 자전축을 중심으로 1회전 하는 데 걸리는 시간으로 정의됐던 시간 단위. 보통 24시간으로 생각된다. 하지만 이 정의는 정확하지 않았기 때문에 이후 더 정확한 정의가 확립됐다. 천문학자들은 먼 곳에 있는 항성들을 기준으로 지구가 23시간 56분 4.09054초 만에 1회 자전한다고 생각한다(이렇게 약 3분 56초의 차이가 나는 이유는 지구가 자전을 하는 동시에 태양 주위를 공전하기 때문이다). 이 23시간 56분 4.09054초를 **항성일**이라고 한다. 하지만 지구상에서 하루는 우리와 태양의 관계, 즉 항성시와 대조되는 개념인 상용시(civil time)를 기준으로 계산된다. 연속되는 두 정오(태양이 자오선을 지나는 시점) 사이의 평균 시간을 평균태양일로 생각하기 때문이다. **초**에 대한 현재의 정의는 행성들의 움직임과는 무관하다. 따라서 86,400(60×60×24)초로 계산되는 하루는 평균태양일로 정의한 하루와 같지 않다. 또한 하루의 길이는 매일매일 달라지기도 한다. 이런 차이를 보정하기 위해 가끔 윤초를 삽입해야 한다(한국 시간으로는 1월 1일 오전 8시 59분과 9시 사이, 7월 1일 오전 8시 59분과 9시 사이에 각각 1초씩 윤초를 삽입해야 한다–옮긴이).

주(week)

7일에 해당하는 시간을 나타내는 시간 단위. 이 단위는 수천 년 동안 사용됐지만, 365일로 구성되는 1년과는 불편한 관계에 있다. 종교적인 이유와 점성학적인 이유 때문이었을 것으로 추정된다.

태음월(lunar month)

달이 충(opposition, 천문학에서 관측 위치에서 보기에 2개의 천체가 하늘의 반대편에 있을 때–옮긴이)의 위치와 합(conjunction, 2개의 천체가 같은 적경이나 황경에 있는 상태–옮긴이)의 위치를 두 번 연속 지나는 데 걸리는 시간. 즉, 달이 초승달이 되었을 때부터 다음 초승달이 될 때까지의 시간을 말한다. 태음월은 삭망월이라고도 부른다.

역월(calendar month)

특정한 달력(대부분의 경우 **그레고리력**)에 따라 한 해를 나눈 단위. 그레고리력에 따르면 1년은 12부분으로 균일하지 않게 나뉘기 때문에 1역월의 길이는 28일에서 31일까지 다양하다. 유대력이나 중국 달력 등에서도 월의 날수와 해의 달수가 다르며, 이슬람력은 태음월을 기반으로 한다.

3분기(trimester)

1년의 4분의 1에 해당하는 기간. 4분기(quarter)라고도 한다. 의학 용어로 3분기는 사람의 임신 초기 14주 동안을 뜻하며, 학교에서는 약 14주 동안의 등교 기간을 뜻한다. 3분기라는 말은 3개월을 뜻하는 라틴어 단어에서 유래했다.

유대력의 달과 일수	그레고리력의 달과 일수	이슬람 태음력의 달과 일수	힌두 태음력의 달과 일수
디스리월/에다님월(Tishri), 30일	1월(January), 31일	알무하람(Muharram), 30일	차이트라(Chaitra), 30일
말케스월(Marcheshvan), 29일 또는 30일	2월(February), 28일 또는 29일	사파르(Safar), 29일	바이샤카(Vaishakha), 31일
키슬레브월(Kislev), 29일 또는 30일	3월(March), 31일	라비울라왈(Reb'ia I), 30일	지예슈타(Jyaistha), 31일
데벳월(Tebet), 29일	4월(April), 30일	라비웃사니, 라비울라키르(Reb'ia II), 29일	아샤다(Asadha), 31일
스밧월(Shebat), 30일	5월(May), 31일	주마달울라(Jumada I), 30일	샤라바나(Sravana), 31일
아달월(Adar), 29일 또는 30일	6월(June), 30일	주마닷사니야, 주마달아키라(Jumada II), 29일	바아드라/바아드라파다(Bhadrapada), 31일
닛산월(Nisan), 30일	7월(July), 31일	라잡(Rajab), 30일	아쉬윈(Asvina), 30일
이야르월(Iyar), 29일	8월(August), 31일	샤반(Sha'ban), 29일	카르티카(Karttika), 30일
시완월(Sivan), 30일	9월(September), 30일	라마단(Ramadan), 30일	아그라하야나(Margasirsa), 30일
담무스월(Tammuz), 29일	10월(October), 31일	샤왈(Shawwal), 29일	파우샤(Pausa), 30일
아빕월(Ab), 30일	11월(November), 30일	둘카다(Dhul-Qa'da), 30일	마가(Magha), 30일
엘룰월(Elui), 29일	12월(December), 31일	둘힛자(Dhul-Hija), 30일	팔구나(Phalguna), 30일

주: 유대력에는 베아다르(Ve-Adar)라는 윤달(29일)이 세 번째, 여섯 번째, 여덟 번째, 열네 번째, 열일곱 번째, 열아홉 번째 해에 삽입된다.

유대력, 이슬람력, 힌두 달력의 비교. 오늘날 사용되는 주요 달력들은 365.242199일인 1회귀년(tropical year, 태양년)과의 차이를 보정하기 위해 윤일, 윤달, 윤년 등을 삽입한다.

학기(semester)

1년의 반, 즉 6개월을 뜻하는 시간 단위. 학기라는 말은 중·고등학교와 대학교에서 주로 사용되며 한 학년의 반에 해당하는 기간, 즉 15~21주를 뜻한다.

평년(common year)

353일에서 385일까지 다양한 길이를 가진 유대력의 1년. 윤일과 베아다르(Ve-Adar)라는 이름의 윤달(29일) 삽입 여부에 따라 길이가 달라진다.

항성년(sidereal year)

먼 곳에 있는 항성들을 기준으로 태양이 정확하게 같은 위치로 돌아오는 데 걸리는 시간. 항성시(sidereal time)는 먼 곳의 항성들을 기준으로 한 지구의 움직임에 기초한 시간이다. 태양을 기준으로 측정되는 상용시와 대조되는 개념이다. 항성시 체계로 보면 지구는 태양 주위를 한 바퀴 완전히 돌 때마다 366.242회의 자전을 한다. 따라서 항성일이 평균태양일보다 짧은데도 항성년은 365.25636일로 **회귀년(태양년)**보다 약간 길다.

해(year, y 또는 yr)

일반적으로 365일 또는 366일에 해당하는 시간. 지구가 태양 주위를 완전히 한 바퀴 도는 시간과 대략 같다. 정확한 정의는 **회귀년(태양년)**이라는 용어를 써야 가능하다. 지구가 태양 주위를 한 바퀴 도는 데 걸리는 실제 시간은 365.242일이므로 정수를 사용하는 달력으로는 지구의 공전 주기와 맞추는 것이 불가능하다. 따라서 율리우스력은 1년을 365일로 잡고 4년마다 윤년을 설정했으며, 이 **율리우스력**은 **그레고리력**으로 더욱 정교해졌다. 그 밖의 문화권에는 1년이 약 350일에서 385일에 이르는 다양한 달력도 존재한다.

회귀년(tropical year), 태양년(solar year)

지구가 태양 주위를 완전히 한 바퀴 회전하는 데 걸리는 시간을 말한다. 1태양년은 31,556,925.9747초, 즉 365.242199일이다.

leap year(윤년)

회귀년의 하루에 해당하는 시간이 더해져 1년이 366일이 되는 **그레고리력**의 해. 윤년은 통상 그레고리력으로 4년에 한 번 오지만, 연도 숫자가 100으로 나눠떨어지는 해는 윤년이 아니다(하지만 100과 400으로 모두 나눠떨어지는 해는 윤년이다). 유대력, 이슬람력, 중국 달력 같은 달력 체계에도 날이나 달이 추가되는 윤년이 있다.

힌두의 (황도 12궁) 태양력

황도 12궁을 나타내는 점성술 기호는 메소포타미아에서 기원했지만 그 후 유라시아 전역으로 신속하게 퍼졌다. 점성술의 한 해는 열두 달로 나뉘며, 각각의 달에 부여된 점성술 기호는 태양이 나타나는 별자리에서 따온 것이다.

1. 메사(Maysha) (백양궁, Aries), 숫양
2. 블사바(Vrushabha) (금우궁, Taurus), 황소
3. 미투나(Mithuna) (쌍아궁, Gemini), 쌍둥이
4. 칼카타(karkata) (거해궁, Cancer), 게
5. 심하(Simha) (사자궁, Leo), 사자
6. 카냐(Kanya) (처녀궁, Virgo), 소녀
7. 툴라(Tula) (천칭궁, Libra), 저울
8. 블스키카(Vrushchika) (천갈궁, Scorpio), 전갈
9. 다누(Dhanu) (인마궁, Sagittarius), 궁수
10. 마카라(Makar) (마갈궁, Capricorn), 염소
11. 쿰바(Kumbha) (보병궁, Aquarius), 물병
12. 미나(Meena) (쌍어궁, Pices), 물고기

10년(decade)

'decade'라는 단위는 프랑스 공화력(혁명력)에서 달력을 십진법 기반으로 만드는 과정의 일환으로 10일을 나타내는 말로 사용되기도 했다.

세대(generation)

부모의 출생과 그 자식의 출생 사이의 시간 간격을 대략적으로 나타내는 단위. 따라서 세대라는 말은 문화권·위치·역사에 따라 다양하게 해석되며, 대체로 20~35년 정도의 시간을 나타낸다.

중국 달력은 음력에 기초하며, 60년(12년의 소주기 다섯 번으로 구성된다)을 한 주기로 한다. 중국 달력에는 29일과 30일로 각각 구성되는 달이 번갈아 나타난다(윤년과 윤달도 있다). 해의 이름은 동물의 이름을 따서 지어졌다. 현재의 소주기는 쥐의 해인 2020년에 시작됐으며 돼지의 해인 2031년에 끝난다.

세기(century)

100년을 뜻하는 말. 세기의 시작과 끝을 나타내는 시점이 좀 혼란스럽게 느껴지는 이유는 숫자 0이 없었던 시대가 있었기 때문이다. AD 1세기는 AD 1년부터 100년까지의 기간, AD 2세기는 AD 101년에서 200년까지의 기간을 나타낸다. 따라서 20세기는 1901년부터 2000년까지의 기간이며, 2001년이 21세기의 첫해가 된다. 그런데도 사람들은 2000년 1월 1일 0시 0분을 두 번째 밀레니엄의 시작이라고 생각해 축하했다.

밀레니엄(millennium)

1,000년에 해당하는 시간. 현재 우리는 세 번째 밀레니엄에 살고 있지만, 밀레니엄의 시작 시기에 대해서는 논란이 있다(**세기** 참조).

분(equinox)

낮의 길이와 밤의 길이가 같은 때를 말한다. 정확하게는 태양이 천구적도(celestial equator)를 지나는 두 번의 시점을 말한다. 분의 날짜는 3월 21일경(북반구에서는 춘분, 남반구에서는 추분)과 9월 23일(북반구에서는 추분, 남반구에서는 춘분)이다. 천문학에서 분이라는 용어는 태양이 천구적도를 가로지르는 시점으로 정의되며, 춘분은 태양이 남쪽에서 북쪽으로 천구적도를 가로지르고, 추분은 태양이 북쪽에서 남쪽으로 천구적도를 가로지르는 시점이다.

지(solstice)

태양이 적도에서 가장 북쪽 또는 가장 남쪽으로 멀어지는 두 번의 시점을 말한다. 1년 중 낮의 길이가 가장 긴 날(북반구에서는 하지, 남반구에서는 동지)과 낮의 길이가 가장 짧은 날(북반구에서는 동지, 남반구에서는 하지)이다.

4분기 지불일(quarter day)

3개월에 한 번 임대료, 이자 등을 지불하는 날. 4분기 지불일은 1년에 네 번 온다. 영국에서 4분기 지불일은 레이디 데이(Lady Day, 3월 25일), 미드서머 데이(Mid summer Day, 6월 24일), 미컬마스(Michaelmas, 9월 29일), 크리스마스(12월 25일)였다.

그리니치평균시(Greenwich Mean Time, GMT)

경도 0°에서의 표준 시간. GMT는 영국의 공식 표준시로 채택됐으며, 런던의 왕립 그리니치 천문대에서 이름을 땄다. 이후 GMT는 세계 진역에서 시간대 설정의 기준이 됐지만, 현재는 경도 0°에서의 시간을 나타내는 세계시(Universal Time, UT)가 시간대 설정의 기준이다. 세계시는 국제원자시(Temps Atomique International, TAI)를 이용해 SI **초** 단위로 매우 정확하게 시간을 보정하는 협정세계시(Coordinated Universal Time, UTC)로 다시 다듬어졌다. UTC는 필요할 때마다 윤초를 삽입함으로써 지구 자전으로 인한 불규칙성을 보정하고 있다.

시간대(time zone)

동일한 표준시를 사용하는 세계의 24개 영역 중 한 영역을 일컫는 말. 기본적으로 이 영역은 경도선들을 따라 지구를 본초자오선(경도 0°) 동쪽으로 12개 영역, 서쪽으로 12개 영역으로 균일하게 15°씩 분할하는 선들로 이뤄진다. 시간대는 이 선들로 이뤄

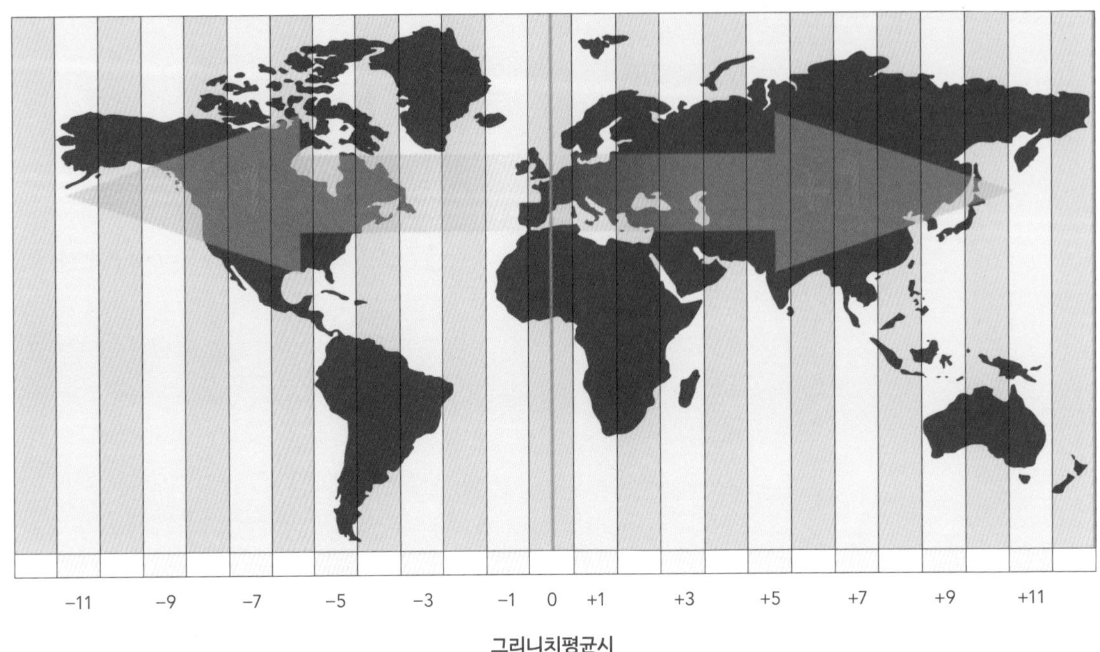

그리니치평균시

그림에 있는 구분선들이 경도선과 정확히 일치하지 않는 이유는 한 나라 안에서 사용하는 시간대 수를 최소화하기 위해서다. 중국 같은 나라는 시간대가 여러 선에 걸쳐 있지만 하나의 표준시만을 사용한다. UT와의 시간 차가 1시간이 안 되는 시간대를 사용하는 나라들도 있다.

지는 영역과 정확하게 일치하지 않는 경우도 있는데, 이는 한 나라에서 하나의 시간대를 사용하기 위해서다. 동쪽 방향의 시간대에서는 UT보다 시간이 빠르며, 시간을 나타내는 숫자 앞에 플러스 부호를 붙여 시간대를 표시한다. 예를 들어, 중앙유럽표준시(Central European Time)는 +01로 표시한다. 서쪽 방향의 시간대에서는 UT보다 시간이 느리다. 예를 들어, 태평양표준시(pacific Standard Time)는 −08로 표시한다. 날짜변경선(International Date Line)은 경도 180°를 기준으로 하는 선으로, 여기서 빠른 시간대와 느린 시간대가 만난다. 동쪽 방향으로 날짜변경선을 지나면 전날이 되고, 서쪽 방향으로 지나면 다음 날이 된다.

시대(era)

달력 체계에서 시대라는 말은 특정한 달력 체계가 사용된 기간을 말한다. 한 시대가 시작되는 시점을 창발 연도(emergent year)라고 부른다. 일반적으로 사용되는 그레고리력에 따르면 현재 우리는 공동연대(common era, CE)에 살고 있다. 공동연대는 기원후(Anno Domini, AD)를 대체하는 말이다. 창발 연도인 1CE 이전의 시대는 공동연대 이전(Before Common Era, BCE)이라고 부르며, 기존의 기원전(Before Christ)을 대체하는 말이다. 창발 연도가 다른 문화권들도 존재한다. 예를 들어, 유대력은 BCE 3761년에 시작됐다. 천지창조가 이뤄졌다고 믿어지는 시점으로, 유대력에서는 창조 후(anno mundi, AM)라는 용어를 사용한다. 이슬람력의 창발 연도는 헤지라(hejirah)가 이뤄진 시점이다. 헤지라는 무함마드가 메카에서 도망쳐 CE 622년에 메디나에 도착한 사건을 말한다. 헤지라 기원(anno hegirae, AH)이라는 말을 쓴다.

율리우스력(Julian calendar)

고대 로마의 정치지도자 율리우스 카이사르(Julius Caesar)가 확립한 달력 체계. 율리우스력은 1년을 365일로 기본 설정하고 4년마다 윤년을 삽입하는 방식을 사용했으므로 율리우스력상 1년의 평균 길이는 정확히 365.25일이다. 율리우스력은 BCE 46년부터 CE 1582년까지 사용됐다. CE 1582년이 되자 1년에 약 11분 정도 발생하는 오차가 감당할 수 없을 정도로 누적됐기 때문에 이후 더 정확한 **그레고리력**이 채택됐다.

유대력은 19년 주기를 기반으로 한다. 이 19년 주기를 구성하는 해의 길이는 모두 여섯 가지로, 353일, 354일, 355일로 각각 이뤄지는 세 종류의 평년과 383일, 384일, 385일로 각각 이뤄지는 세 종류의 윤년이 있다. 유대력의 새해 첫날인 로시 하샤나(Rosh Hashanah)는 그레고리력으로는 9월 5일과 10월 5일 사이의 하루에 해당한다. 이슬람력은 태음년 기반이며 30년 주기로 구성된다. 윤년은 각 주기의 두 번째, 다섯 번째, 열 번째, 열세 번째, 열여섯 번째, 열여덟 번째, 스물한 번째, 스물네 번째, 스물여섯 번째, 스물아홉 번째 해다.

그레고리력(Gregorian calendar)

율리우스력을 대체하기 위해 CE 1582년에 채택된 달력 체계. 이 달력 체계 사용을 선포한 교황 그레고리 13세(Gregory XIII)의 이름을 땄다. 1년은 실제로 약 365.242일이기 때문에 1년을 365.25일로 설정한 율리우스력은 점차 계절과 맞지 않게 됐고, 새로운 달력 체계의 필요성이 대두됐다. 율리우스력 때문에 발생한 어긋남을 수정하기 위해 교황 그레고리 13세가 그레고리력을 적용하면서 1582년의 날들에서 10일을 뺀다고 발표했다. 또한 그는 100으로 나눠지는 연도는 400으로도 나눠지지 않는 한 윤년이 될 수 없다고 공표했다. 이렇게 하면 400년마다 146,097일이 늘어나 그레고리력의 1년은 정확히 365.2425일이 될 수 있었다. 이 정도 정확성이면 매우 실용성이 높다고 할 수 있다.

하브 달력(haab)

마야 문명에서 사용한 상용 달력 체계. 하브 달력 체계의 1년은 20일로 이뤄지는 18개 '위날(uinal)'에 5일을 나타내는 '와예브(uayeb)'가 더해져 365일이 된다.

장기력(long count)

마야 문명에서 문명의 시작 시점(BCE 3114년 9월 6일로 추정)으로부터 지난 날수를 나타내는 달력 체계. 장기력의 기본단위는 '킨(kin, 일)'이며, 기록된 날짜들은 20 또는 18의 배수다.

마야인들이 사용한 장기력은 5개 부분으로 이뤄진다. 마야인들은 칼랍툰(calabtun), 킨칠툰(kinchiltun), 알라우툰(alautun)처럼 긴 시간을 나타내는 단위들도 사용했지만, 이 단위들은 장기력에서는 사용되지 않았다.

고대 이집트력(ancient Egyptian calendar)

고대 이집트인들이 사용한 달력 체계. 1년은 30일로 이뤄진 열두 달에 5일을 추가한 365일이다. 도중에 윤년을 도입하려는 시도가 이뤄지긴 했지만 1년을 365일로 설정한 이 달력 체계는 약 BCE 25년까지 계속 사용됐다. 특이하게도 고대 이집트력은 태양력도 태음력도 아닌 달력 체계다. 이 달력 체계는 시리우스(Sirius) 항성이 떠오르는 시점과 나일강이 해마다 범람하는 시점(이 두 시점은 거의 비슷하다)에 기초했다. 나일강 범람은 고대 이집트 지역의 농사에서 매우 중요한 역할을 한 사건이다. 하지만 고대 이집트력은 회귀년과의 차이가 점점 벌어지면서 계절을 제대로 나타내지 못해 사실상 사장됐다.

장기력의 구성요소

1킨(kin)		1일	
1위날(uinal)	20킨	20일	
1툰(tun)	18위날	360일	약 1년
1카툰(katun)	20툰	7,200일	약 20년
1박툰(baktun)	20카툰	144,000일	약 394년
1픽툰(pictun)	20박툰		약 7,885년

주: 장기력을 구성하는 날짜 단위는 킨, 위날, 툰, 카툰, 박툰이다. 예를 들어, (점으로 구분되는) 13.7.18.4.1이라는 표기의 숫자들은 각 날짜 단위의 숫자만큼의 곱에 해당하는 시간을 나타낸다. 제일 마지막 자리에 있는 1은 1박툰(약 394년)을 나타낸다.

생명체

가축단위(livestock unit, LU)

가축단위(LU)의 정의는 나라마다 다르며, 한 나라 안에서 지역에 따라 달라지기도 한다. 하지만 대체로 소나 말 같은 큰 동물 한 마리가 1LU라는 데에는 합의가 이뤄졌다.

암소-송아지 단위(cow-calf unit)

가축단위 시스템에서 암소 한 마리와 젖을 떼기 전의 송아지 한 마리는 하나의 단위, 즉 암소-송아지 단위로 생각된다. 따라서 이 암소 한 마리와 송아지 한 마리는 1LU로 계산된다. 일부에서는 1.2LU로 계산하기도 한다.

임신기간(재태기간, gestation period)

태생 포유류(모체의 자궁 속에서 일정 수준 발육을 이룬 후에 태어나는 포유류)의 수태에서 출산까지의 기간. 종에 따라 차이가 크게 난다. 예를 들어, 인간의 임신 기간은 약 266일, 쥐는 약 21일, 고양이는 약 63일, 코끼리는 약 624일이다.

가축들의 임신 기간
일반적으로 동물의 크기가 작을수록 임신기간이 짧다.

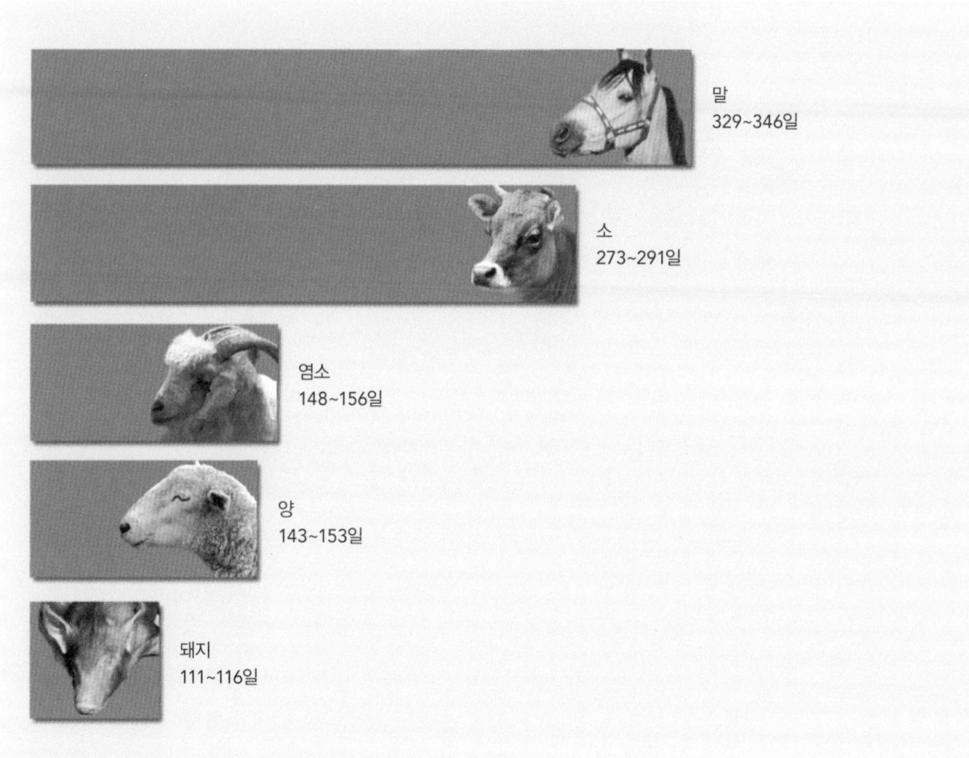

배양 기간(incubation period)

알이 어미 새의 온기나 인큐베이터에서 따뜻해져 부화하는 데 걸리는 시간. 배양 기간은 1년 중 알이 나오는 시기에 따라 다르다. 의학에서는 '잠복기'라고 부르며, 잠복기는 감염원에 노출된 시점과 질병의 징후 또는 증상이 처음 나타나는 시점 사이의 시간을 말한다.

염색체수(chromosome number)

염색체는 세포핵 안에 있는 실처럼 생긴 소체를 말한다. 염색체에는 유전형질을 전달하는 유전자의 형태로 핵단백질이 존재한다. 염색체수는 유기체의 체세포 1개에 들어 있는 염색체의 수를 말하며, 같은 종에 속한 생명체들의 염색체수는 동일하다(생식세포의 염색체수는 체세포 염색체수의 반이다). 인간의 체세포 염색체는 23쌍이며, 각 염색체 쌍은 부와 모로부터 각각 하나씩 받아 만들어진다. 따라서 인간의 염색체수는 46개다.

유전자 밀도(gene density)

유전연관 지도에서 단위길이당 존재하는 유전자자리(genetic loci)의 수. 유전연관 지도는 염색체 안에 있는 유전자들의 순서를 그림으로 나타낸 것이다. 유전연관 지도는 2개의 마커(marker, 형질)가 얼마나 빈번하게 부모와 자식 사이에서 전달되는지로 결정된다. 염색체 사이에서 유전자가 재조합되면 유전되는 형질의 패턴이 바뀔 수 있다.

대립유전자(allele)

염색체상에서 특정한 자리를 차지하는 유전자의 자리를 대신 차지할 수 있는 유전자. 대립유전자는 유기체의 특정한 형질을 지배하며, 대립유전자가 달라지면 이런 특정한 형질도 달라진다. 예를 들어, 대립유전자가 달라지면 꽃의 꽃잎 색깔이 달라진다.

센티모건(centiMorgan)

센티모건(또는 지도 단위)은 재조합 확률이 1%인 두 유전자 사이의 거리를 말한다. 미국의 유전학자 토머스 H. 모건(Thomas H. Morgan, 1866~1945) 연구팀은 염색체들이 순차적 형태로 배열돼 있으며, 같은 염색체상에 있는 유전자들은 염색체가 그대로 보존되는 한 한 단위로 유전된다는 것을 최초로 알아냈다. 이 방식으로 유전되는 유전자들을 연관돼 있다고 말한다. 모건 연구팀은 이런 연관 구조가 부서질 때도 있으며, 염색체들 사이에서 유전자재조합이 일어나기도 한다는 사실 역시 발견했다. 염색체들이 서로 멀리 떨어져 있을수록 재조합이 일어날 확률이 높다.

생물다양성(biodiversity)

특정 자연환경에 존재하는 동식물의 다양성을 나타내는 말. 환경 활동가들은 한 지역의 생물다양성 보존 실패는 그 지역의 자연적 균형 유지에 심각한 문제를 일으켜 특정 종의 멸종을 초래한다고 생각한다. 생물다양성은 삼림 파괴 등으로 인한 서식지 상실, 오염, 습지 건조화, 외래종과의 경쟁 등으로 훼손될 수 있다. 농장에서 사용하는 장비들도 지역의 생물다양성을 강화 또는 약화할 수 있다.

종 분류(species classification)

종(species)은 상호교배를 통해 번식력이 있는 자손을 생산할 수 있는 서로 밀접하게 연관된 유기체들의 집단으로 정의할 수 있다. 종을 분류하는 방법, 즉 분류학(taxonomy)은 18세기 칼 폰 린네(Carl von Linné, 1707~1778)가 개발했다. 모든 종의 이름은 라틴어 단어 2개로 이뤄지는데, 첫 번째 단어는 종들로 구성되는 속(genus)의 이름, 두 번째 단어는 종의 이름을 나타낸다. 현재 모든 종은 과(family), 목(order), 강(class), 문(phylum), 계(kingdom)의 이름을 붙여 더 자세하게 분류한다.

IUCN 멸종위기종(IUCN Extinction risk categories)

국제자연보전연맹(International Union for Conservation of Nature and Natural Resources, IUCN)이 지정한 전 세계 멸종위기종 '적색 리스트'는 절멸(Extinct), 야생절멸(Extinct in the Wild), 절멸위급(Critically Endangered), 절멸위기(Endangered), 취약(Vulnerable), 낮은 위기(Lower Risk), 정보 부족(Data Deficient), 미

린네가 고안한 종 분류 시스템은 현재 확장된 상태다. 다음 표는 대왕고래(Blue whale)의 분류범주를 보여준다.

분류 예	대왕고래	설명
계(Kingdom)	동물계(Animalia)	고래가 동물계에 속하는 이유는 세포 수가 많고, 먹이를 섭취하며, '포배(blastula, 수정란)'로부터 형성되기 때문이다.
문(Phylum)	척삭동물문(Chordata)	척삭동물문에 속하는 동물은 척수와 새낭이 있다.
강(Class)	포유강(Mammalia)	고래를 포함한 포유동물은 온혈동물이고, 암컷은 새끼에게 양분을 공급할 젖을 만들어내는 유선이 있으며, 심장이 4개의 방으로 구성된다.
목(Order)	고래목(Catacea)	고래목 동물은 완전히 물속에서만 사는 포유동물이다.
아목(Suborder)	수염고래아목(Mysticeti)	수염고래아목에 속하는 고래는 치아가 아니라 수염판(baleen plate)을 가진다.
과(Family)	수염고랫과(Balaenidae)	수염고랫과에 속하는 고래(긴수염고래)는 목구멍 주위에 상당히 많은 양의 물을 담을 수 있는 주름이 있다(이 물에 먹이가 들어 있다).
속(Genus)	대왕고래속(Balaenoptera)	대왕고래속에 속하는 고래들은 수염고랫과에 속하는 다른 고래들보다 훨씬 더 서로 밀접하게 연결돼 있다.
종(Species)	대왕고래(musculus)	대왕고래종은 상호교배가 가능한 개체들의 집단이다. 청고래라고도 한다.

평가(Not Evaluated) 등 8개 범주로 분류된다. 종이 '멸종위기' 상태라는 것은 절멸위급, 절멸위기, 취약 중 한 범주에 속한다는 뜻이다.

인구밀도(population density)

단위면적당 살고 있는 사람 수. 보통 제곱킬로미터당 인구수로 측정한다. 인구밀도는 오해를 불러일으킬 소지가 있는 척도다. 예를 들어, 캐나다의 인구밀도는 1km²당 3.4명인데, 캐나다의 광대한 북쪽 영토에는 사람이 거의 살지 않는 반면 온타리오주의 인구밀도는 1km²당 11.7명이나 된다.

인구 증가(population growth)

인구 증가는 1,000명당 출생률과 1,000명당 사망률을 비교해 해마다 측정된다.

클러치(clutch)

새 한 마리가 낳은 알의 수 또는 새가 둥지 하나에 낳은 알의 수. 새가 한 번에 낳은 알 중에서 부화에 성공한 새끼들의 수를 가리킬 때도 있다. 암탉은 한 번에 5개 이상의 알을 낳는 반면, 비둘기는 2개밖에 낳지 않는다.

쌍(brace)

사냥감인 새 두 마리를 뜻하는 단위. 예를 들어 '꿩 한 쌍' 같은 표현에서 사용된다. 사냥감인 새를 왜 쌍 단위로 세는지는 불분명하다. 새 한 마리로는 한 끼로 충분하지 않고 두 마리는 되어야 한다는 생각 때문에 이런 단위가 생겨났다는 설도 있는데, 새 두 마리씩을 줄에 꿰어 집에 가지고 가는 것이 한 마리를 꿰어 가지고 가는 것보다 실용적이긴 하다.

인구밀도 수치는 오해를 불러일으킬 소지가 있다. 도시는 시골에 비해 인구밀도가 높기 때문이다.

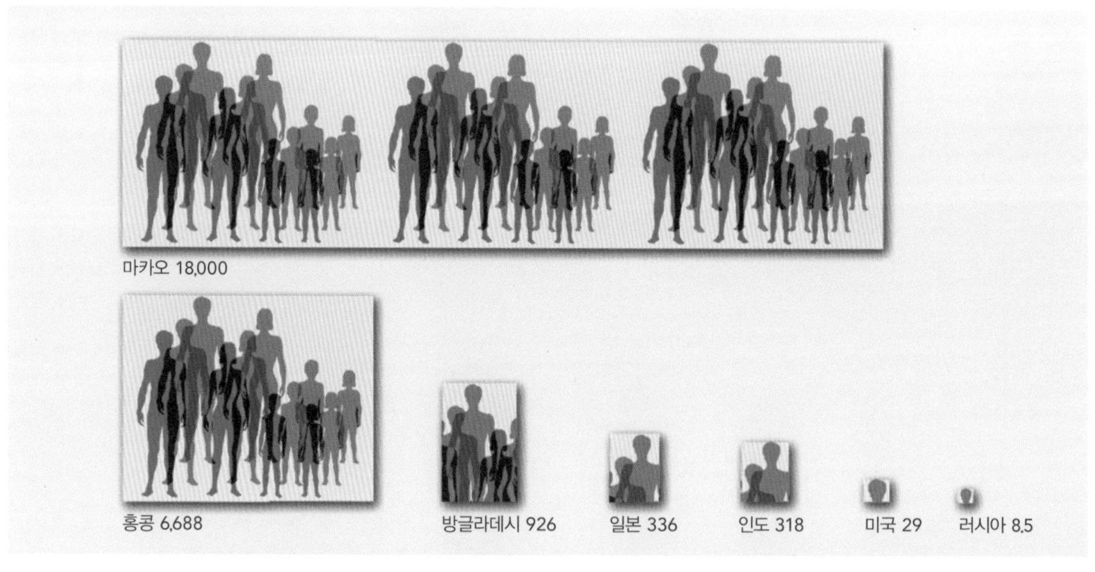

자연과학

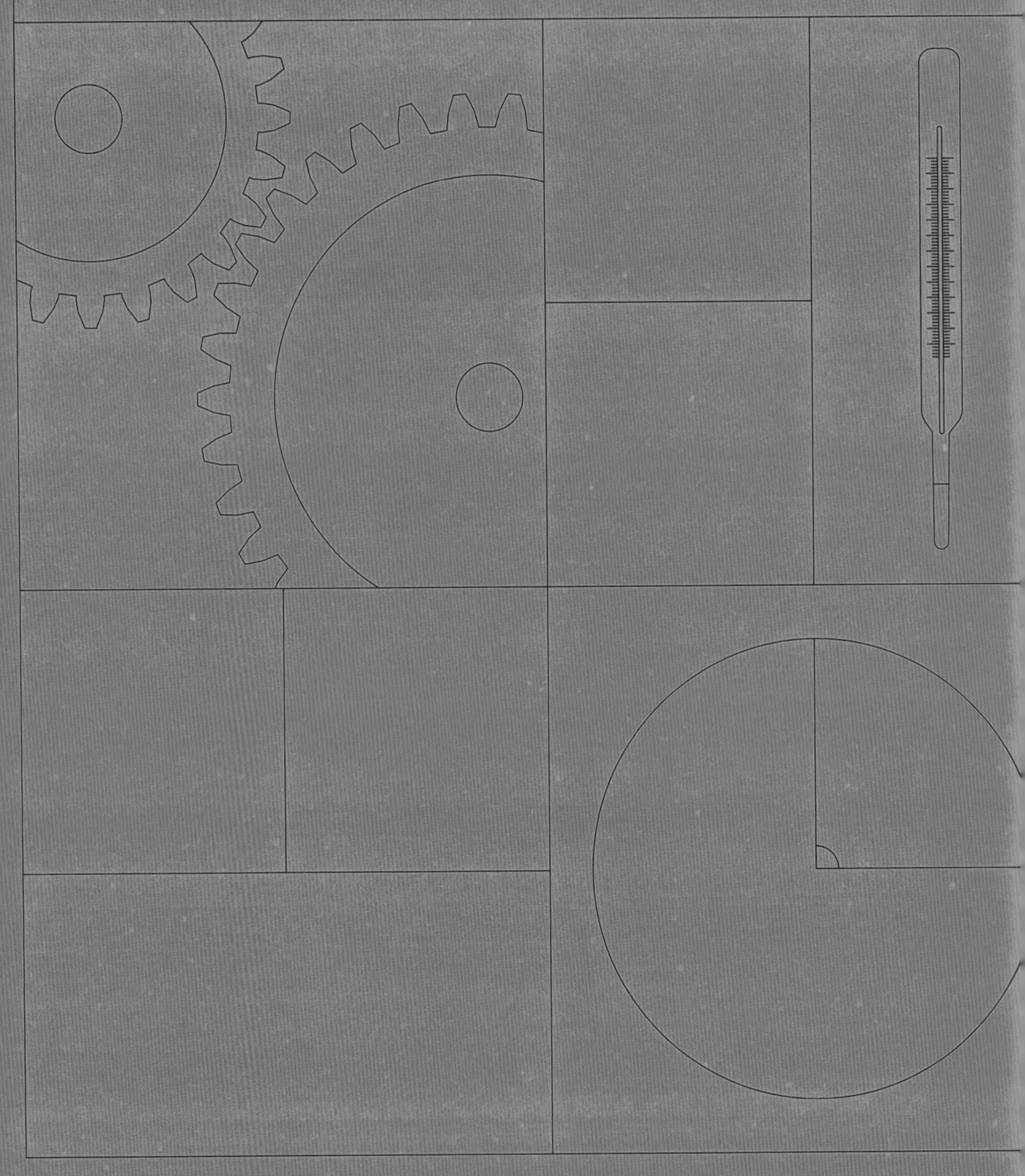

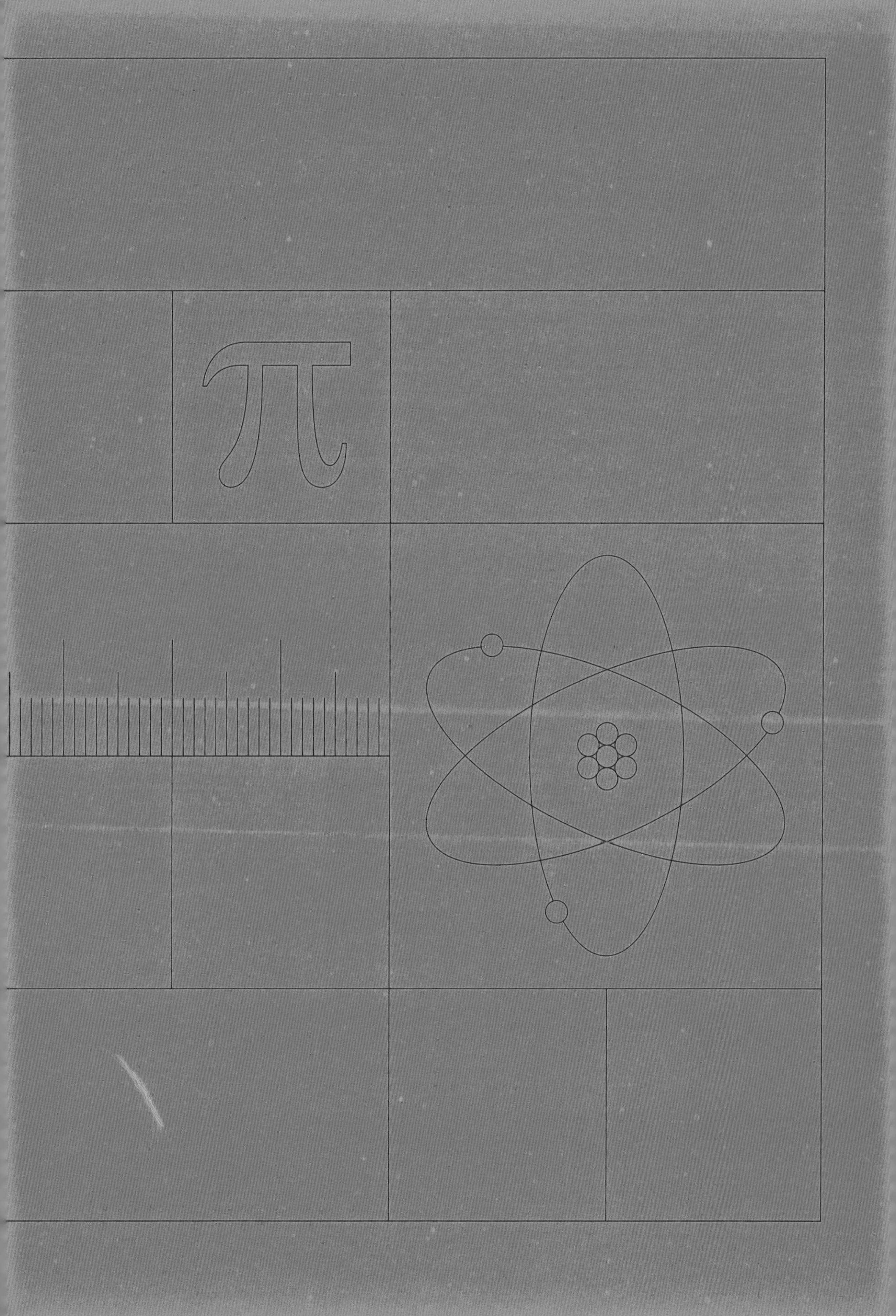

화학

몰(mole, mol)

양을 나타내는 SI단위. 물질 1몰은 12g의 탄소-12 안에 있는 입자(원자, 분자, 이온 등)의 수와 같은 수, 즉 약 6.022×10^{23}(아보가드로수)개의 입자를 포함하는 양이다. 통상 1몰은 물질의 원자량 또는 분자량에 그램을 붙인 양을 구성하는 데 필요한 원자 또는 분자의 수를 말한다.

상대분자질량[relative molecular weight(mass)]

탄소-12 원자의 질량 12분의 1을 기준으로 한 분자의 질량. 분자를 구성하는 각 원자의 원자질량(**원자질량단위**)의 합이다. 예를 들어, 물(H_2O) 한 분자는 수소 원자(원자질량 1.008u) 2개와 산소 원자(원자질량 16u) 1개로 구성되므로 물의 상대 부피나 질량은 18.016u가 된다.

주기율표는 탄생 이후로 계속 변화했다. 다음 주기율표는 현재 사용되는 버전이다.

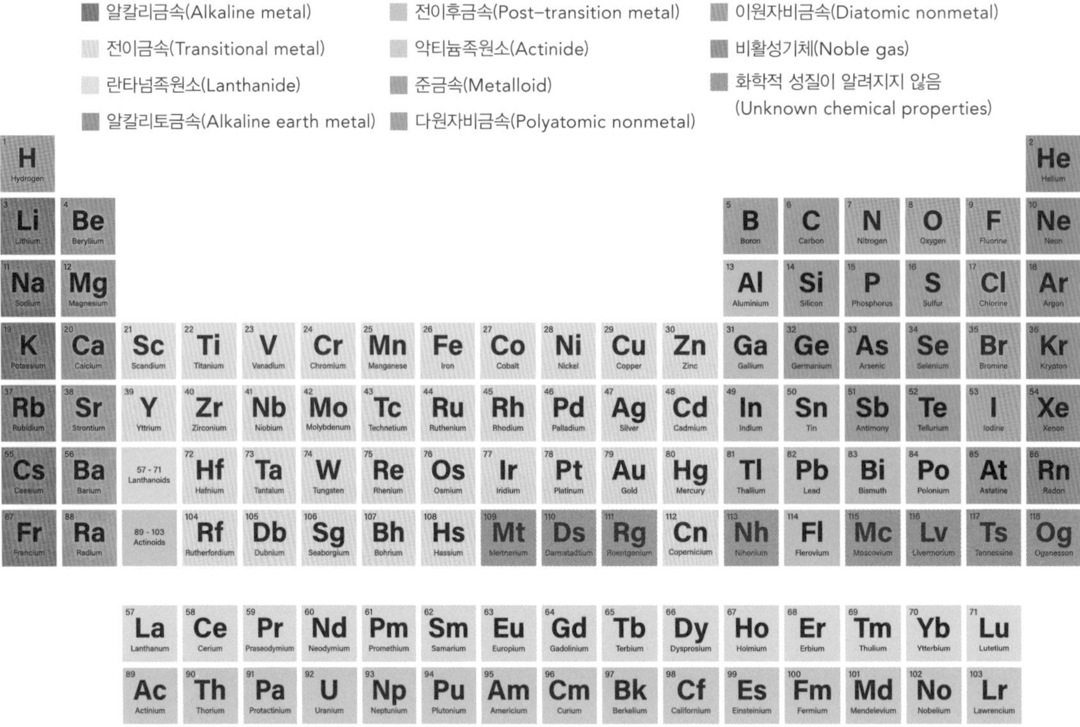

탄소-12(위쪽)는 양성자 6개와 중성자 6개를 가진다. 탄소의 동위원소인 탄소-14(아래)는 탄소-12와 같은 수의 양성자를 가지지만(여전히 탄소라는 뜻이다) 8개의 중성자를 가진다.

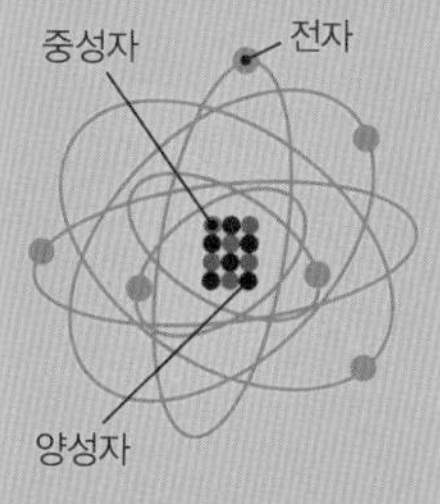

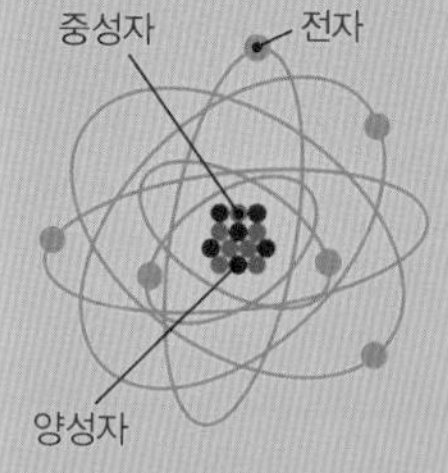

주기율표(periodic table)

현재까지 알려진 모든 원소를 **원자번호** 순으로 정렬한 표. 원소 각각의 원자질량, 원소기호, 상대원자질량이 표기돼 있다. 주기율표가 현재의 모습을 갖춘 것은 드미트리 멘델레예프(Dmitri Mendeleev, 1834~1907)가 원소들을 원자질량에 따라 정렬하고 그전까지는 알려지지 않았던 원소들의 존재를 예측하면서부터다.

주기(period)

주기율표의 한 행(가로 방향)을 차지하는 원소들의 집합. 한 주기 내에서 왼쪽에서 오른쪽으로 갈수록 원자질량(핵 안의 양성자 수)이 1씩 늘어난다. 같은 주기에 속한 원소들은 전자껍질(electron shell)의 수가 모두 같다. 또한 원소의 전자껍질에 있는 전자의 수도 한 주기 내에서 왼쪽에서 오른쪽으로 갈수록 1씩 늘어난다. 주기율표에서 수평 방향으로 서로 인접한 원소들은 상대원자질량은 비슷하지만 성질은 서로 다르다.

족(group)

주기율표의 한 열(세로 방향)을 차지하는 원소들의 집합. 족은 모두 18개가 있으며, 같은 족에 속한 원소들은 최외각 전자껍질에 있는 전자의 수가 같기 때문에 성질이 비슷하다. 예를 들어 18족에 속하는 원소인 헬륨·네온·아르곤·크립톤·제논·라돈은 모두 비활성 기체로, 비교적 반응성이 약하다는 특성을 공통으로 가지고 있다.

동위원소(isotope)

양성자의 수가 같지만(양성자 수는 주기율표에서 위치를 결정한다) 중성자 수가 다른 원자. 예를 들어 탄소-12는 양성자 6개와 중성자 6개를 가지지만, 탄소-14는 양성자 6개와 중성자 8개를 가진다. 이런 차이 때문에 한 원소의 동위원소들은 핵안정성 정도가 달라지며, 방사성동위원소 같은 동위원소는 핵붕괴를 하게 된다.

동소체(allotrope)

한 종류의 원소로 이뤄졌지만 성질이 다른 물질들로 존재할 때 이 여러 형태를 부르는 이름. 예를 들어, 산소의 동소체에는 산소 원자 2개가 결합한 산소 분자(O_2)와 산소 원자 3개가 결합한 오존(O_3)이 있다. 탄소의 동소체에는 탄소 원자들이 주위의 다른 탄소 원자 4개와 각각 결합한 3차원 결정인 다이아몬드, 탄소 원자 각각이 같은 평면 안에서 주위의 다른 탄소 3개와 각각 결합한 층구조인 흑연이 있다.

원자가(valency)

한 원소가 다른 원소, 특히 수소 원자와 결합해 화합물을 이루는 힘의 척도. 원소의 원자가는 그 원소의 전자껍질에 있는 빈 공간의 수와 같다. 예를 들어, 산소는 최외곽

리트머스 종이는 특정 용액과 접촉할 때 특정한 색깔을 나타냄으로써 그 용액의 산성도를 보여준다.

pH0
pH1
pH2
pH3
pH4
pH5
pH6
pH7
pH8
pH9
pH10
pH11
pH12
pH13
pH14

pH0	배터리 산(battery acid, 전지에 사용되는 전해질)
pH1	황산
pH2	레몬 주스, 식초
pH3	오렌지 주스, 탄산음료
pH4	산성비(4.2~4.4), 산성 호수(4.5)
pH5	바나나(5.0~5.3), 깨끗한 비(5.6)
pH6	건강한 호수(6.5), 우유(6.5~6.8)
pH7	순수한 물
pH8	바닷물, 달걀
pH9	베이킹소다
pH10	마그네시아 우유 (Milk of Magnesia)
pH11	암모니아
pH12	비눗물
pH13	표백제
pH14	배수구 세정제

전자껍질을 모두 채우려면 전자 2개가 필요하기 때문에 원자가가 2가 된다.

결합에너지(bond energy)

화학결합이 형성될 때 방출되는 에너지의 양. 그 화학결합을 끊는 데 필요한 에너지의 양과 같다.

쌍극자모멘트(dipole moment)

분자를 이루는 원자들의 전하가 분리되는 정도를 나타내는 척도. 분자의 전체적인 전하는 중성이지만 쌍극자모멘트로 인해 자석 또는 전류가 분자에 토크(torque, 회전력)가 작용할 수 있다.

전기음성도(electronegativity)

원자가 전자를 끌어당겨 공유결합(한 원자가 전자를 끌어당기는 다른 원자와 전자를 공유하는 화학결합)을 이루는 경향을 나타내는 척도. 주기율표의 오른쪽 윗부분에 가까운 원소일수록 전기음성도가 높다. 전기음성도가 가장 높은 원소는 플루오린(fluorine, 불소)이며, 전기음성도가 가장 낮은 원소는 프랑슘(francium)이다.

pH

용액의 수소 이온 농도를 기초로 용액의 산성도 또는 염기도를 나타내는 척도. pH는 수소 퍼텐셜(potentiality of hydrogen)의 약자로, pH 값은 $-\log_{10}C$(**로그** 참조)의 값과 같다(여기서 C는 수소 농도를 몰/리터 단위로 표시한 값이다). pH가 7이라는 것은 용액이 중성이라는 뜻이다. pH가 클수록 염기도가 높고, pH가 작을수록 산성도가 높다.

옥탄가(octane number)

옥탄–헵탄(octane–heptane) 혼합물에서 옥탄이 차지하는 비율. 예를 들어, 아이소옥탄(isooctane)의 옥탄가는 100이다. 연료의 옥탄가는 그 연료가 얼마나 원활하게 연소되는지 나타내는 척도다.

카탈(katal, kat)

촉매 활성도를 나타내는 SI단위. 촉매는 화학반응 자체는 변화시키지 않으면서 화학반응의 속도를 빠르게 하는 물질이다. 어떤 촉매가 초당 1몰의 속도로 화학반응을 빠르게 만든다면 그 촉매의 활성도는 1카탈이다.

$$2NO_2(g) \rightleftharpoons N_2O_4(g)$$

이산화질소(NO_2)와 사산화이질소(N_2O_4) 사이의 가역반응을 나타내는 화학식. (g)는 기체(gas)를 뜻한다. 화학반응 중에서는 특정한 조건에서 가역반응이 되는 화학반응도 많지만 그렇지 않은 화학반응도 꽤 있다.

반응성(reactivity)

원소 또는 다른 물질이 화학반응을 일으키려는 성질. 주로 속도로 표시한다. 물질의 반응성은 그 물질의 원자구조 또는 분자구조로 기본적으로 결정되지만, 그 물질의 물리적 특성을 변화시킴으로써 높거나 낮아지게 할 수 있다. 예를 들어, 어떤 물질을 갈아서 가루로 만들면 반응성이 높아진다.

가역성(reversibility)

반응의 생성물이 가역반응(reversible reaction)을 일으켜 원래의 반응물질을 다시 만들어내는 능력. 가역반응이 제한된 공간에서 일어나면 반응물질과 생성물의 양이 더는 변화하지 않는 평형상태가 이뤄진다.

자유도(degree of freedom)

개개의 입자가 움직일 수 있는 정도. 자유도는 입자의 열에너지 양[볼츠만상수(Boltzmann constant)와 온도를 곱한 값에 비례한다]과 비례한다. 하이젠베르크의 불확정성원리에 따르면 어떤 자유도 내에서의 에너지 양도 결코 0이 될 수는 없다.

완충용액(buffer solution)

적은 양의 산 또는 염기가 더해졌을 때 **pH** 변화를 일으키지 않는 용액. 약산과 그 염으로 주로 만드는 완충용액은 산과 그 염이 반응해 평형상태를 이룸으로써 일정한 pH를 유지한다. 탄산과 탄산수소염으로 만든 용액은 혈장(blood plasma)이 pH 약 7.4를 유지하게 해주는 완충용액이다.

몰농도(molarity, M)

농도의 척도. 몰농도는 용액 1L 안에 있는 물질의 몰수로 정의된다.

몰랄농도(Molality, m)

농도의 척도. 몰농도처럼 몰랄농도도 용액 안 물질의 비율로 정의되지만 단위가 몰/킬로그램이라는 점이 다르다.

삼투압(osmotic pressure)

반투과성막(semi-permeable membrane)을 통한 삼투 과정을 중단시키는 데 필요한 단위면적당 힘. 농도가 높은 영역에 가해지는 압력이 농도가 낮은 영역에 가해지는 압력을 기준으로 증가하면 삼투 과정은 느려지다가 결국 멈춘다.

삼투는 용질의 농도가 상대적으로 높은 용액에서 용매가 반투과성막을 통과해 용질의 농도가 상대적으로 낮은 용액으로 이동하는 과정이다. 반투과성막은 용매를 통과할 수 있지만 용질은 통과할 수 없는 막이다. 이 과정은 반투과성막 양쪽에 있는 두 용액의 농도가 같아질 때까지 계속된다.

확산 속도(rate of diffusion)

입자의 자연적이고 자발적인 확산이 일어나는 속도. 예를 들어, 공기 중에서 퍼지는 연기나 물속으로 떨어뜨린 색깔 있는 액체가 퍼지는 속도가 확산 속도다. 삼투는 인간에게 매우 중요한 확산 현상 중 하나다. 물이 세포에 들어갈 수 있는 것은 바로 이 삼투현상 때문이다.

물 분자

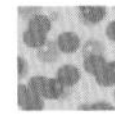
용질 분자

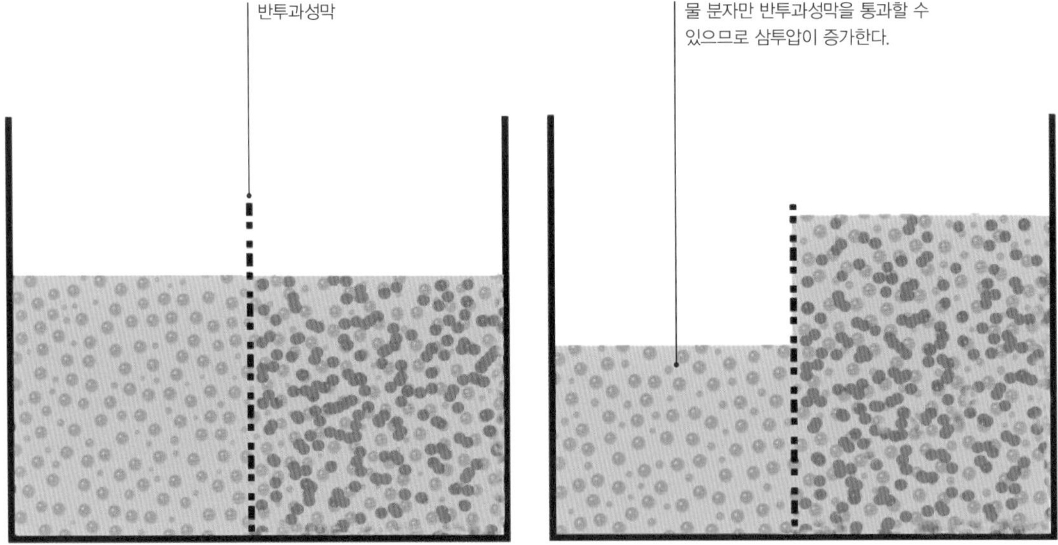

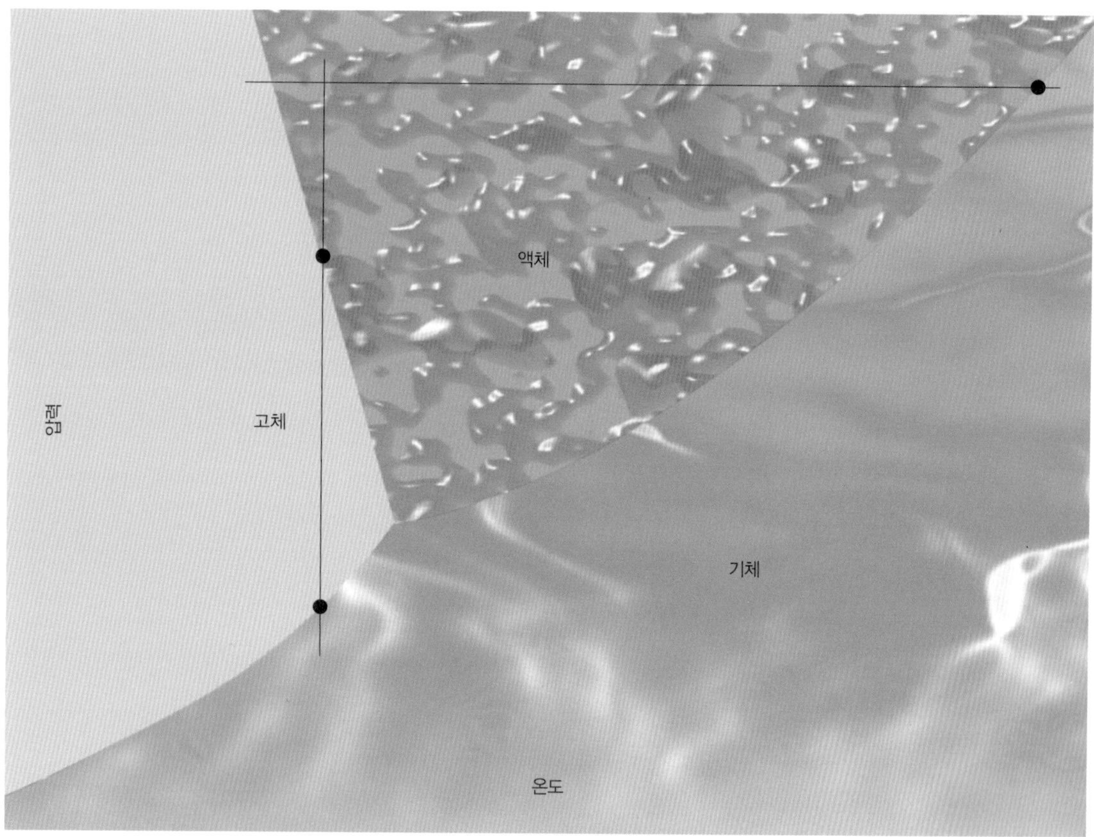

물의 상(phase)을 나타내는 상평형도(phase diagram)는 온도와 압력이 물질 상태에 어떤 영향을 미치는지 보여준다. 특정 물질의 상평형도를 이용하면 물질에 미치는 온도와 압력만 가지고 물질의 상태를 예측할 수 있다. 물은 압력이 높아질수록 녹는점이 오히려 낮아진다는 점에서 매우 특이한 물질이다.

확산 기울기(diffusion gradient)

확산이 진행되는 방향. 확산 기울기가 0이면 농도 변화는 일어나지 않는다.

격자 유형(lattice type)

결정을 이루는 원자들이 취할 수 있는 배열 형태. 격자 유형은 면심입방격자(Face Centered Cubic lattice, FCC), 체심입방격자(Body Centered Cubic lattice, BCC), 염화나트륨형 격자(sodium chloride lattice) 등 모두 열네 가지가 있다.

단위격자(unit cell)

전체적으로 대칭되는 결정을 이루는 원자들의 가장 작은 집합. 단위격자는 3차원 공간에서 반복돼 결정의 격자를 이룬다.

상평형도(phase diagram)

온도와 압력이 물질의 세 가지 상태에 미치는 영향 또는 온도와 구성이 두 가지(또는 세 가지) 서로 다른 물질들로 이뤄진 혼합물에 미치는 영향을 보여주는 그래프. 첫 번째 유형의 상평형도는 각각 물질의 세 가지 상태(고체, 액체, 기체)를 나타내는 세 영역으로 나눠진다(물질이 **동소체**를 가지면 더 많은 영역으로 나눠진다).

전기와 자기

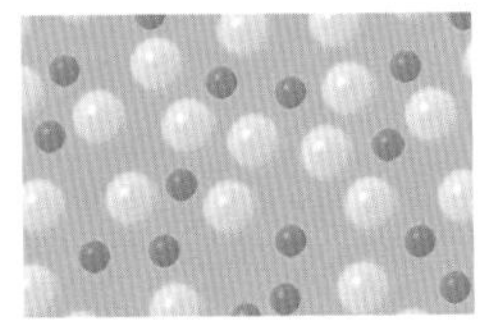

저항은 전자가 도체(conductor) 안에서 움직이는 능력으로 결정된다. 전선의 직경이 클수록 전자는 더 많이 흐른다.

저항(resistance)

물질이 그 물질을 통과하는 **전류**에 저항하는 능력. 물질이 도체일 경우 저항은 도체 양 끝 사이의 **전위차**와 도체를 통과해 흐르는 전류의 비율이다. 따라서 저항은 **볼트** 단위의 전위차를 **암페어** 단위의 전류로 나눈 값이 된다.

초전도체(superconductor)

매우 낮은 온도에서 전도성이 매우 높은 물질을 이르는 말. 금속의 비저항은 온도가 낮아지면 줄어들며, 특정한 '전이온도[transition temperature, 통상 절대영도(–273°C)]'가 되면 특정 물질의 전기저항은 0이 된다. 따라서 이 온도에서 이런 금속을 통과하는 전류는 거의 끝없이 흐르게 된다.

옴(ohm)

전기저항의 단위. 옴의법칙을 발견한 독일의 물리학자 게오르크 시몬 옴(Georg Simon Ohm, 1789~1854)의 이름을 딴 단위다. 옴의법칙에 따르면 도체 전체에 걸친 **전위차(볼트)**는 그 도체를 통과하는 **전류(암페어)**와 **저항**(옴)의 곱이다.

비저항(resistivity, specific resistance)

물질의 단위 체적당 **저항**. 비저항의 단위는 옴/세제곱미터(옴미터)이며, 특정 온도에서 특정 물질의 비저항은 일정하다.

전류(current)

도체를 통과하는 전기의 흐름. 고체(보통은 금속)에서 전기를 전달하는 것은 전자다. 실제로 전자는 음에서 양으로 흐르지만, 과거의 관행에 따라 회로다이어그램에서 전자는 양에서 음으로 흐르는 것으로 묘사된다. 전류의 단위는 암페어다. 전류는 전력, **전위차**와 연관이 있다. 1와트(watt)는 1암페어의 전류가 전위차가 1볼트인 회로에서 1초 동안 흐를 때 소비하는 에너지다.

직류(direct current, DC)

한 방향으로만 흐르는 전류. 전압이 낮은 배터리로 작동되는 장치에서만 사용된다.

암페어(ampere, amp)

전류를 나타내는 SI 기본단위. 보통 'amp'로 줄여 쓴다. 프랑스의 물리학자 앙드레

2개의 파동 중 아래쪽 파동은 파장이 짧고 진동수(Hz)가 크다.

파장이 길고 진동수는 작다. 에너지가 적다.

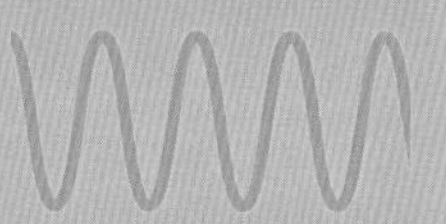

파장이 짧고 진동수는 크다. 에너지가 많다.

마리 앙페르(André-Marie Ampère, 1775~1836)의 이름을 딴 단위다. 암페어는 1948년 (SI단위를 정의하는) CGPM이 '무한히 길고 무시할 수 있을 만큼 작은 원형 단면적을 가진 2개의 평행한 직선 도체가 진공에서 1m의 간격으로 유지될 때, 두 도체 사이에 1m당 2×10^{-7}N(뉴턴)의 힘을 생기게 하는 일정한 전류'로 정의했다. 2019년 암페어는 고정된 근본적 자연 상수를 기초로 다시 정의됐지만 이 정의는 암페어의 값이나 쓰임에 실질적인 영향을 미치지 않는다.

암페어시(ampere hour, Ah)

1암페어의 **전류**가 1시간 동안 흐를 수 있게 하는 배터리의 에너지 전하량. 밀리암페어시(mAh)는 재충전이 가능한 배터리의 용량을 나타내는 데 주로 사용된다.

교류(alternating current, AC)

주기적으로 방향을 반대로 바꾸는 전류. 전류의 방향이 바뀐다는 것은 전자의 흐름이 바뀐다는 뜻이다. 교류는 대부분의 나라에서 전원 공급을 위해 사용되며, 대부분 진동수가 초당 60사이클(60헤르츠)이지만 50헤르츠인 경우도 있다.

제곱평균제곱근(root mean square, RMS)

연속되는 숫자들을 각각 제곱해 모두 더한 값을 연속되는 숫자들의 개수로 나눈 다음 제곱근을 씌운 값. 전기에서 이 값은 교류회로와 밀접한 관계가 있다. RMS 값은 실횻값(effective value)이라고도 부르며, 교류회로의 평균 전력 수준을 나타낸다. RMS 값은 전체 사이클에 걸친 순간적인 값들로 계산된다. 미국의 RMS 값은 110볼트, 영국의 RMS 값은 240볼트다.

헤르츠(hertz, Hz)

진동수를 나타내는 SI단위. 1헤르츠는 파동이 초당 1사이클을 진행한다는 뜻이다. 사이클의 진동수는 **교류** 👁 와 교류가 만드는 전자기파와 밀접한 관련이 있다. 전자기파는 무선통신의 기초를 이루며, 전파와 적외선 파동을 포함한다. 전자기파가 움직이는 속도(광속과 같다)는 일정하기 때문에 전자기파의 파장은 진동수(Hz)와 반비례한다. 따라서 파장이 길수록 진동수는 적어진다. 헤르츠라는 명칭은 독일의 물리학자 하인리히 헤르츠(heinrich Hertz, 1857~1894)의 이름을 딴 것이다.

전위차(potential difference)

회로의 전압. 두 점 사이에서 전하를 전달하는 일이 이루어지면 전위차가 그 두 점 사이에 존재하게 된다. 단위는 **볼트**다.

전기분해는 물체의 전기도금, 정제, 화학반응 촉발 등의 용도로 사용된다. 양극은 양극에 붙어 있는 원자들 또는 용액 내 음이온으로부터 전자를 받고(그 결과 원자는 양이온이 되고, 음이온은 중성원자가 된다), 음극은 용액 내 양이온에 전자를 줌으로써 양이온을 중화한다. 전기도금 과정에서는 금속이온들이 음극의 표면에 매우 얇은 금속 막을 형성하게 된다.

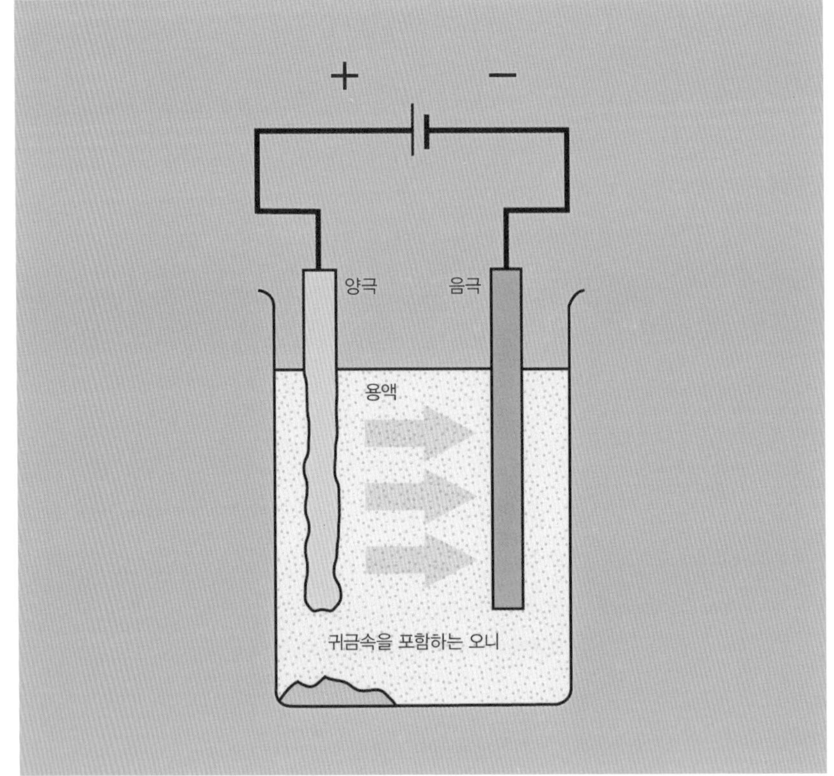

볼트(volt)

전위차 또는 기전력(electromotive force)의 단위. 1볼트는 1**줄**의 에너지가 사용돼 1**쿨롱**의 전하를 한 점에서 다른 점으로 이동시킬 때 회로의 이 두 점 사이 **전위차**를 말한다. 1볼트는 1**와트**의 전력을 사용해 1**암페어**의 전류를 일정하게 흐르게 만드는 전위차 또는 1옴의 저항이 1암페어의 전류로 통과될 때 그 저항 전체에 걸리는 전위차로 정의되기도 한다. 볼트라는 명칭은 이탈리아의 물리학자 알레산드로 볼타(Alessandro Volta, 1745~1827)의 이름을 딴 것이다.

전자볼트(electron-volt, eV)

전자 하나가 1**볼트**의 **전위차**로 두 지점을 이동할 때 얻거나 잃는 에너지. 원자물리학이나 핵물리학에서 에너지의 단위로 사용한다. 1전자볼트는 160.206×10^{-21}줄이며, 메가전자볼트, 기가전자볼트, 테라전자볼트 같은 단위가 사용되기도 한다. 세계 최대의 입자가속기인 대형 강입자 충돌기(Large Hadron Collider)는 최대 13TeV(테라전자볼트)의 에너지를 만들어내는 데 성공했다.

패러데이상수(Faraday's constant)

1가 원소 1몰을 석출하는 데 필요한 전하의 양(1**몰**의 전자가 가진 전하량)으로, 약 96,485쿨롱에 해당한다. 패러데이상수는 F로 표기하며, 이 명칭은 처음 발견한 영국의 전기화학자 마이클 패러데이(Michael Faraday, 1791~1867)의 이름을 딴 것이다. 패러데이상수는 전기분해에서 특히 중요한 상수다. 패러데이의 전기분해 제1 법칙에 따르면, 전해질용액을 전기분해할 때 전극에서 석출되는 물질의 질량은 그 전극을 통과한 전류에 정비례한다.

전하 (charge)

물체에서 전자들이 과잉으로 존재하거나 부족하게 존재해 생기는 전기적 성질. 전자가 과잉으로 존재하는 물체는 음의 전하를, 부족하게 존재하는 물체는 양의 전하를 가진다고 말한다. 전하의 단위는 쿨롱이다.

쿨롱 (coulomb)

전기 전하 또는 정전기 전하의 SI단위. 1**암페어**의 전류가 1초 동안 흐를 때 전달되는 전기의 양을 뜻한다. 쿨롱의법칙을 발견한 프랑스의 물리학자 샤를 쿨롱(Charles Coulomb, 1736~1806)의 이름을 딴 단위다. 쿨롱의법칙에 따르면 두 지점의 정전기 전하 사이에서 서로 작용하는 힘은 그 두 전하를 곱한 값에 비례하며, 그 두 전하 간 거리의 제곱에 반비례한다. 1쿨롱은 6.3×10^{18}기본전하(elementary charge, 전자 1개 또는 양성자 1개의 전하)다.

발전기는 자기를 이용해 기전력, 즉 전류를 만들어낸다.

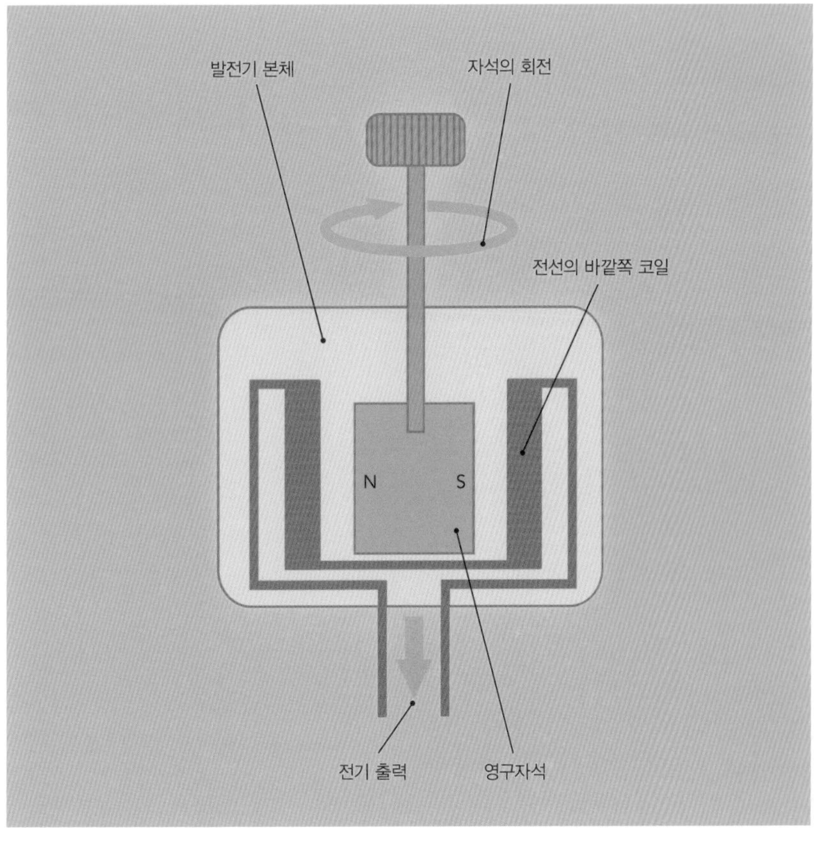

정전용량(capacitance)

전극이 전하를 축적하는 능력. 축전기(capacitor, 콘덴서)는 서로 약간 떨어져 있는 판 2개로 구성된 전자장비다. 전압이 축전기를 통과하면 양의 전하가 한쪽 판에 저장되고, 다른 쪽 판에는 음의 전하가 저장된다. 정전용량은 패럿(farad) 단위로 측정되며, 전하(쿨롱 단위)와 전압의 비율을 나타낸다.

인덕턴스(inductance)

전류의 변화에 저항하는 전기회로의 성질. 회로의 변화는 변화에 저항하는 기전력(EMF)을 발생시킨다. 인덕턴스의 단위는 헨리(henry)다(회로에서 전류의 변화율이 1초당 1암페어이면 기전력은 1볼트이며 이 회로의 인덕턴스는 1헨리다).

와전류(eddy current, 맴돌이전류)

전자석의 코어 또는 변압기 안의 자기장 변화로 발생하는 유도전류. 열의 발생은 효율이 떨어지거나 에너지가 낭비되고 있다는 뜻이므로 열 감소를 위한 조치를 취해야 한다. 얇은 금속판들 사이에 절연체를 삽입해 금속 코어를 분리하는 방법을 사용할 수 있다.

가우스(gauss)

자기 유도 또는 자기선속(magnetic flux, 자기다발) 밀도(자기장)의 CGS 단위. 1가우스는 1cm²의 단면에 1**맥스웰**(maxwell)의 자기선속이 통과하는 자기장의 세기다. 1에르스텟(oersted) 세기의 자기장은 공기 중에서 1가우스 세기의 유도전기를 발생시키는 자기장이다. 자기투자율은 어떤 매질이 주어진 자기장에 대하여 얼마나 자화하는지를 나타내는 값으로, 통상 뮤(μ)라는 단위를 쓴다. 1가우스는 10^{-4}**테슬라**다.

자기선속밀도(magnetic flux density)

단위면적당 자기선속의 양[자기선속의 단위는 웨버(weber, 줄/암페어)다]. 자기선속밀도의 단위는 **테슬라**[웨버/제곱미터(weber/m²)]다.

맥스웰(maxwell)

자기선속의 CGS 단위. 1맥스웰은 제곱센티미터당 자기선속의 양이다. 자기선속의 방향은 1**가우스** 세기의 자기장 방향과 직각을 이룬다. 이 단위의 명칭은 영국의 물리학자 제임스 클러크 맥스웰(James Clerk Maxwell, 1831~1879)의 이름을 딴 것이다.

테슬라(tesla)

자기선속밀도의 SI단위. 1테슬라는 1웨버/제곱미터다. 세르비아 출신의 미국 물리학자 니콜라 테슬라(Nikola Tesla, 1846~1943)의 이름을 딴 단위다.

수학적으로 자기모멘트는 m=IA로 표현한다. 여기서 I는 전류, A는 전류고리가 둘러싸는 면적이다.

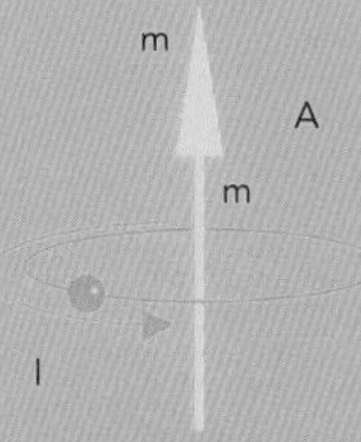

자기장세기(magnetic field strength, H)

자계강도(magnetic intensity) 또는 자화력(magnetizing force)이라고도 하며, **암페어**/미터 단위로 측정한다. 자기장세기는 자기장 내의 한 지점에서 자기장 방향으로의 자기장세기가 크기가 되는 **벡터**의 양으로 정의된다. 자기장세기는 도체의 길이, 도체를 통과하는 **전류**의 양과 비례한다.

자기모멘트(magnetic moment)

단위 자기장세기의 자기장에서 자석을 자기장과 직각 방향으로 유지시키는 데 필요한 회전력(torque). 자기모멘트는 자석의 극의 세기와 자석의 길이(양극 사이의 거리)의 곱으로도 표현할 수 있다. 따라서 전자와 원자는 아주 작지만 자기모멘트를 가지며, 철 같은 원소의 자기모멘트는 매우 크다. 전자의 자기모멘트 크기는 보어마그네톤(Bohr magneton) 단위로 측정한다. 보어마그네톤이라는 명칭은 덴마크의 물리학자 닐스 보어(Niels Bohr, 1885~1962)의 이름을 딴 것이다.

온도

절대영도 (absolute zero)

물체가 열에너지(heat energy)를 전혀 갖지 않게 돼 그 물체를 구성하는 원자들이 '바닥상태(ground state)'에 이르게 되는 온도(하지만 절대영도에서도 원자들이 완전히 멈춰 있지는 않는다). (이론상) 절대영도는 가장 낮은 온도다. 실제로는 열역학 법칙에 따라 절대영도에 도달하는 것은 불가능하다. 하지만 과학자들이 절대온도[**켈빈**(kelvin)]의 10억 분의 1도 범위의 극저온 상태를 만드는 데 성공했다.

섭씨 (Celsius, °C)

(표준대기압상태에서) 순수한 물의 어는점을 0°C, 끓는점을 100°C로 설정한 온도 체계. 섭씨의 원래 이름은 센티그레이드(centigrade)였지만, 1742년에 섭씨 개념을 고안한 스웨덴의 천문학자 안데르스 셀시우스(Anders Celsius, 1701~1744)를 기념하기 위해 1948년에 섭씨로 공식 명칭을 바꾸었다.

온도 체계 비교
화씨, 섭씨, 켈빈, 란씨

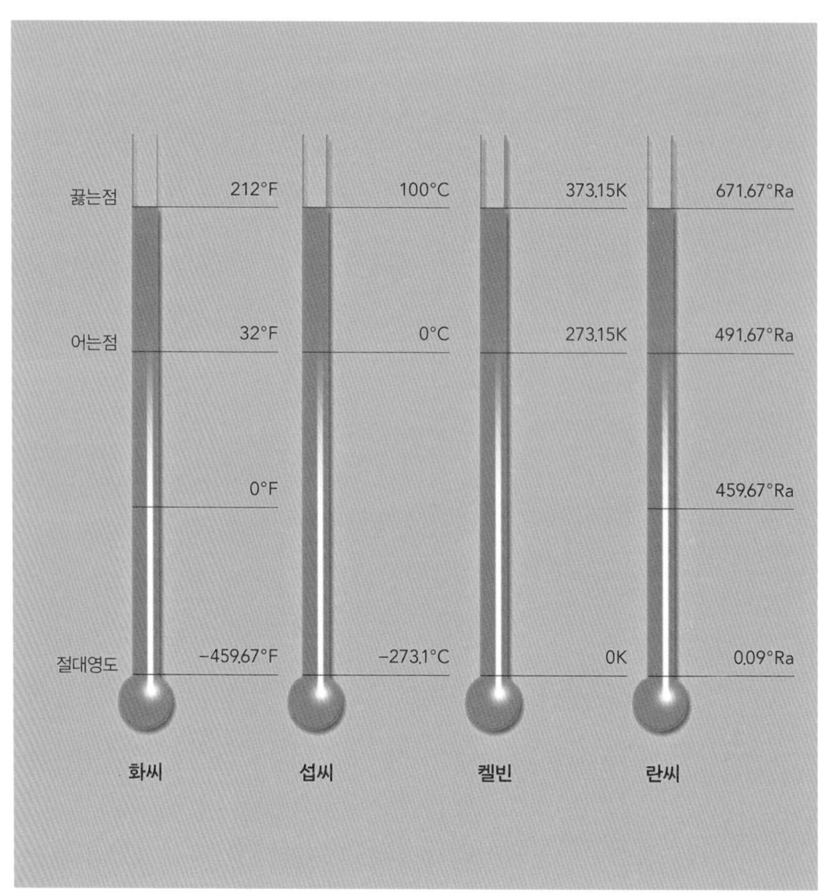

켈빈(kelvin, K)

온도의 SI단위. 1켈빈은 1°C에 해당하지만, 0K는 −273.16°C에 해당한다(따라서 물은 273.15K에서 언다). 이 명칭은 영국 과학자 윌리엄 톰슨(William Thomson, 1824~1907) 경의 이름을 딴 것으로, 정식 약자는 대문자 K이며 '도'나 ° 기호와 함께 쓰이지 않는다. 2019년 켈빈은 자연의 기본상수를 기준으로 다시 정의됐지만 켈빈의 값과 용법은 전혀 바뀌지 않았다.

화씨(Fahrenheit, °F)

독일의 물리학자 가브리엘 파렌하이트(Gabriel Fahrenheit, 1686~1736)가 1724년에 제안한 온도 체계. 파렌하이트는 처음에 이 온도 체계를 만들 때 같은 무게의 소금과 물을 혼합한 용액의 녹는점을 0°F, 말의 피의 온도(사람의 체온과 비슷하다고 추정됨)를 96°F, 물의 녹는점과 끓는점을 각각 32°F, 212°F로 설정했다. 이 온도 체계는 파렌하이트의 사망 후에 순수한 물의 어는점과 끓는점을 기준으로 재설정됐다.

란씨(Rankine, °Ra)

화씨와 온도 간격이 같은 온도 체계. 0°Ra를 **절대영도**로 설정한 온도 체계로, 거의 사용되지 않는다. 1859년에 란씨를 제안한 스코틀랜드의 물리학자 윌리엄 랭킨(William Rankine, 1820~1872)의 이름을 딴 온도 체계다.

적외선(infrared)

전자기스펙트럼상에서 마이크로파와 가시광선(약 300GHz~400THz 사이의 진동수를 가지는 빛) 사이에 위치하는 광선. 적외선은 **절대영도**보다 높은 온도를 가진 물체에서 방출되며, 사람은 적외선을 열(heat)로 느낀다.

끓는점(boiling point)

물질이 액체에서 기체로 변화하는 온도[응축점(condensation point)이라고도 한다. 물질은 같은 온도에서 역방향인 기체에서 액체로 바뀌기도 하기 때문이다]. 끓는점은 압력에 따라 크게 달라진다.

어는점(freezing point)

물질이 액체에서 고체로 변화하는 온도[녹는점(melting point)이라고도 한다. 물질은 같은 온도에서 고체에서 액체로 바뀌기도 하기 때문이다]. 대부분의 물질은 압력이 높을 때 더 잘 얼지만 물은 약간 다르다. 물은 4°C 이하에서 팽창하며, 얼음은 압력이 높아지면 녹는다.

밤 기온	토그
15~8°C	3~5
10~0°C	5~8
3~10°C	7~10

주: 아웃도어용 슬리핑백의 토그 값은 쾌적 온도 등급에 따른 것이다.

승화점(sublimation point)

아이오딘 같은 몇몇 물질은 가열하면 고체에서 기체로 바로 바뀌며(차갑게 하면 기체에서 고체로 바로 바뀐다), 액체 상태로는 거의 존재할 수 없다. 이 과정을 승화라고 부르며, 승화가 일어나는 온도가 승화점이다.

삼중점(triple point)

특정한 온도와 압력이 조합된 상태에서 특정 물질은 평형상태를 유지하면서 기체·액체·고체의 세 가지 형태로 동시에 존재할 수 있다(다른 기체가 존재하지 않을 때 물의 삼중점은 0.01°C, 612파스칼이다).

표준온도압력(Standard Temperature and Pressure, STP)

과학실험이 동일한 통제 조건에서 반복될 수 있게 하는 기준. 표준온도압력은 0°C, 101,325파스칼이다. 비슷한 개념인 RTP(Room Temperature and Pressure, 실온 실압)는 온도 약 20°C와 주변 대기압을 뜻한다. RTP는 특별한 장비 없이도 쉽게 구현할 수 있다.

비열용량(specific heat capacity, c)

물질의 상태를 바꾸지 않으면서 물질 1kg의 온도를 1K 높이는 데 필요한 에너지의 양.

잠열(latent heat)

물질의 온도를 변화시키지 않으면서 특정한 전이 과정을 통해 물질 1kg의 상태를 바꾸는 데 필요한 에너지의 양. 물질을 액체에서 기체로 또는 고체에서 액체로 변화시키려면 에너지가 필요하지만, 그 반대 과정이 일어나기 위해서는 에너지가 제거돼야 한다.

온도기울기(temperature gradient)

물질(공기도 포함된다) 내에서 위치에 따라 온도가 변화하는 비율. 전체 온도차를 물질 한쪽 끝에서 다른 쪽 끝까지의 거리로 나누는 방법으로 쉽게 계산할 수 있다.

열전도율(thermal conductivity)

물체가 열을 통과시키는 능력의 척도. 열에너지의 유량(flow rate, 단위시간당 흐르는 물체의 질량–옮긴이)과 물체의 두께를 곱한 값을 물체의 횡단면 면적과 온도차를 곱한 값으로 나눈 값이다.

열확산도(thermal diffusivity)

물체의 비열용량에 대한 열전도율의 비율. 열확산도는 물체의 온도가 주변 환경 온도에 얼마나 빨리 가까워지는지를 나타낸다.

프리고리(frigorie)

냉장 과정의 열 추출 속도를 나타내는 단위. 1프리고리는 1시간당 1킬로칼로리의 열을 추출한다는 뜻이다. 이 단위의 어원은 냉기를 뜻하는 라틴어 '프리구스(frigus)'다. 실생활에서 사용하기에는 너무 작은 단위라 잘 사용하지 않는다.

토그(tog) 👁

열저항(thermal resistance)의 단위. (뜨거운 쪽과 차가운 쪽 사이의) 온도차를 섭씨로 나타낸 값을 한쪽 끝에서 다른 쪽 끝까지 열에너지가 흐르는 속도(와트/제곱미터)의 10배 값으로 나눈 값이다. 토그는 침구류나 겨울옷과 관련해 주로 사용되며, 일반적인 토그 값은 약 5(여름용 가벼운 침구)에서 15까지다.

클로(clo)

열저항의 단위. 직물에 주로 사용된다. 1클로는 1.5토그가 조금 넘는다. 1클로는 기온 21°C(70°F)에서 사람과 공기 사이의 열 흐름이 시간당 50킬로칼로리가 되게 하는 단열 효과의 양이다.

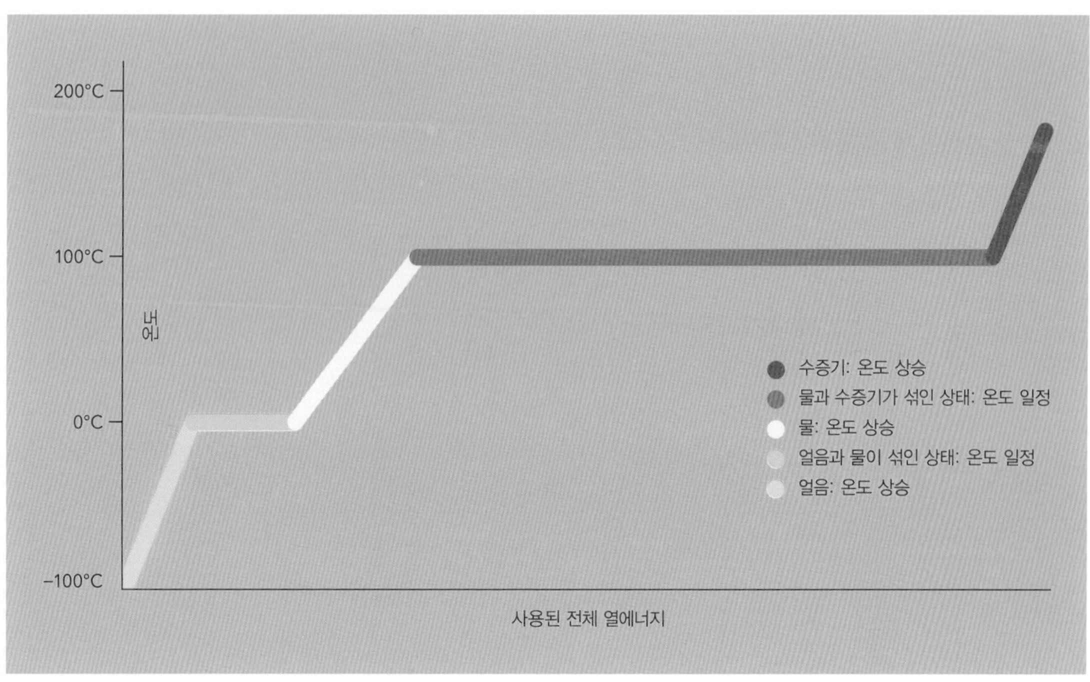

−100°C에서 얼음을 수증기로 만드는 과정의 전체 열에너지를 보여주는 그래프. 전체 에너지의 약 3분의 2가 100°C의 물을 100°C의 수증기로 만드는 데 사용된다.

열관류율[U-factor(U-value)]

건축 재료의 열전도성 단위. 열관류율은 단위 두께당 1°F의 온도기울기를 가지는 면적 1제곱피트에서 1시간 동안 잃는 열의 양을 **Btu** 단위로 나타낸 것이다. 열관류율이 낮을수록 재료는 단열재로서의 기능이 좋아진다. 열저항성을 나타내는 다른 단위로는 열저항률(R값, R-value)이 있다. 열저항률은 열관류율의 역수다.

RSI 값(RSI value)

단열 정도를 나타내는 SI단위(m^2K/W).

영국 열량 단위(British thermal unit, Btu)

엄밀하게 말하면 에너지의 단위지만 주로 열과 관련된 중앙난방 시스템이나 증기엔진 등에 대해 사용된다. 1Btu는 1파운드의 물을 1°F만큼 올리는 데 필요한 에너지의 양이다(가열이 시작된 온도에 따라 Btu 값이 조금 바뀌기는 한다. 시작 온도가 높을수록 1Btu에 해당하는 에너지의 양이 줄어든다). 1Btu는 약 1,055줄이므로 1Btu/h는 0.3와트가 채 안 된다. 1섬(therm)은 100,000Btu에 해당한다.

온도계(thermometer)

온도를 측정하는 기구. 가장 일반적인 형태는 온도가 높아지면 팽창하는 액체(주로 수은이나 염색된 알코올)가 든 밀봉된 유리관에 눈금을 표시한 것이다. 서미스터(thermistor, 온도에 따라 물질의 저항이 변화하는 성질을 이용한 전기적 장치-옮긴이)나 **열전대**(thermocouple, 서로 다른 종류의 금속을 접속한 것으로 열전효과를 일으키는 금속선-옮긴이) 같은 온도계 유형도 있다. 온도기록계(thermograph)는 그래프를 그리거나 컴퓨터에 데이터를 입력하는 방식으로 온도를 지속적으로 기록하는 온도계다.

온도조절기(thermostat)

(냉장고나 보일러 등의) 온도를 조절하기 위해 사용하는 피드백 시스템. 온도조절기는 온도계(주로 열전대)와 열원(냉장고의 경우 열 추출장치)을 조절하는 (전기식 또는 기계식) 자동 조절 시스템으로 구성된다.

열전대(thermocouple)

가격이 싸고 단순하며 안정적인 온도계의 일종. 열전대는 한쪽 끝에서 연결된 서로 다른 금속으로 만들어진 막대 2개와 다른 쪽 끝에 달린 전압 측정 장치로 구성된다. 두 막대가 연결된 지점에서 온도 변화가 발생하면 두 금속 막대에 전압이 각각 다르게 걸리는 원리를 이용한 것이다.

파이로미터(pyrometer)

(도자기 가마, 용광로, 화산의 온도 같은) 매우 높은 온도를 측정하기 위한 온도계.

엔트로피(entropy)

(물질계에서) 일을 하는 데 사용할 수 없는 에너지의 양. 열역학에서 엔트로피는 물질계 안의 에너지 양과 일을 하는 데 이용 가능한 에너지 양의 차이를 절대온도로 나눈 값으로 정의된다. 엔트로피가 항상 열에너지와 같지는 않다. 온도기울기가 존재하는 경우 열에너지 중 일부는 다른 형태의 에너지로 전환돼 일을 하는 데 사용될 수 있기 때문이다. 하지만 시스템의 열에너지 전부를 열로 전환하는 것은 불가능하다(영구기관이 불가능한 이유가 여기에 있다). 물리학 법칙에 따르면 시스템의 엔트로피 총합은 줄어들지 않고 계속 늘어난다. 냉장고는 내용물의 엔트로피를 감소시킬 수 있지만, 그렇게 하려면 주변의 엔트로피를 더 많이 증가시켜야 한다.

엔트로피는 물질계(예를 들어 기체 또는 액체 안에 있는 원자들, 은하계 안의 별들, 하드디스크 안의 파일들)의 무질서 정도를 나타내는 척도이기도 하다. 이 경우의 엔트로피는 특정 상태가 우연히 나타날 확률에 기초한 통계학적 엔트로피다. 동전 100개를 던졌을 때 백 번 다 앞면이 나올 가능성은 분명히 존재한다. 하지만 그럴 확률은 극도로 낮다. 가능한 배열이 오직 하나밖에 없기 때문이다(낮은 엔트로피). 앞면이 아흔아홉 번 나오고 뒷면이 한 번 나올 확률은 그보다는 훨씬 높다(가능한 배열이 100개 있다). 가장 확률이 높은 배열은 앞면과 뒷면이 쉰 번씩 나오는 것이다(가장 높은 엔트로피). 이 경우 가능한 배열의 수는 10^{29}이나 된다.

빛

RGB [빨강, 초록, 파랑 (red, green, blue)]

인간의 눈에는 세 종류의 원뿔 모양 수용체가 있다. 이 수용체들은 각각 다른 범위의 파장을 탐지한다. 인간 외의 동물들은 다른 범위의 파장을 볼 수 있으며 '원뿔'의 개수도 인간과 다르다. 서로 다른 색깔들은 서로 다른 원뿔들의 조합을 촉발한다(예를 들어, 빨간색은 빨간색에 민감한 원뿔들만을 자극하고, 노란색은 노란색과 초록색에 민감한 원뿔들을 자극한다). 인간이 모든 색깔을 탐지할 수 있는 것은 이런 다양한 조합이 가능하기 때문이다. 컴퓨터 모니터와 TV 스크린에서도 이렇게 세 가지 색깔의 빛을 섞는 비슷한 시스템이 이용된다. 빨강, 초록, 파랑 각각에 서로 다른 강도를 부여한 다음 조합해서 원하는 색깔을 만들어내는 시스템이다. 현재 우리가 쓰는 모니터 대부분은 이 세 가지 색깔 각각에 강도를 부여하기 위해 각각 8비트씩을 사용하고 있다(합이 24비트). 이로써 1,670만 가지 색깔 표현이 가능해진다.

CMYK [사이안, 마젠타, 노랑, 검정 (cyan, magenta, yellow, key (black))]

프린터에서 사용하는 색 시스템. 이 시스템은 감법혼색 방식, 즉 원래의 색에 각각의 색이 더 많이 더해질수록 결과로 나오는 색이 원래 색보다 어두워지는 혼합 방식을 기초로 한다. 작은 잉크 점들은 각각의 색으로 인쇄되지만 멀리서 보면 점들의 경계가 흐려져 하나의 색으로 보인다(점의 크기가 달라지면 색의 강도도 달라진다). 검정은 독립된 색으로 더해진다. 이론적으로는 모든 기본색을 최대 강도로 섞으면 검은색이 나와야 하지만, 실제로는 어두운 갈색인 경우가 대부분이다.

인간은 약 400나노미터에서 700나노미터에 이르는 빛 스펙트럼 범위를 감지할 수 있다. 우리는 이 스펙트럼을 보라색(주파수가 크다)에서 빨간색(주파수가 작다)까지 부드럽게 이어지는 무지개 색깔로 인식한다.

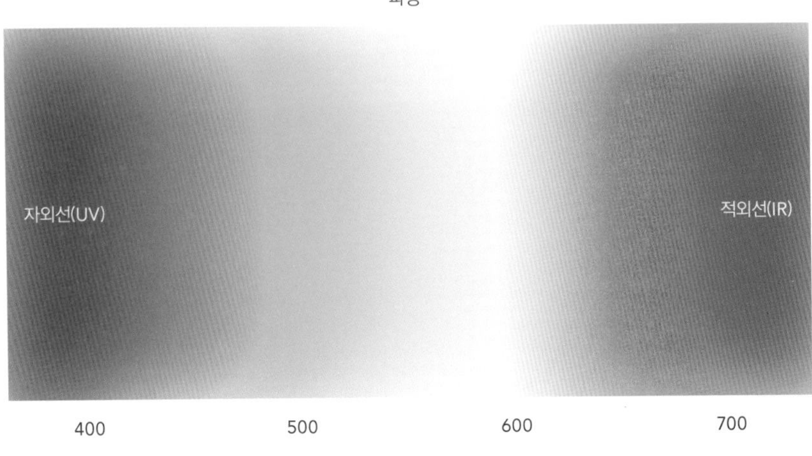

HSV 색 공간을 표현한 표준 그림

·색상(Hue)=빨강, 초록, 파랑
·채도(Saturation)=무채색에서 가장 진한 색까지 진함의 정도
·명도(Value)=가장 밝은 색에서 검정까지 밝음의 정도

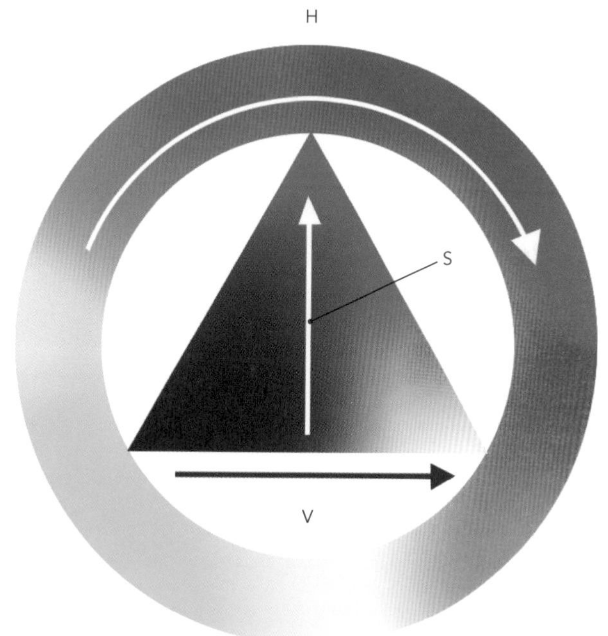

HSV [색상, 채도, 명도 (hue, saturation, value)]

화가들이 불투명한 물감을 혼합하는 데 사용하는 색깔 모형. HSV는 컴퓨터 그래픽 프로그램 같은 매체에서도 색깔을 나타내는 데 사용된다.

색상 (hue, H)

사람들이 흔히 '색깔(color)'이라고 생각하는 색의 요소. 색상은 바퀴의 테두리 부분을 따라 배치된 스펙트럼에서 빨강이 점차 보라가 되는 연속적인 변화를 나타내는 모양으로 보통 묘사된다.

채도 (saturation 또는 chroma, S)

색의 생동감(vibrancy) 또는 강도(intensity). 강도가 낮은 색은 **색상**이 약간 들어간 회색 색조를 띤다. 파스텔색은 매우 **명도**가 높고 채도가 낮은 색이다. 백분율로 측정되며, 채도가 100%이면 가장 짙은 색이라는 뜻이고, 채도가 0%이면 순수한 회색이라는 뜻이다[채도는 **광도**(luminous intensity)와는 다른 개념이다].

명도 (value, V)

색의 밝거나 어두운 정도. **채도**처럼 백분율로 측정한다. 순수한 검정의 명도는 **색상**과 상관없이 0%다. 어떤 색상은 다른 색상보다 본질적으로 밝게 지각되며, 채도와 명도가 최대인 상태에서도 더 많은 빛을 반사한다. 가장 밝은 색은 노랑이며, 가장 어둡게 보이는 색은 파랑 계열이다.

광도(luminous intensity)

특정 방향의 빛으로 방출되는 에너지. 광도와 관련이 있지만 다른 개념으로 복사강도(radiant intensity)가 있다. 복사강도는 특정 방향으로 (빛 같은) 전자기파로 방출되는 에너지의 양을 뜻한다. 눈은 다른 색깔의 빛에 다르게 반응하기 때문에 파장이 서로 다른 가시광선들은 복사강도가 같아도 다른 광도를 가진다.

칸델라(candela, cd)

광도를 나타내는 SI단위. 1칸델라는 진동수 540THz의 단색광이 특정 방향으로 스테라디안(steradian)당 683분의 1와트의 강도로 방출될 때의 광도다. 이 진동수는 인간의 눈이 가장 민감해지는 진동수다(약간 노르스름한 녹색). 683분의 1이라는 숫자는 무작위로 선택한 것처럼 보이지만, 이 숫자는 백금의 녹는점(약 1,770°C)에서 흑체(black body, 입사하는 복사선을 모든 파장에 걸쳐 완전히 흡수하는 물체-옮긴이)가 내는 빛의 광도를 기준으로 칸델라가 처음 정의됐을 때의 값을 유지하기 위해 선택된 것이다.

루멘(lumen, lm)

광속(luminous flux)의 단위. 1**칸델라**의 광도를 가진다고 해도 광원으로부터 1**스테라디안**에 해당하는 입체각 안으로 방출되는 빛의 총량으로 이해하면 가장 쉽다.

램버트(lambert)

휘도(luminance)의 단위. 표면의 광도를 나타낸다. 즉, 단위면적당 표면이 방출하거나 반사하는 빛의 양을 말한다. 휘도가 1램버트인 표면은 제곱센티미터당 1루멘의 광속을 방출하거나 반사한다.

럭스(lux, lx)

표면의 조도(illumination)를 나타내는 SI단위. 즉 표면이 받는 빛의 세기를 표시한다. 1럭스는 1루멘/제곱미터다. 인공광원의 조도는 대부분 매우 낮다. 사무실에서 아무리 조명을 밝게 해도 조도는 300~500럭스밖에는 안 되지만 태양광의 조도는 약 3만 럭스(흐린 날)에서 10만 럭스에 이른다.

디옵터(diopter)

렌즈의 굴절력을 나타내는 단위. 렌즈 초점거리의 역수다. 수렴렌즈(볼록렌즈)의 디옵터는 양수, 발산렌즈(오목렌즈)의 디옵터는 음수다.

편광각(polarization)

광자의 전기파 부분이 향하는 각도. 광자 하나하나에 대해 편광각을 측정할 수는 없지만, 편광 필터가 최대한 많은 양의 빛을 통과시키는 각도를 측정하는 방법으로 광원의 편광각을 구할 수 있다. 대부분의 광원은 일반적으로 편광되지 않은 상태지만(광원을 이루는 개개의 광자들은 편광된 상태다), 빛은 필터를 통과하거나 표면에서 반사되면서 편광 상태가 된다. 폴라로이드 선글라스는 이 원리에 기초해 수평 방향으로 편광된 빛을 흡수해 눈부심 현상을 줄인 제품이다.

반사율(reflectivity)

물체의 표면에 빛이 닿을 때 표면에 흡수되거나 표면을 통과하는 에너지와 표면에서 반사되는 에너지의 비율.

굴절률(refractive index, n)

전자기파(빛 포함)가 물질 안에서 움직일 때 그 속도가 진공상태에서 움직이는 속도에 비해 느려지는 비율. c(진공상태에서의 빛의 속도)를 물질 내에서의 빛의 속도로 나눈 값이다. 굴절률은 물질 안으로 들어가는 빛이 꺾이는 각도를 결정한다.

회절(diffraction)

빛을 비롯한 파동이 장애물의 가장자리를 돌아가는 능력. 파동의 회절 정도는 파동이 통과하는 틈의 폭과 파동의 파장 관계에 의존한다. 회절 정도는 이 두 요소의 값이 대략 같을 때 최대가 된다.

광원에서 멀어질수록 광원으로부터 우리가 받는 빛의 강도는 줄어든다.

1m: 4,000럭스 2m: 1,000럭스 3m: 444럭스

광학밀도(optical density)

물체가 빛을 흡수하는 능력의 척도. 광학밀도가 1만큼 늘어나면 물체를 통과하는 빛의 양이 10분 1로 줄어든다. 즉, 광학밀도가 1인 물체는 입사하는 빛의 10%를 통과시키는 반면(나머지 90%는 흡수한다), 광학밀도가 2인 물체는 입사하는 빛의 1%를 통과시킨다는 뜻이다(나머지 99%는 흡수한다).

레이저(laser)

레이저는 방사선의 유도방출을 통한 빛 증폭(Light Amplification by Stimulated Emission of Radiation)의 약자다. 짧은 시간에 집중도가 높고 대부분 단색인 빛을 만들도록 설계된 장치다. 레이저빔은 퍼지지 않고 일정한 방향으로 직진하기 때문에(레이저빔은 모두 거의 정확하게 같은 방향으로 진행한다) 물체가 레이저빔의 경로 안에서 레이저빔을 반사하는 위치에 놓이지 않는 한 눈에 보이지 않는다. 금속판(또는 사람)을 통과할 수 있는 고출력 실험실 레이저가 매우 위험한 이유가 여기에 있다. 일상생활에서(주로 레이저포인터나 CD 플레이어에서) 레이저의 출력은 보통 밀리와트로 표시된다. 하지만 이 정도의 레이저도 눈에 직접 닿으면 영구적인 손상을 일으킬 수 있다. 레이저는 매우 정밀하게 통제할 수 있어서 측정에도 다양하게 사용된다.

물체의 굴절률은 그 물질에 빛을 쏘았을 때 생기는 프리즘의 빨간색 경계와 보라색 경계 사이의 간격을 결정한다(하늘에 무지개가 나타나는 것도 같은 원리다).

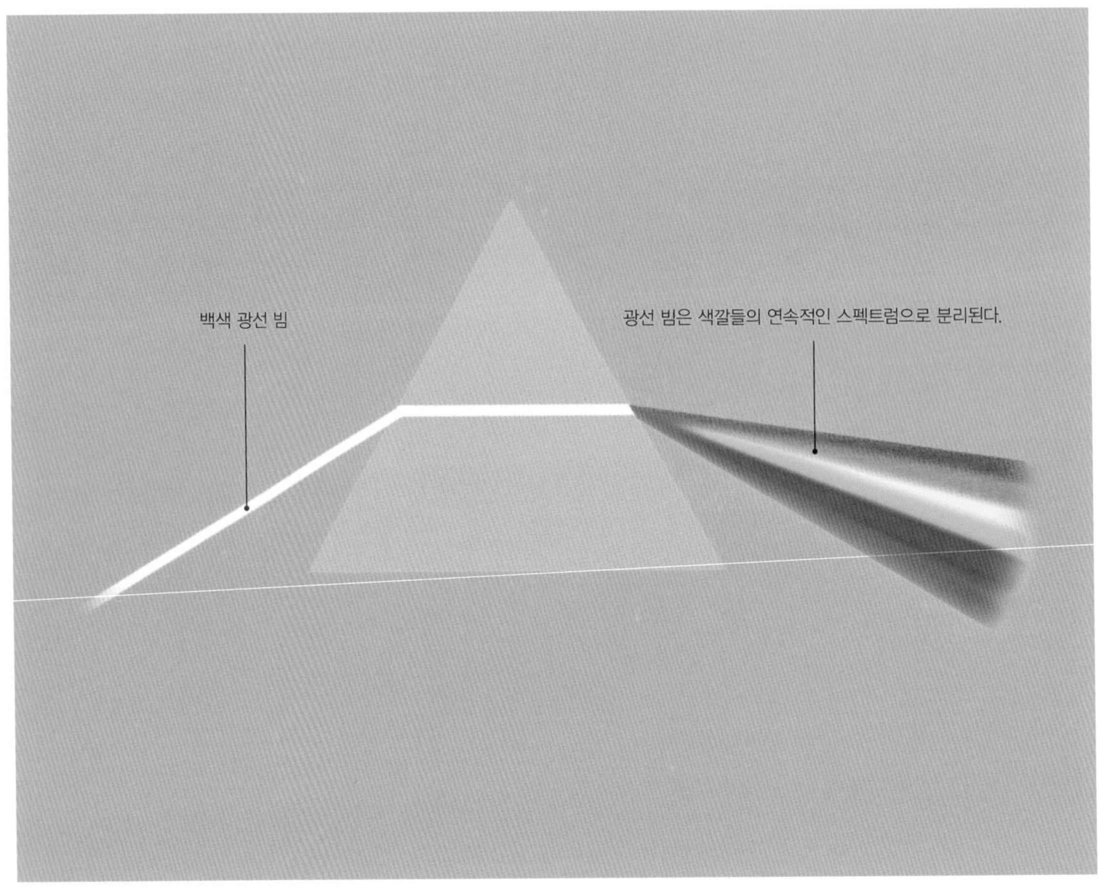

파장(wavelength)
(빛, 음파, 수면파 같은) 파동의 인접한 두 마루(peak) 사이의 거리. 파장은 파동의 진행 속도를 진동수로 나눈 값이다. 빛의 파장은 400나노미터(보라색)에서 740나노미터(빨간색) 사이이다.

광자(photon)
빛 또는 다른 전자기파를 구성하는 양자(quantum, 더는 나눌 수 없는 가장 작은 입자–옮긴이). 광자는 서로 직각을 이루며 공간에서 한 방향으로 진행하는 전기파와 자기파의 자기강화적 폭발로도 생각할 수 있다. 광자의 에너지(**줄**)는 광자의 진동수(**헤르츠**)와 플랑크상수(Planck constant, 6.6×10^{-34})의 곱이다. 물리학 법칙에 따라 광자는 에너지가 흡수돼 다른 형태로 전환되기 전까지 계속 일정한 속도로 움직인다. 이런 전환이 일어나면 광자는 정지질량(rest mass, 정지상태에서 물체가 가지고 있는 질량–옮긴이)을 잃게 되면서 없어진다.

레일리(rayleigh, R)
빛의 강도를 나타내는 매우 작은 단위. 천문학에서 주로 사용된다. 1레일리는 1초당 $1cm^2$에 100만 개의 광자가 존재한다는 뜻이다.

표준홍반량(standard erythemal dose, SED)
자외선으로부터 흡수한 에너지의 누적량 단위. 1SED는 $1m^2$의 면적(주로 피부를 말한다)당 100줄의 에너지 흡수량이다. 관련 단위로 SED/hour가 있다. 1SED/hour는 $1m^2$당 피부에 영향을 미치는 자외선에 의해 27.8밀리와트의 에너지가 1시간 동안 흡수된다는 뜻이다.

수학

기울기(gradient)

변화율의 척도. 일상생활에서 기울기라는 말은 언덕의 가파름 정도를 나타내며 비율 형태로 정의된다. 1:2 기울기는 길이 두 단위당 높이 한 단위가 늘어나거나 줄어든다는 뜻이다. 수학에서 기울기는 스칼라장(scalar field)의 특정한 한 점에서 스칼라함수에 작용하는 **벡터**를 뜻한다. 따라서 기울기는 2차원이 넘는 차원에서 존재할 수 있다.

꼭짓점(vertex)

비슷한 의미를 많이 갖는 수학 용어. 기하학에서 꼭짓점은 다각형 또는 다면체의 각이 형성되는 점을 뜻한다. 이런 의미에서 꼭짓점이라는 용어는 정점(apex)이란 용어와 혼용되기도 한다. 하지만 엄밀하게 말하면 정점은 꼭짓점 중 하나에 불과하다. 꼭짓점은 축(axis)이 곡선을 만나는 점을 뜻하기도 한다.

축(axis)

가상의 직선. 기하학에서 축은 평면이 회전하면서 대칭적인 입체를 만들 때 그 회전의 축을 말한다. 더 넓은 수학적 의미에서 축은 좌표 측정의 기준이 되는 고정된 선을 뜻한다. 축에는 X축, Y축, Z축이 있다. 대칭축이라는 말은 2차원 또는 3차원 대칭 구조의 중심이 되는 선을 뜻한다.

그림에서 보이는 곡선의 변곡점은 곡선의 기울기가 양수에서 음수로 바뀌는 점이다.

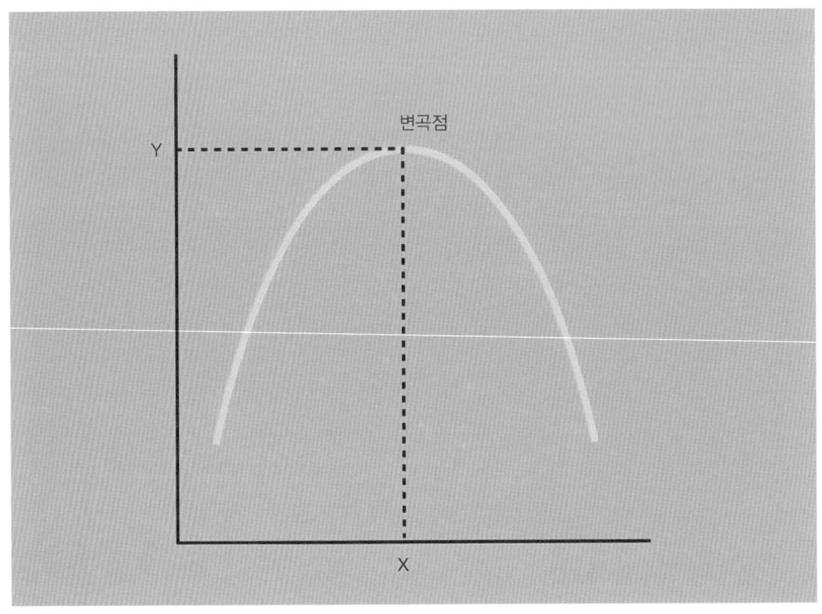

원은 360°, 32,400아크분, 1,944,000아크초로 나뉜다.

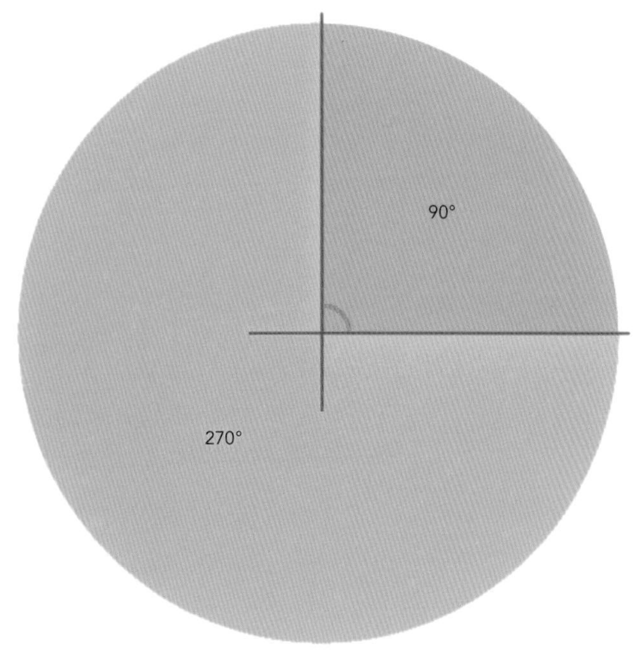

변곡점(point of inflexion)

곡선이 오목 모양에서 볼록 모양으로 바뀌는 점. 더 구체적으로 말하면, 변곡점은 기울기 변화율의 부호가 양에서 음 또는 음에서 양으로 바뀌는 점이다.

점근선(asymptote)

특정 곡선에 계속해서 더 가깝게 접근하지만 그 곡선과는 결코 만나지 않는 직선.

아크도(arc degree, °)

각도의 단위. 보통 '도'라고 말한다. 완전한 원은 360°, 반원은 180°, 직각은 90°다. 도는 각의 크기를 재는 단위지만 거리와 관련된 길이를 재는 데도 사용된다. 예를 들어, 한 팔을 앞으로 쭉 뻗은 상태에서 엄지손가락을 보면서, 나의 눈을 중심으로 그 엄지손가락까지의 거리를 반지름으로 하는 원을 그렸을 때, 내 눈과 그 엄지손가락의 왼쪽 가장자리를 잇는 직선과 내 눈과 오른쪽 가장자리를 잇는 직선의 각도 차이가 약 2아크도(2°)다. 도는 아크분(′)과 아크초(″)로 다시 나뉜다.

라디안(radian, rad)

각도를 나타내는 SI 승인 단위. **아크도**의 대체 단위다. 1라디안은 원 위의 점이 원점을 중심으로 반지름의 길이만큼 한 방향으로 움직였을 때 대응하는 각의 크기다. 따라서 원의 각도는 2π라디안이며, 1라디안은 약 57.3°가 된다. 라디안은 미적분에서 결과를 최대한 자연스럽게 만들기 위해 사용된다.

3차원 각의 측정 단위인 스테라디안은 항상 원뿔 모양을 나타낸다. 구의 체적은 4π스테라디안이다.

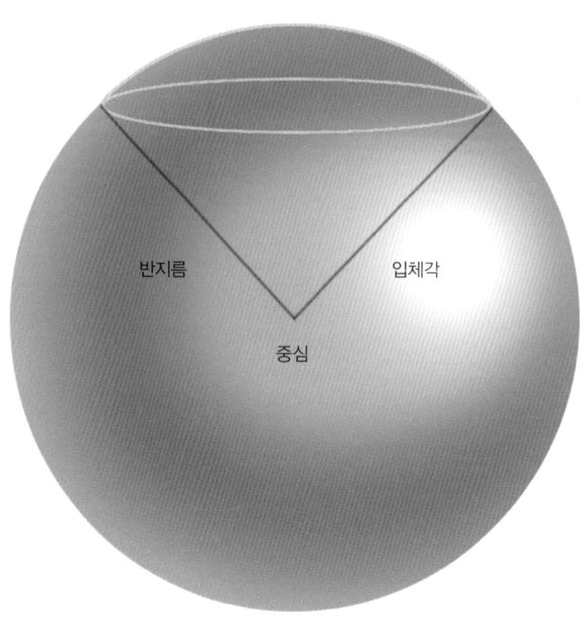

스테라디안(steradian)

3차원 각의 측정 단위. 스테라디안은 입체각을 나타내는 SI단위이며, 2차원의 **라디안**을 3차원으로 확장한 단위다. 1스테라디안은 표면적이 구의 반지름의 제곱과 같은, 구의 표면 일부를 바라보는 입체각을 말한다.

사인(sine)

직각삼각형의 두 변의 길이 중 빗변과 높이의 길이의 비. 코사인(cosine)은 직각삼각형의 두 변의 길이 중 빗변과 밑변의 길이의 비다.

탄젠트(tangent, tan)

2개의 전혀 다른 의미를 가진 수학 용어. 기하학에서 탄젠트는 접선이라는 뜻이며, 곡선과 직선이 같은 기울기를 가지는 점에서 곡선과 만나는 직선을 말한다. 기하학에서 곡선의 접선은 미적분을 이용해 정의한다. 삼각함수에서 탄젠트는 직각삼각형의 두 변의 길이 중 밑변과 높이의 길이의 비를 뜻한다.

정수(integer)

자연수(1, 2, 3, 4…), 자연수의 음수(−1, −2, −3. −4…), 0을 통칭하는 말. 분수나 소수를 포함하는 수는 정수가 아니다. 수학에서 정수 집합은 **Z**로 표시된다[Z는 숫자를 뜻하는 독일어 찰렌(Zahlen)의 약자다]. 정수론은 각종 수의 성질을 연구하는 수학의 한 분야다.

실수(real number)

허수 부분이 없는 수. 실제로 실수라는 용어는 허수 개념에 반대되는 개념을 나타내기 위해 수학자들이 만들어낸 말이다. 실수는 무한한 수직선(數直線)상에서 점으로 나타낼 수 있는 숫자를 말한다. 실수는 양의 실수, 음의 실수, 유리수, 무리수, 대수(algebraic number) 그리고 0을 포함한다.

허수(imaginary number)

'a+ib' 형태로 표현되는 복소수(여기서 a와 b는 실수이며 i는 −1의 제곱근)에서 실수가 아닌 부분을 이르는 말. 복소수는 실수 부분과 허수 부분으로 구성되는 수로, 'ib'가 허수다. 허수는 과학과 고등수학의 여러 분야에서 핵심적인 역할을 한다.

소수(素數, prime number)

1보다 큰 자연수 중 자신과 1로밖에 나눠지지 않는 수. 정수론에서 소수는 모든 자연수의 기본적인 구성요소다. 모든 정수는 소수들의 곱으로 표현될 수 있다는 뜻이다. 소수는 수는 무한하지만, 현재까지 알려진 가장 큰 소수는 2018년 12월에 발견된 $2^{82,589,933}-1$로 24,862,048자리의 수다. 소수의 반대말은 합성수(composite number)다.

탄젠트함수의 정의
단위원(unit circle)은 반지름이 1인 원이다. 각 x는 원의 중심을 기준으로 선분 OA와 선분 OP가 이루는 각이다. 점 Q는 선분 OP를 연장한 선과 x=1을 나타내는 직선과의 교차점이다. 이때 점 Q의 Y축 좌표가 바로 탄젠트x의 값이다.

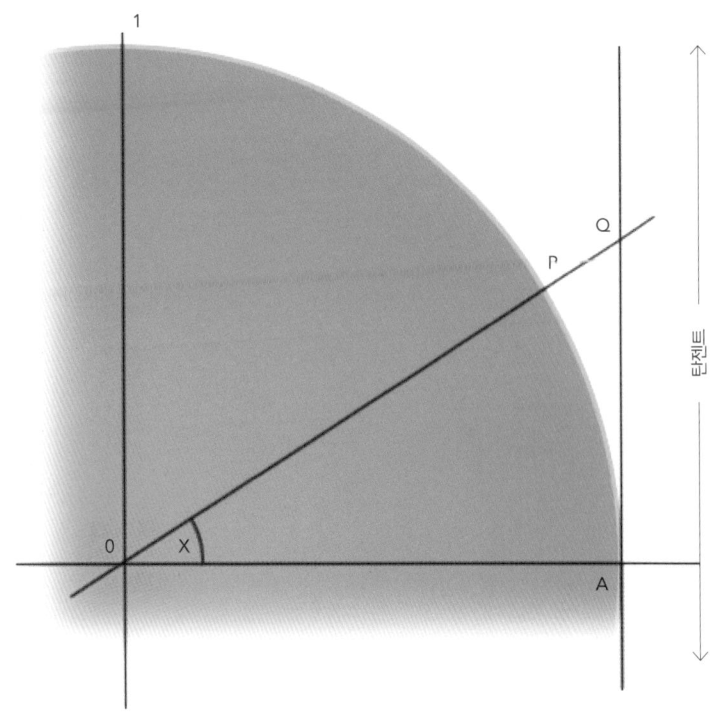

유리수(rational number)

두 정수 사이의 비로 표현할 수 있는 수. 즉, 유리수는 a/b 형태로 표현할 수 있는 수를 말한다. 여기서 a와 b는 정수이며, b는 0이 아닌 수다.

무리수(irrational number)

두 정수 사이의 비로 표현할 수 없는 수. 무리수의 예로는 $\sqrt{2}$, π, **e** 등을 들 수 있다.

무한대(infinity, ∞)

할당할 수 있는 어떤 값보다 더 큰 값을 갖는 수. 무한대 개념은 역사를 통해 계속 진보했다. 무한대에는 철학적, 우주론적, 수학적 의미가 담겨 있다.

i

−1의 제곱근에 해당하는 허수. 수학 기호 i는 허수(imaginary number)의 약자다. i의 엄밀한 정의는 '수식 $x^2=-1$의 해'다.

e

약 2.71828에 해당하는 수학 상수. e는 오일러수(Euler's number)의 약자로, 스위스의 수학자 레온하르트 오일러(Leonhard Euler, 1707~1783)의 이름을 딴 것이다. e는 초월수(transcendental number)이며 자연로그함수의 밑(base)이다.

파이는 수학에서 가장 중요한 상수 중 하나다. 소수점 이하로 숫자가 무한하게 계속되는 무리수다.

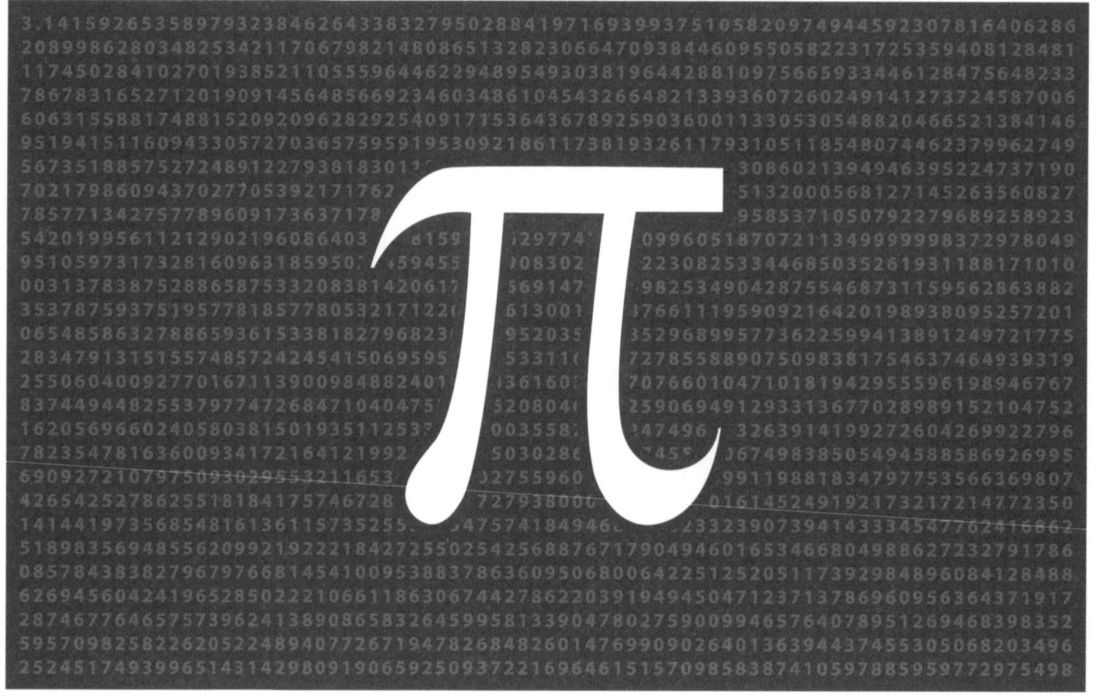

파이(pi, π) 👁
약 3.1415927에 해당하는 수학 상수. 원의 지름에 대한 원주(원둘레)의 비율을 뜻하는 무리수다. 파이는 수학에서 가장 중요한 상수 중 하나일 뿐 아니라 원을 설명하는 데에도 필수적인 상수다. 예를 들어, 원의 넓이는 πr^2(r은 원의 반지름), 원둘레 길이는 $2\pi r$이다.

무작위(random)
정확하게 예측이 불가능한 방식으로 발생하는 사건을 묘사하는 데 사용하는 통계 용어. 하지만 무작위 사건이 집단으로 일어나는 경우에는 무작위 사건이 예측 불가능하다고 할 수 없다. 예를 들어, 눈발은 무작위로 떨어질 수 있지만 눈발이 떨어지는 일반적인 지역과 눈발이 떨어지는 현상의 누적적 속성은 예측이 가능하다.

등차수열(arithmetic sequence)
각 숫자의 값이 그 앞에 오는 숫자에 어떤 상수를 더한 값이 되는 유한수열 또는 무한수열. 이때의 상수를 '공차(common difference)'라고 부른다. 예컨대 3으로 시작하며 공차가 4인 등차수열은 3, 7, 11, 15, 19……가 된다.

등비수열(geometric sequence)
각 숫자의 값이 그 앞에 오는 숫자에 어떤 상수를 곱한 값이 되는 유한수열 또는 무한수열. 이때의 상수를 '공비(common ratio)'라고 부른다. 예컨대 3으로 시작하며 공비가 4인 등비수열은 3, 12, 48, 192, 768……이 된다.

지수수열(exponential sequence)
각각의 숫자의 값이 그 앞에 오는 숫자를 특정한 횟수(지수)만큼 거듭제곱한 값이 되는 유한수열 또는 무한수열. 예컨대 3으로 시작하며 지수가 4인 지수수열은 3, 81, 43,046,721……이 된다.

피보나치수열(Fibonacci sequence) 👁
각 숫자의 값이 그 앞에 오는 두 숫자의 합인 무한수열. 가장 간단한 피보나치수열은 숫자 0, 1로 시작하는 0, 1, 1, 2, 3, 5, 8, 13……이다.

평균-산술평균(average-mean)
평균은 숫자들의 합을 숫자들의 개수로 나눈 값이다. 예컨대 1, 3, 5, 7의 평균은 (1+3+5+7)/4=4다. 산술평균이 흔히 사용되지만, 산술평균은 오해를 불러일으킬 소지가 많다. 산술평균은 숫자 집단의 어느 한쪽에 매우 큰 숫자들 또는 매우 작은 숫자들이 몰려 있는 경우 평균으로서의 대표성을 갖기 힘들기 때문이다.

0, 1로 시작하는 피보나치수열. 이탈리아의 수학자 레오나르도 피보나치(Leonardo Fibonacci, 1170?~1250?)는 유럽에 아라비아숫자를 확산시킨 사람이기도 하다.

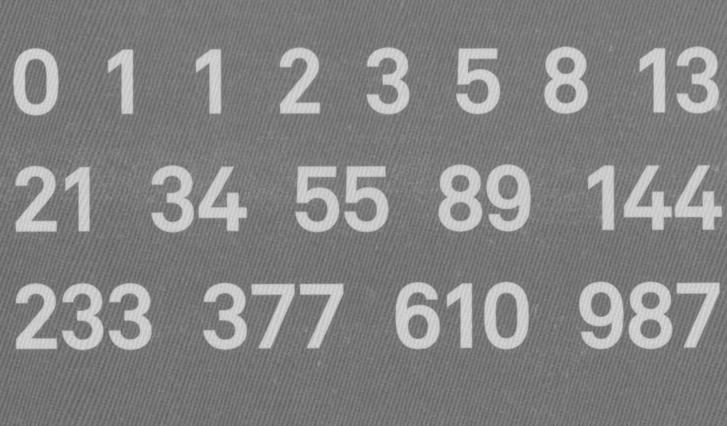

평균-최빈값(average-mode)

주어진 숫자들의 집합에서 가장 많이 관찰되는 숫자. 예컨대 1, 2, 2, 3, 3, 3, 4, 5로 구성되는 숫자 집단의 최빈값은 3이다. 3이 가장 많이 나타나기 때문이다.

평균-중앙값(average-median)

주어진 값들을 크기순으로 정렬했을 때 가장 중앙에 위치하는 값. 전체 숫자의 개수가 홀수라면 중앙값은 그 숫자들 중의 하나가 된다. 전체 숫자의 개수가 짝수라면 중앙값은 정가운데 위치한 두 숫자의 평균값이 된다. 예컨대 1, 2, 2, 3, 5, 6, 8, 8, 9, 10으로 구성된 숫자 집단의 중앙값은 5.5다.

평균-중간값(average-midrange)

주어진 값들 중에서 가장 큰 값과 가장 작은 값의 평균. 예컨대 1, 3, 5, 6, 6, 6, 7, 11의 중간값은 (11+1)/2=6이다.

확률(probability)

사건의 발생 가능성을 예측하는 방법. 수학에서 확률은 일반적으로 0(불가능)과 1(확실) 사이의 실수로 표현된다. 일상생활에서 확률은 분수로 표현된다. 주사위를 굴렸을 때 3, 5, 6 중의 한 숫자가 나올 확률은 2분의 1(0.5)이다. 도박사들은 확률을 비율로 표현한다. 예를 들어, 어떤 사건이 일어날 가능성이 2:1이라고 말하는 것은 이 사건이 일어날 확률이 3분의 2라는 뜻이다.

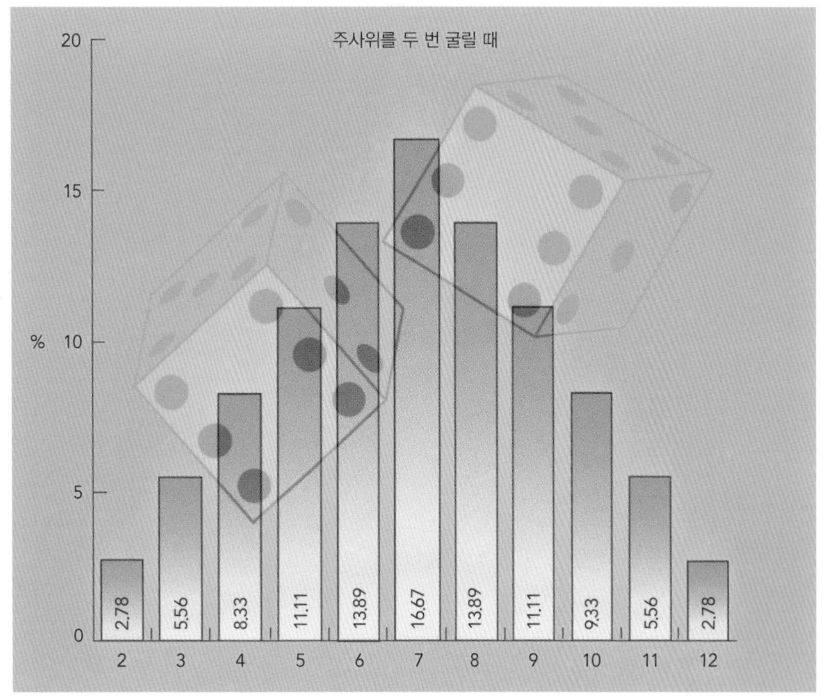

주사위를 굴렸을 때 3이 나올 확률은 6분의 1이다. 하지만 그렇다고 해서 주사위를 여섯 번 굴릴 때 반드시 3이 나오는 것은 아니다. 특정한 사건의 확률은 이전 사건의 영향을 받지 않기 때문이다. 이 그래프는 주사위를 두 번 굴렸을 때 특정한 숫자가 나올 확률을 보여준다.

조합(combination)

더 많은 개수의 원소들 중에서 원소의 정렬순서를 고려하지 않고 특정한 개수의 원소를 선택하는 것. 예를 들어, 숫자집합 {1, 2, 3, 4}에서 숫자 3개를 선택해 만들 수 있는 조합은 {1, 2, 3,}, {1, 2, 4}, {2, 3, 4} 등 3개다. 그런데 이 조합들은 각각 6개의 순열(permutation)을 가진다. 순열은 서로 다른 원소를 가진 집합에서 대상들을 선택해 순서 있게 배열한 것을 말한다.

구골(googol)

10^{100}을 뜻하는 숫자. 1 다음에 0이 100개 붙는 숫자다. **구골**이라는 말은 미국의 수학자 애드워드 캐스너(Edward Kasner, 1878~1955)의 조카 밀턴 시로타(milton Sirotta)가 아홉 살이던 1938년에 '발명해낸' 말이다.

구골플렉스(googolplex)

10의 **구골**제곱, 즉 1 다음에 0이 구골 개만큼 붙는 숫자다. 구골플렉스를 구성하는 숫자들을 크기 1**포인트**로 프린트하면 그 길이는 현재까지 알려진 우주의 지름의 4.7×10^{69}배가 된다.

표준편차(standard deviation, σ, s)

통계학에서 데이터의 퍼진 정도를 나타내는 척도. 주어진 숫자집합의 표준편차는 그 숫자들과 그 숫자들의 평균값 간 평균차이(mean difference) 값이다. 1, 3, 4, 6, 7

의 평균값은 4.2이고, 이 숫자집합의 표준편차는 약 2.387이다. 이는 각 숫자와 4.2 사이의 차이가 평균 2.387이라는 뜻이다. 표준편차가 크다는 것은 숫자집합에 속하는 원소들의 값이 평균값과 차이가 많이 난다는 뜻이다. 예를 들어 숫자집합 29, 30, 31과 20, 30, 40은 평균값이 둘 다 30이지만, 두 번째 숫자집합의 표준편차가 첫 번째 숫자집합의 표준편차보다 훨씬 크다.

정규화(normalize)

수열, 함수 또는 숫자를 관련된 특정한 양[대부분은 노름(norm)이지만 아닌 경우도 있다]이 구하고자 하는 값(대부분은 1)과 같아지도록 특정 인수를 곱하는 과정.

사분위수(quartile)

특정한 변수의 값들로 이뤄진 집합을 4개의 동일한 부분으로 나눈 것. 각 사분위수는 전체 원소의 4분의 1을 나타낸다. 제일사분위수(하위 사분위수)는 데이터의 가장 아랫부분 4분의 1을 뜻한다. 제25 백분위수라고도 한다. 제이사분위수는 데이터집합을 반으로 나누며, 중간값 또는 제50 백분위수라고도 부른다. 제삼사분위수는 데이터의 최상층 4분의 1을 뜻하며, 제75 백분위수라고도 부른다. 제일사분위수와 제삼사분위수의 거리를 사분 범위(interquartile range)라고 말한다.

백분위수(percentile)

특정 변수의 값들로 이뤄진 집합을 100개의 동일한 부분으로 나눈 것. 어떤 수치가 제95 백분위수 안에 있다면 이 수치는 그 집합의 최상위 5% 안에 있다는 뜻이다.

모든 사분위수는 제25 백분위수 또는 하위 백분위수, 제50 백분위수(중간값), 제75 백분위수 또는 상위 백분위수처럼 백분위수로 나타낼 수 있다.

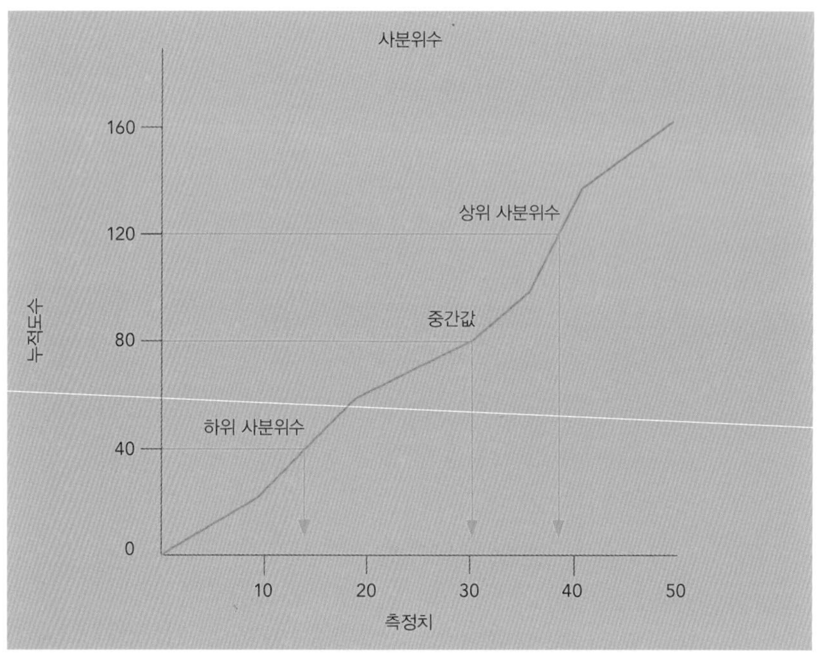

분자는 분수의 윗부분에 있는 숫자다. 그림에서는 17이 분자다. 분모는 분수의 아랫부분에 있는 숫자다. 그림에서는 45가 분모다.

$$\frac{17}{45}$$

퍼센트(percent, %)

소수, 분수 또는 비율을 0과 양수로 표시하는 방법. 퍼센트라는 말은 '100개당'이라는 뜻을 가진 유사 라틴어 표현인 '페르 켄툼(per centum)'이 어원이다. 따라서 25%는 100분의 25를 뜻한다. 퍼센트는 100이 넘을 수도 있다. 예를 들어, 150%는 50% 증가를 나타낸다. 바꿔 말하면, 150%=150/100 또는 1.5다.

분자(numerator)

분수의 막대 부분 위쪽에 있는 숫자. 분자는 **분모**가 나타내는 부분 중 얼마나 많은 부분이 분수의 값과 같은지 나타낸다. 예를 들어 분수 2/3에서 분자는 2이며, 이 분수는 1/3이 2개 합쳐진 것임을 나타낸다.

분모(denominator)

분수에서 막대 부분 아래쪽에 있는 숫자. 분모는 분자가 나타내는 부분을 얼마나 많은 부분으로 나누면 분수의 값과 같아지는지 나타낸다. 예를 들어 분수 3/4에서 분모는 4이며, 이 분수는 분자가 나타내는 부분이 같은 크기의 네 부분으로 나눠진다는 것을 뜻한다. 분모는 결코 0이 될 수 없다.

인수(factors)

다른 수가 나머지 없이 정확하게 나뉠 수 있게 만드는 정수. 예를 들어 1, 2, 3, 6은 모두 6의 인수다. 6은 이 숫자 중 어떤 숫자로도 나머지 없이 정확하게 나눌 수 있기 때문이다.

인자(factor)

숫자의 증가 또는 곱을 나타내는 숫자. 예를 들어, 숫자 10을 4의 인자로 증가시키면 40이 된다.

팩토리얼(factorial, !)

양의 정수와 그 양의 정수보다 작거나 같은 모든 양의 정수의 곱. 예를 들어 6!은 6×5×4×3×2×1=720이다. 0!은 1로 정의된다. n개의 물체들로 이뤄진 집합에는 n!개의 순열(순서 있게 세는 방법)이 있지만, n개의 물체들로 이뤄진 집합에서 k개의 물체를 고르는 **조합**의 수는 n!/k!(n−k)!개다. 팩토리얼은 미적분과 확률론에서도 광범위하게 사용된다.

기수(base, 밑)

셈의 기초로 사용되는 숫자(예를 들어 **이진법**의 기수는 2, **십진법**의 기수는 10이다). 특정한 기수 n은 0과 n−1 사이의 숫자를 사용한다. 예를 들어 기수 5는 0, 1, 2, 3, 4

계산자는 로그함수를 계산하는 데 사용된 도구다. 사용자가 로그 값을 몰라도 계산을 할 수 있도록 해주는 일종의 로그표 역할을 했지만, 이제는 계산기와 컴퓨터에 밀려 거의 사라졌다.

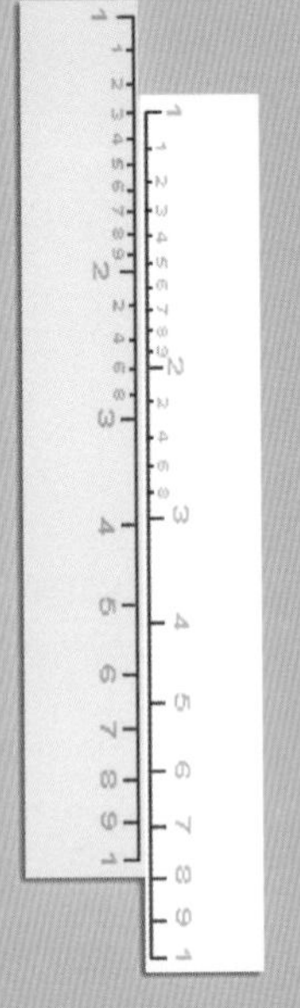

의 5개 숫자를 사용한다. **로그**의 기수는 밑이라고도 부르며, 로그의 밑은 1을 제외한 모든 양수가 될 수 있다.

이진법(binary)

기수를 2로 하는 수체계. 이진법은 숫자 0과 1만을 사용한다. 십진법 숫자 2를 이진법으로 나타내면 10이 되며, 십진법 숫자 5는 101이 된다. 이진법은 불논리(Boolean logic)의 핵심이며, 현대의 전기회로와 컴퓨터 작동에서도 핵심적인 위치를 차지하고 있다. 숫자 2개로 2개의 다른 전압을 나타낼 수 있기 때문이다.

십진법(decimal)

기수를 10으로 하는 수체계. 십진법은 가장 흔하게 사용되는 수체계이며 0, 1, 2, 3, 4, 5, 6, 7, 8, 9의 10개 숫자를 사용한다. 인류가 십진법을 이용해 계산을 하게 된 것은 사람의 손가락과 발가락이 각각 모두 10개이기 때문이었다는 것이 일반적인 생각이다. 하지만 모든 인류 문명이 십진법을 사용한 것은 아니었다. 마야인, 바빌로니아인, 유키 인디언들은 기수를 8로 하는 팔진법을 사용했다.

십육진법(hexadecimal)

기수를 16으로 하는 수체계. 십육진법은 0, 1, 2, 3, 4, 5, 6, 7, 8, 9, A, B, C, D, E, F 등 16개의 숫자를 사용한다. 십진법 숫자 10을 십육진법으로 나타내면 A, 십진법 숫자 100은 64, 십진법 숫자 1,000은 3E8이 된다. 십육진법은 컴퓨터에서 사용된다. **이진법** 숫자(비트) 4개를 십육진법 숫자 1개로 쉽게 표현할 수 있기 때문이다. 예를 들어, 이진법 숫자 1,011은 십육진법 숫자 B로 간단하게 나타낼 수 있다.

거듭제곱(power)

특정한 수를 자기 자신과 특정한 횟수로 곱해서 나온 숫자. 예를 들어, 4를 여섯 번 거듭제곱한 숫자 4^6은 4×4×4×4×4×4=4,096이다. 이 식에서 4는 **기수**, 6은 지수(exponent)라고 부른다. 지수 2와 3은 매우 자주 사용되기 때문에 각각 제곱, 세제곱이라는 이름으로 불린다. 거듭제곱의 지수가 음수이면 지수의 부호가 양수인 거듭제곱의 역수와 같다. 예를 들어, 4^{-6}은 $1/4^6$=1/4,096이다. 지수 1은 거의 사용되지 않는다. $a^1=a$이기 때문이다. 지수가 0인 모든 수의 값은 1로 정의된다.

지수함수(exponential function)

어떤 결과를 얻기 위해 기수가 특정 **거듭제곱**(지수)만큼 늘어나는 함수. 지수함수의 역함수는 로그함수다.

정오각형의 지름(한 꼭짓점에서 맞은편 꼭짓점까지의 거리)은 정오각형의 한 변의 길이와 황금비의 곱과 같다.

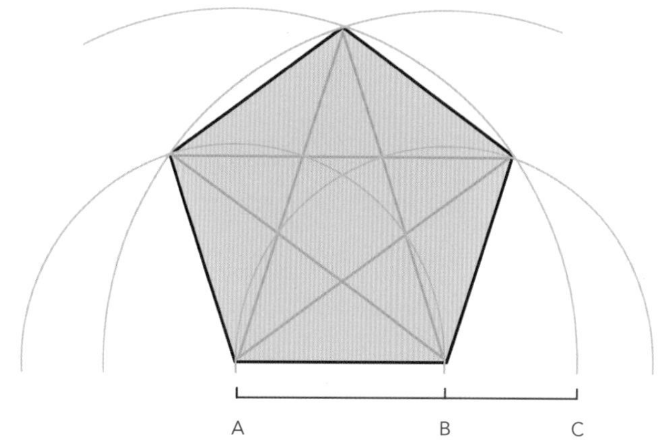

로그(logarithm, log)

어떤 결과를 얻기 위해 고정된 기수(밑)를 몇 번 거듭제곱해야 하는지 나타내는 함수다. 따라서 로그함수는 지수함수의 역함수다. $x^b=a$라는 식을 로그를 사용해 표현하면 $\log_x a=b$가 된다. 예를 들어 $\log_8 64=2$다. $8^2=64$이기 때문이다. 또 $\log_4 64=3$이다. $4^3=64$이기 때문이다. 로그는 지수를 모를 때도 방정식을 푸는 데 사용되며, 미적분 문제, 특히 미분방정식 문제를 푸는 데 자주 사용된다. 자연로그는 기수가 **e**인 로그를 말한다.

크기 정도(order of magnitude)

상용로그의 척도로 근사한 수의 크기 등급. 각 등급은 그 이전 등급의 10배가 된다.

황금비(golden ratio, φ)

수학, 기하학, 자연에서 종종 나타나는 재미있는 비율. 황금비를 숫자로 표현하면 1.618033 정도 되며 그리스 문자 φ(피, 영어로는 '파이'라고 읽음–옮긴이)로 표현한다. 정오각형의 변과 지름의 비율이 바로 황금비이며, 황금비는 **피보나치수열**을 설명하는 데 사용된다. 종이 사이즈(paper sizes)도 처음에는 이 황금비를 기초로 정해졌다(하지만 현재의 표준 크기는 $\sqrt{2}$를 기초로 한다).

스칼라(scalar)

크기는 있지만 방향은 없는 양. **벡터**의 반대 개념이다. 따라서 벡터와 스칼라는 전혀 다른 개념이다. 스칼라의 예로는 거리를 들 수 있다. 어떤 물체가 100m 거리에 있다고 말할 때 이 말에는 물체의 방향에 대한 정보가 전혀 들어 있지 않다.

벡터(vector)

크기와 방향 모두를 가진 양. 따라서 벡터는 **스칼라**와는 전혀 다른 개념이다. 예를 들어, 속도(velocity)는 운동의 빠른 정도(속력의 크기)와 방향을 나타내기 때문에 벡터다.

핵물리학과 원자물리학

쿼크 맛깔(quark flavor)

쿼크라는 원자보다 작은 입자의 성질. 쿼크 맛깔에는 위(up, u), 아래(down, d), 매혹(charm, c), 기묘(strange, s), 꼭대기(top, t), 바닥(bottom, b) 등 여섯 가지가 있다. 쿼크를 측정하고 설명하는 전통적인 방식은 별로 유용하지 않기 때문에 현재는 쿼크를 구별할 때 맛깔이나 색깔 같은 개념을 이용한다.

원자번호(atomic number, Z)

원자핵에 있는 양성자의 수. 모든 원소는 각각 다른 원자번호를 가지며, 원소의 원자번호는 **주기율표**에서의 원소의 위치를 결정한다.

전자 4개를 가진 이 원자가 '중성' 원자(전체적으로 전하를 띠지 않는 원자)가 되려면 이 원자의 핵에 양성자가 4개 있어야 한다. 원자핵에 양성자가 6개 있으면 이 원자핵은 +2e 전하를 띤 양이온이 된다.

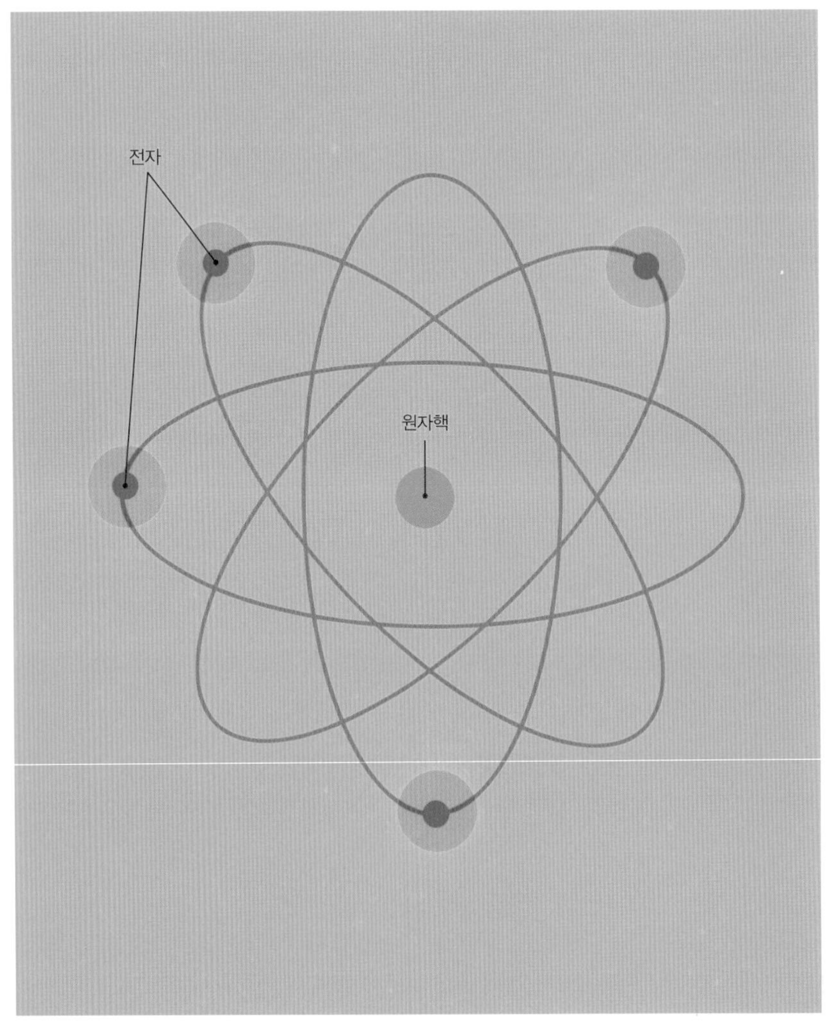

모든 물체는 파장을 가진다. 물체가 작을수록 드브로이 파장이 길어진다. 원자보다 작은 입자들도 매우 짧긴 하지만 파장을 가진다.

기본전하(elementary charge)

전자 1개가 가지는 음전하에 해당하는 전하를 나타내는 단위. 기본전하의 크기는 1.60217646×10^{-19}쿨롱이다. 기본전하는 1909년 미국의 물리학자 로버트 밀리컨(Robert Milikan, 1868~1953)이 처음 측정했다. 쿼크 입자의 전하량은 +2/3e 또는 −1/3e다.

전자질량(electron mass)

전자 1개의 질량. 약 9.1094×10^{-28}g.

정지질량(rest mass)

일반적으로 말하는 물체의 질량. 정지질량 또는 불변질량(invariant mass)은 상대론적질량(relativistic mass)과는 전혀 다르다. 상대론적질량은 특수상대성이론에서 다른 기준 프레임에 영향을 받는 질량을 이르는 말이다(상대론적질량은 물체의 질량을 측정하는 관찰자를 기준으로 물체가 매우 빠른 속도로 움직일 때 늘어나는 질량이다).

드브로이파장(de Broglie wavelength, λ)

입자의 파장. 파장은 파동 패턴에서 보이는 마루(파동이 주기적으로 가장 높아지는 점)와 마루 사이의 거리를 뜻한다. 드브로이파장이라는 이름은 운동량(momentum)을 가지는 모든 입자는 파장도 가진다는 이론을 제안한 프랑스의 물리학자 루이 드브로이(Louis de Broglie, 1892~1987)의 이름을 딴 것이다. 상대성이론에서 다루는 입자들의 드브로이파장 크기는 h/p다(h는 플랑크상수, p는 입자의 운동량이다).

원자질량단위(atomic mass unit, amu)

원자와 분자의 질량을 나타내는 단위. 통합원자질량단위(unified atomic mass unit, u) 또는 돌턴(Dalton, Da)이라고도 한다. 1원자질량단위는 탄소-12 원자 1개의 질량의 12분의 1, 즉 1.66×10^{-30}g이다. 탄소-12 원자가 원자질량단위의 기준으로 선택된 이유는 모든 원자의 기본 구성요소인 양성자, 중성자, 전자를 같은 개수로 가지고 있기 때문이다. 전자는 양성자나 중성자보다 훨씬 가볍기 때문에 원자질량단위로 잰 원자의 질량은 원자핵 안에 있는 양성자와 중성자의 수를 합한 것과 같다고 할 수 있다. 원자번호가 같은 원자들 중에도 상대원자질량(relative atomic mass)이 서로 다른 것들이 존재한다.

보어반지름(Bohr radius)

덴마크의 물리학자 닐스 보어(Niels Bohr, 1885~1962)가 제안한 수소 원자 모델에서 바닥상태 수소 원자의 반지름. 보어반지름은 원자물리학에서 길이의 단위로 사용

닐스 보어가 제안한 수소 원자 모델

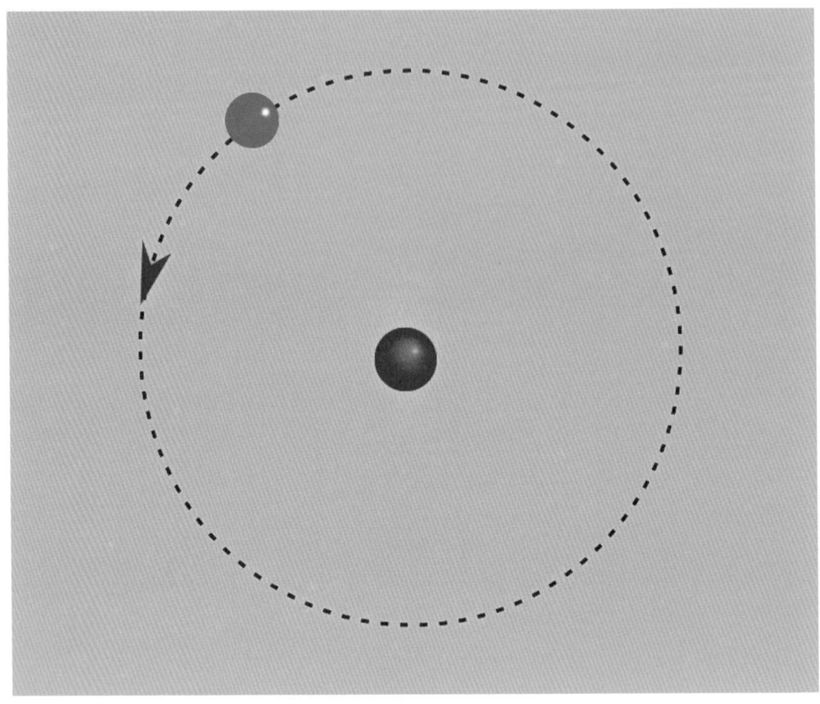

되며, 5.292×10^{-11}m(1**옹스트롬**의 반 정도)다.

양자(quantum)

상대적 에너지의 단위. 양자 1개의 에너지양은 양자가 나타내는 방사선의 양과 비례하며, 플랑크상수와 방사선의 진동수를 곱한 값이다. 넓은 의미에서 양자라는 말은 특정한 물리적 특성들로 나눌 수 있는 가장 작은 단위를 뜻한다. 예를 들어, **기본전하**는 전하의 양자라고 할 수 있다.

베크렐(becquerel, Bq)

방사능의 SI단위. 1903년 우라늄염에서 자연방사능을 발견한 공로로 마리 퀴리(Marie Curie, 1867~1934), 피에르 퀴리(Pierre Curie, 1859~1906)와 공동으로 노벨물리학상을 수상한 프랑스의 물리학자 앙투안 앙리 베크렐(Antoine-Henri Becquerel, 1852~1908)의 이름을 딴 단위다. 1베크렐은 원자핵 1개가 1초에 한 번 방사성붕괴를 할 때 나타나는 방사능의 크기다. 1베크렐은 약 27피코퀴리(picocurie)(**퀴리** 참조)다.

퀴리(Ci)

방사능의 단위. 원래는 라듐-226 1g의 방사능으로 정의됐지만, 1953년 1퀴리는 원자핵붕괴 횟수가 1초에 3.7×10^{10}번일 때 나타나는 방사능의 양으로 다시 합의됐다. 퀴리 단위의 이름은 마리 퀴리와 피에르 퀴리 부부의 성을 딴 것이다.

시버트(sievert, Sv)
생물체가 받는 방사선의 유효선량(effective dose)을 측정하는 SI단위. 스웨덴의 물리학자 롤프 시버트(Rolf Sievert, 1896~1966)의 이름을 딴 단위다. 시버트는 방사선의 위험도에 따라 달라지는 인자의 값(인자의 크기가 클수록 더 위험한 방사선이다)과 실제 유효선량의 곱이다. 자연방사선의 유효선량은 1년에 약 1.5밀리시버트다. 유효선량이 2~5시버트까지 올라가면 머리카락이 빠지고, 구토가 나오고, 심각한 경우 사망할 수 있다. 1시버트는 100렘(rem)이다.

그레이(gray, Gy)
흡수된 방사선량을 측정하는 SI 에너지 단위. 영국의 방사선학자 루이스 그레이(Louis Gray, 1905~1965)의 이름을 딴 단위다. 1그레이는 1kg의 물질이 흡수하는 1줄의 방사선 에너지를 뜻한다. 1그레이는 100**라드**다. 그레이가 **시버트**와 다른 점은 방사선의 위험도를 고려하지 않는다는 것이다.

반감기(half-life)
특정한 방사성동위원소 샘플 내 모든 원자의 반이 붕괴하는 데 걸리는 시간. 처음에 있던 동위원소의 양은 반감기가 열 번 반복하기 전에 0.1%로 줄어든다. 반감기는 원소에 따라 차이가 매우 크다. 우라늄-238의 반감기는 45억 년인 반면 라듐-221의 반감기는 30초에 불과하다. 불안정한 동위원소들은 대부분 반감기가 1초 미만이다. 방사능 위험의 측정이 복잡한 이유 중 하나는 원래의 동위원소가 붕괴해 생성되는 물질도 방사능을 가질 수 있기 때문이다.

반가층(half-value layer)
방사능이 세기를 줄이는 데 필요한 차폐물의 양. 반가층은 방사선원(radiation source)의 세기를 측정하는 수단이다. 방사선원의 종류에 따라 반가층을 만드는 재료가 달라진다. 예를 들어, 엑스레이(X-ray)의 반가층은 일반적으로 알루미늄이나 구리의 두께를 이용해 기술된다.

k 인자(k factor)
방사능 물질에서 방출되는 감마선의 세기를 측정하는 척도. k 인자는 붕괴율이 초당 3.7×10^7(또는 1밀리퀴리)인 방사선원으로부터 1cm 떨어진 거리에서 측정한 감마선의 양을 **뢴트겐** 단위로 나타낸 것이다.

뢴트겐(Roentgen, R)
이온화방사선의 단위. 엑스레이를 발견한 독일의 물리학자 빌헬름 뢴트겐(Wilhelm Röntgen, 1845~1923)의 이름을 딴 단위다. 방사선은 원자에 닿으면서 원자의 전선량계는 방사능이나 소음 같은 해로운 환경인자들에 어느 정도 노출됐는지 측정하는 도구다. 대부분 펜 모양이라 옷에 꽂고 다닐 수 있다.

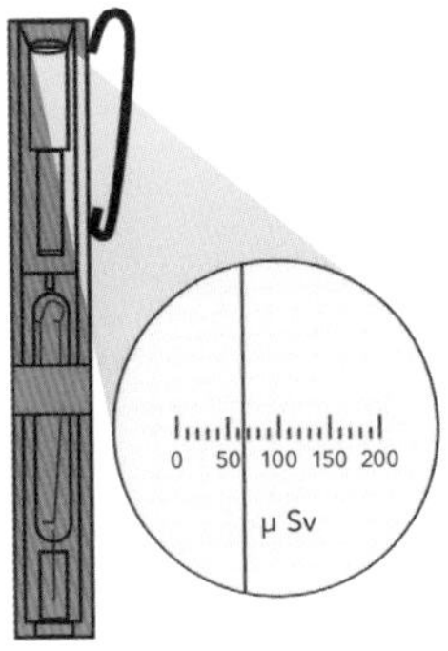

자 1개 이상을 제거함으로써 원자를 이온화한다. 이온화는 다양한 생물학적 방사선 효과를 일으키는데, 뢴트겐은 이 효과들을 측정하는 단위다. 1뢴트겐은 표준 상태의 1kg의 공기에서 2.58×10^{-4}쿨롱의 양전하와 음전하를 전리하는 데 필요한 방사선의 양이다.

방사선흡수선량[라드(radiation absorbed dose, rad)]

방사선량의 미터법 단위. 1라드는 0.01**그레이**다. 즉, 1라드는 1kg의 (인체) 조직당 0.01줄의 방사선 에너지가 흡수된 것을 말한다.

러더퍼드(rutherford, Rd)

방사능의 단위. 뉴질랜드의 물리학자 어니스트 러더퍼드(Ernest Rutherford, 1871~1937)의 이름을 딴 단위다. 1러더퍼드는 1메가베크렐(**베크렐** 참조) 또는 1초당 100만 번의 방사능붕괴를 뜻한다.

하운스필드 등급(Hounsfield scale)

방사선 밀도의 등급. 물체가 엑스레이를 통과시키는 정도를 나타낸다. 방사선 투과성 물질은 방사선 고밀도 물질보다 엑스레이의 광자를 더 잘 통과시킨다. 따라서 방사선 투과성 물질은 하운스필드 등급이 낮아 엑스레이 이미지와 CAT 스캔 이미지가 잘 나오지 않는다.

선량계(dosimeter)

해로울 가능성이 있는 환경에 노출되는 정도를 측정하는 장치. 방사선선량계는 이온화방사선에 대한 노출 정도를 측정한다. 방사선 흡수량은 누적되기 때문에 방사선원이 있는 곳에 갈 때마다 선량계를 옷에 꽂고 가야 한다.

가이거계수기(Geiger counter)

방사능 수준을 측정하는 장치. 이 장치를 발명한 독일의 물리학자 한스 빌헬름 가이거(Hans Wilhelm Geiger, 1882~1945)의 이름을 땄다. 가이거계수기는 광자, 알파선, 베타선, 감마선을 탐지하지만 양성자는 탐지하지 못한다. 가이거계수기 중에는 지침이나 소리를 이용하는 수치를 나타내는 기종도 있다. 현재는 할로겐 계수기 같은 새로운 장치로 대체됐는데, 할로겐 계수기는 가이거계수기보다 훨씬 더 낮은 전압을 사용하며 수명도 더 길다.

배경방사선(background radiation)

환경에서 자연적으로 발생하는 모든 종류의 방사선. 배경방사선은 지구 안, 대기, 지구 주변 공간의 자연적인 방사선원으로부터 방출된다. 우주에서 지구로 오는 약한 마

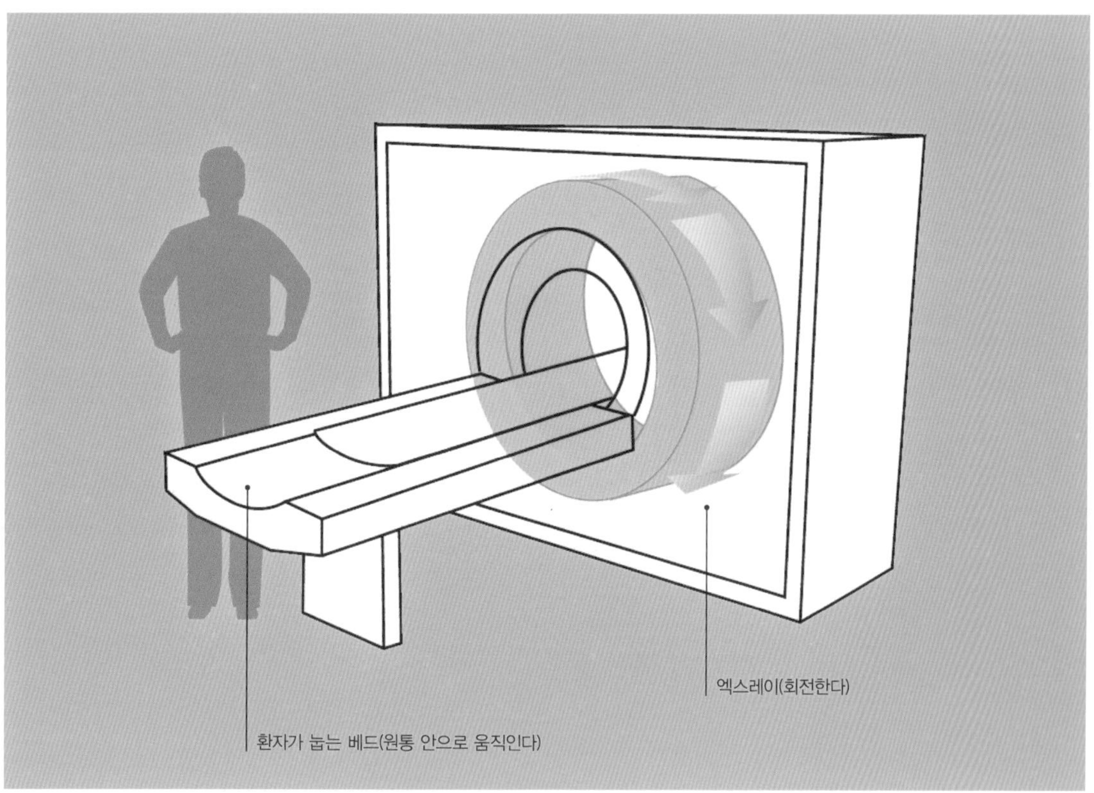

CAT 스캐너는 고드프리 하운스필드(Godfrey Hounsfield, 1919~2004)가 만든 방사능 밀도 등급을 이용해 인체 내부의 해부학적 상태를 측정하는 기계다.

이크로파 형태의 배경방사선은 아주 작은 부분이 빅뱅 때 방출된 것이며, 우주 마이크로파 배경(cosmic microwave background)이라고 부른다. 배경방사선은 형태는 다양하지만, 인체 뢴트겐 당량(rem)은 대부분 0.3~0.4 범위에 있다(**시버트** 참조).

임계질량(critical mass)

핵연쇄반응을 지속시킬 수 있는 핵분열 가능한 물질의 최소량. 임계량은 핵의 성질, 모양, 순도 등 다양한 요인의 영향을 받으며, 탈출하는 입자들을 다시 안으로 반사시켜 연쇄반응을 유지시키는 중성자 반사체의 영향도 받는다. 임계질량이 가장 작은 형태는 구 모양이다. 예를 들어, 구 모양 우라늄-235의 임계질량은 중성자 반사체가 없는 상태에서 50kg이다. 그에 비해 우라늄-233의 임계질량은 15kg이다.

킬로톤(kiloton, kton)

TNT(trinitrotoluene, 트라이나이트로톨루엔) 1,000톤이 폭발할 때 방출되는 에너지에 해당하는 에너지 단위. 약 4.18×10^{12}줄에 해당한다. 1,000킬로톤은 1메가톤이다. 킬로톤은 핵무기의 파괴력을 설명하는 데 사용된다. 예를 들어, 히로시마에 떨어진 핵폭탄의 파괴력은 약 15킬로톤이며, 현재까지 폭발시킨 핵폭탄 중 가장 파괴력이 큰 것은 57메가톤 규모였다.

에너지

나무는 킬로그램당 방출하는 에너지를 생각하면 비교적 좋지 않은 연료지만 계속 길러서 얻을 수 있다는 장점이 있다.

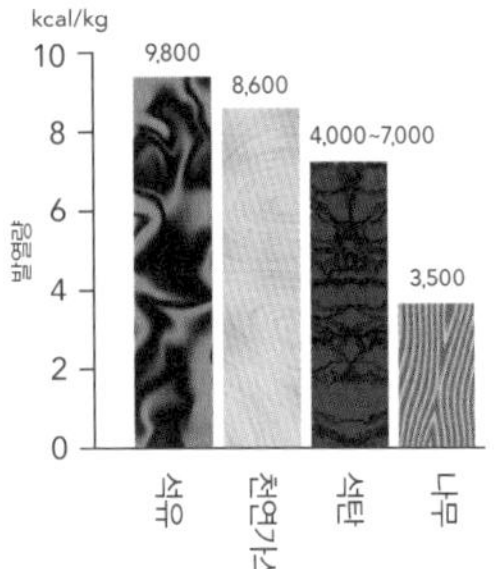

에너지(energy)

(광자, 테니스공, 은하 전체 등) 물체가 다른 물체에 영향을 미치는 능력의 척도. 에너지는 물체가 일을 하는 능력으로 보통 정의되지만, 이 정의는 **엔트로피**(일을 하는 데 사용할 수 없는 열에너지)를 고려하지 않은 정의다. 에너지의 형태는 매우 다양하지만, 모든 에너지는 운동에너지(운동과 관련된 에너지)와 위치에너지(화학결합, 코일 스프링, 지면으로부터 들어 올려진 물체 등에 저장된 에너지)로 나눌 수 있다. 에너지는 한 형태에서 다른 형태로 전환될 수 있을 뿐, 없애거나 만들 수는 없다.

칼로리(calorie, cal)

에너지의 단위. 1칼로리는 1기압에서 물 1g의 온도를 1°C 올리는 데 필요한 에너지의 양이다. 음식과 관련해서는 C를 대문자로 표기하는 'Calorie' 단위가 사용된다. 1Calorie는 1,000calorie이며, Calorie의 정식 명칭은 킬로그램칼로리다(킬로칼로리라고 말하기도 한다). 1킬로그램칼로리는 1기압에서 물 1kg의 온도를 1°C 올리는 데 필요한 에너지의 양이다. **Btu** 단위에서처럼 1칼로리가 계산되는 온도는 정확한 에너지 값에 영향을 미친다.

줄(joule, J)

에너지와 일의 SI단위. 1줄은 1**뉴턴**의 힘으로 물체를 1m 이동시키는 데 사용되는 에너지 또는 그 과정에서 한 일이다. 1쿨롱의 전하를 1볼트의 전위차에 걸쳐 이동시키는 데 사용되는 에너지, 1초 동안 1와트의 전력을 만들어내는 데 사용되는 에너지이기도 하다. 1줄은 0.24칼로리이며 1,000분의 1**Btu**가 조금 안 된다.

킬로와트시(kilowatt–hour, kWh)

전력 회사가 가정이 사용하는 전기의 양을 측정하기 위해 사용하는 단위. 1킬로와트시는 1킬로와트 용량의 장치가 1시간 동안 사용하는 전기의 양(또는 2킬로와트 용량의 장치가 30분 동안 사용하는 전기의 양)이며, 정확하게 3,600,000줄이다. 전기의 '단위'로 불리기도 한다.

화학에너지(Chemical Energy)

보통은 화학 화합물의 **결합에너지**를 뜻하며, 화학반응이 일어나는 동안 방출되는 (또는 흡수되는) 에너지의 양을 나타내는 데 사용되기도 한다. 간단하게 말하면 방출 또는 흡수되는 에너지는 형성되는 모든 화학결합의 총에너지에서 파괴되는 모든 화학결합의 총에너지를 뺀 것이지만, 이 에너지는 엄밀하게는 반응에너지라고 불러야 한다.

연소열(heat of combustion)

물질이 완전히 연소될 때 열로 방출되는 에너지. 완전연소란 충분한 양의 산소가 공급되는 상태에서 물질이 더는 탈 수 없는 상태로 되는 것을 말한다. 연소열은 1몰당 연소열, 단위질량당 연소열, 단위부피당 연소열로 나타내며 연료 간의 비교를 위해 측정되기도 한다(연소열 값이 클수록 좋은 연료다). 연소열 값이 음수라면 타면서 열을 흡수하는 물체임을 의미한다.

열량계(calorimeter)

화학반응 또는 융해(melting) 같은 상변화에 따라 방출되거나 흡수되는 에너지의 양을 측정하는 도구. 열량계는 크게 두 종류로 나뉜다. 빠른 반응의 에너지 변화를 측정하는 데 사용하는 '폭탄(bomb)' 열량계와 오랜 시간에 걸친 에너지 변화를 측정하는 시차주사열량계(differential scanning calorimeter)다. 그 밖에도 특수한 용도로 사용되는 다양한 열량계가 있다.

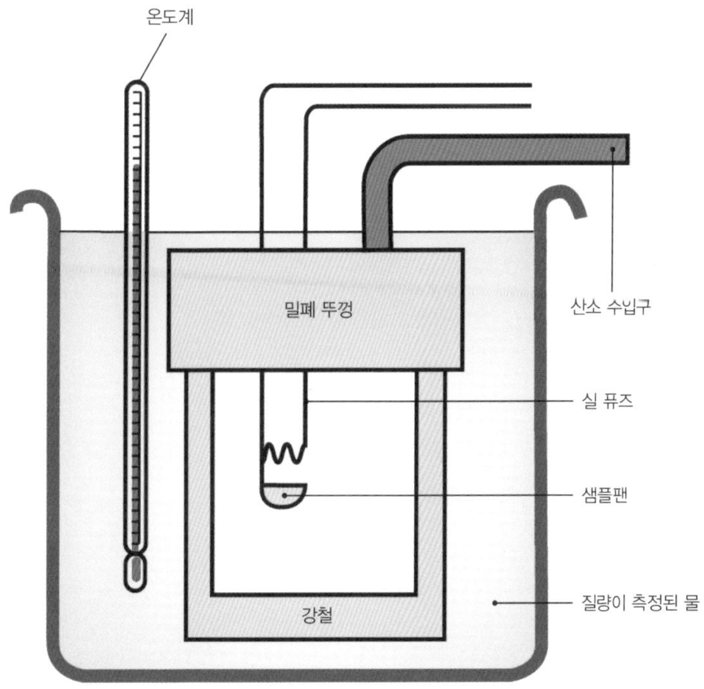

폭발반응이나 타고 있는 물체가 방출하는 에너지를 측정하는 '폭탄' 열량계의 구조

에너지는 다양한 형태로 저장할 수 있다. 축전기는 전기에너지, 배터리는 화학 위치에너지를 저장한다. 화학 위치에너지는 회로에 연결되는 경우에만 전기에너지로 전환된다.

전기에너지

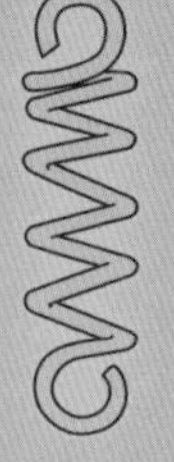

탄성에너지

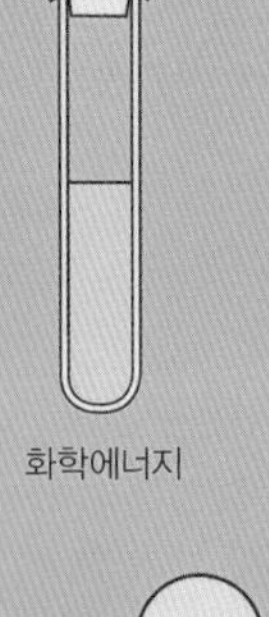

화학에너지

에너지 손실

질량에너지 변환 인자(mass–energy conversion factor)

아인슈타인의 특수상대성이론에 따르면 물체의 질량은 그 물체에 포함된 에너지의 총량을 나타내는 척도다(즉, 질량은 에너지의 다른 형태라는 뜻이다). 이 관계는 잘 알려진 $E=mc^2$이라는 식으로 표현된다. 여기서 E는 에너지, m은 정지질량(물체가 완전히 멈춰 있을 때의 질량)이다. 핵반응에서 방출되는 에너지는 질량이 에너지로 변환됐기 때문에 발생한 것이다. 핵분열이나 핵융합에서 생성되는 물질의 질량이 반응물들의 질량보다 적은 것은 질량 일부가 에너지로 변환됐기 때문이다.

표면에너지(surface energy)

물체 안에 존재하는 화학결합을 깨고 새로운 표면을 만드는 데 필요한 에너지(보통 제곱미터당 줄 단위로 표시한다). 서로 다른 원자들의 표면은 상호작용을 하기 때문에 표면에너지의 실제 값은 물체와 물체 주변의 조건에 따라 달라진다. 예를 들어, 다이아몬드와 공기 사이의 표면에너지는 다이아몬드와 물 사이의 표면에너지와 같지 않다. (다른 요소들이 작용하기는 하지만) 일반적으로 물체의 표면에너지가 클수록 그 물체를 부수기가 어렵다.

위치에너지(potential energy, PE)

물체에 저장된 에너지로 물체가 (에너지가 낮은 상태로 움직이면서) 일을 하기 위해 방출할 수 있는 에너지를 뜻한다. 위치에너지에는 중력위치에너지(높은 곳에서 떨어질 수 있는 물체가 가지는 에너지. '물체의 질량×물체가 떨어지는 거리×중력장의 세기'로 계산된다), 탄성위치에너지(늘리거나 압축한 물체는 원상태로 돌아오려고 하는데, 이때 물체가 가진 에너지를 말한다), 전기위치에너지(전자를 회로에서 움직이게 하는 에너지) 등이 있다. 화학적 **결합에너지**도 위치에너지의 일종이다.

운동에너지(kinetic energy)

물체가 움직임의 결과로 가지게 되는 에너지(열에너지도 포함된다). 물체의 질량과 속도를 곱한 값의 반이다. 에너지는 없어질 수 없기 때문에 운동에너지는 물체를 현재의 속도로 가속시키는 데 필요한 에너지, 물체를 다시 멈추게 하는 데 필요한 에너지와도 같다.

힘(force)

물체의 속도나 모양을 변화시킬 수 있는 상호작용. 힘은 항상 반대 방향인 작용과 반작용의 두 방향으로 작용한다. 벽에 부딪치는 축구공은 벽으로부터 축구공을 멈추게 하는 힘을 받지만, 축구공도 같은 크기의 힘을 벽에 가한다. 어떤 정해진 시간 안에 운동량의 변화를 나타내는 충격량(impulse)은 힘과 충돌 시간의 곱으로 정의된다.

뉴턴(newton, N)

힘의 SI단위. 1뉴턴은 물체 1kg을 1m/s²의 가속도를 가지게 하는 힘의 양이다.

다인(dyne, dyn)

작은 힘을 나타내는 단위. 현재는 잘 사용되지 않는다. 1다인은 물체 1g을 1cm/s²의 가속도를 가지게 하는 힘이다. 1뉴턴은 10만 다인이다.

파운드힘(pound-force, lb-f)

지구중력이 1파운드 무게의 물체에 미치는 힘. 1파운드힘은 32lb.ft/s²[제곱초당 **파운드피트**(pound feet)] 또는 약 4.4뉴턴이다.

프로펠러, 바퀴, 사람은 모두 주변 환경에 있는 물체들을 운동의 진행 방향과 정반대 방향으로 밀어냄으로써 추력을 얻는다. 로켓의 추력은 로켓이 많은 양의 뜨거운 기체를 만들어 그 기체를 로켓의 움직임 방향의 반대 방향으로 가속시킴으로써 발생한다.

추력(thrust)

물체가 나가고자 하는 방향의 반대 방향으로 물체를 뒤로 미는 힘. 크기가 같고 방향이 정반대인 반작용힘을 발생시켜 물체를 앞으로 움직이게 하는 힘이다. 물체의 무게에 추력이 작용하는 비율이 높을수록 더 많은 가속이 이뤄진다. 추력은 보통 파운드 또는 뉴턴 단위로 나타낸다. 추력은 뒤로 밀리는 물체의 질량과 그 물체의 가속도의 곱이다.

프로펠러 추력

프로펠러 추력

로켓 추력

수영 추력

맞물림 기어 한 쌍은 토크(회전력)를 늘리거나(속도 감소) 회전속도를 빠르게(토크 감소) 하는 데 사용된다.

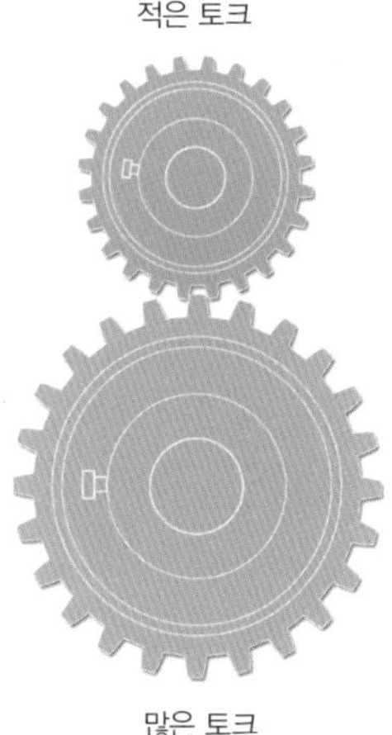

동력계(dynamometer)
(모든 종류의) 엔진이 발생시키는 파워(그리고 토크) 또는 기계가 요구하는 파워 입력을 측정하는 기계.

기어링(gearing) 👁
힘을 한 곳에서 다른 곳으로 전달하기 위해 기어(또는 벨트, 도르래)를 작동시키는 행동. 기어링은 이 과정에서 회전속도(그리고 토크)를 변화시킨다. 기어링 시스템은 파워의 양을 변화시키지 못하지만(게다가 기어에서 발생하는 마찰 때문에 에너지 손실이 생긴다), 회전속도를 줄여 토크를 늘리거나 토크를 늘려 회전속도를 줄일 수 있다.

모멘트(moment) 👁
중심축을 둘러싸는 힘이 일으키는 회전효과의 척도. 중심축으로부터의 거리와 힘의 크기를 곱한 값이다. 모멘트의 차원은 에너지의 차원과 동일하지만, 사용하는 단위는 다르다(SI단위로 뉴턴미터를 쓴다). 1뉴턴미터의 모멘트는 1줄/라디안이다. 토크는 모멘트를 나타내는 다른 용어로, 엔진이나 모터에 주로 사용한다.

파워(일률)(power)
단위시간당 사용되는 에너지(또는 한 일)의 양.

와트(watt, W)
파워의 SI단위. 1와트(기호 W)는 1초 동안의 1줄에 해당하는 일률이다[전기 단위에서는 1볼트(V)의 **전위차**로 1암페어의 전류가 흐를 때의 전력 크기]. 여러 가지 이유로 현대 장비들의 전력 소모량은 킬로와트로 측정된다. 상업용 전력의 소모량은 대부분 메가와트 수준 이하에서 측정된다.

효율(efficiency)
에너지(또는 열전달)와 관련해 기계 또는 과정의 효율은 유용한 일을 하기 위해 사용된 에너지와 투입된 에너지의 비율이다. 분수나 백분율(%)로 나타낸다. 완전히 효율적인 기계(효율이 1인 기계)가 존재한다면 그 기계는 기능을 하기 위해 에너지를 전혀 필요로 하지 않을 것이고, 불필요하게 열을 발산하는 식으로 에너지를 낭비하지 않을 것이다. 하지만 그런 기계는 현실에서는 존재할 수 없다. 내연기관의 효율은 20% 미만이며, 발전소에 있는 증기터빈의 효율은 약 35%다.

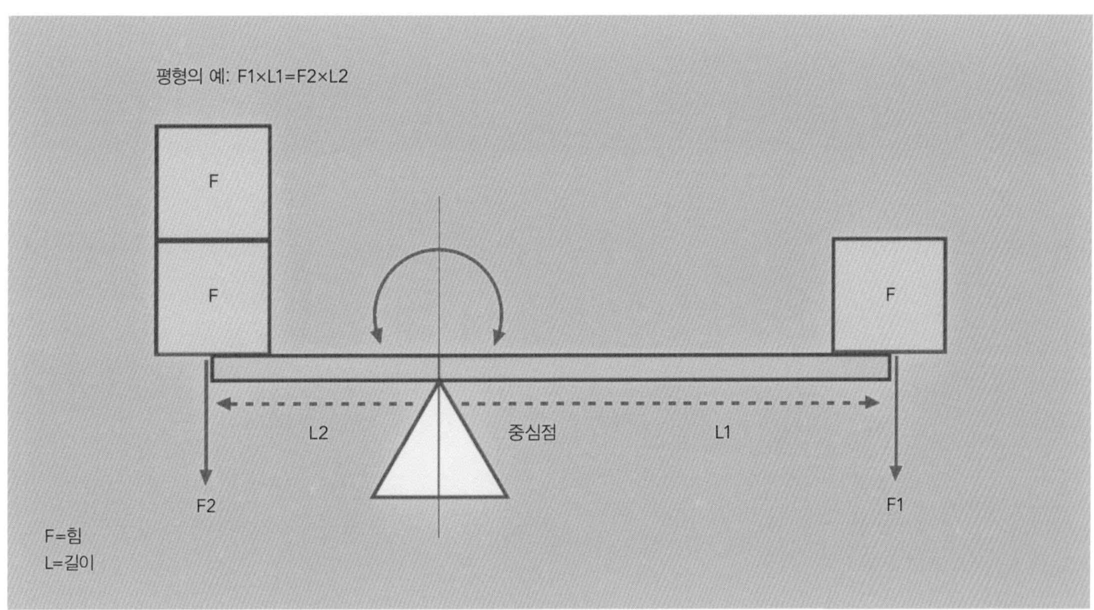

서로 다른 크기의 힘들이 생성하는 크기가 같고 반대 방향인 모멘트들이 중심점을 중심으로 상쇄된다.

마력(horse power, hp)

매우 오래된 일률의 단위. 내연기관의 일률을 측정하는 단위로 지금도 사용된다. 마력은 과학자 제임스 와트(James Watt, 1736~1819)가 트레드밀(평평하게 놓은 원반 둘레를 사람이나 마소가 밟아 회전시켜서 그 동력을 여러 가지 기계에 응용하는 장치–옮긴이)을 발로 밟아 돌리는 말의 평균 일 속도를 기준으로 처음 정의했다. 나중에 마력은 초당 550**피트파운드**(746와트)와 같은 일률로 다시 정의됐다.

일(work)

특정한 거리에 걸쳐 힘을 가함으로써 물체 사이에서 전달되는 에너지. 힘과 변위(한 점의 최종 위치와 처음 위치 간의 차이–옮긴이)의 곱으로, **스칼라**다(힘과 변위는 모두 **벡터**다). 움직임이 힘이 가해지는 선을 그대로 따라 이뤄질 경우 일은 힘의 크기와 움직인 거리의 곱으로 간단하게 계산된다. 일은 에너지와 같은 단위를 쓴다(본질적으로 일은 에너지의 특별한 형태다).

속도와 흐름

속력(speed)

물체의 빠르기를 나타내는 척도. 물체가 단위시간당 이동한 거리. 속력은 스칼라양이다. 예컨대 시간당 30킬로미터는 어떤 방향으로 향하든 시간당 30킬로미터다.

속도(velocity)

물체의 위치가 시간에 따라 변화하는 비율. 속력은 스칼라지만 속도는 벡터다. 속도는 물체가 이동한 거리와 방향 모두를 측정한 것이다. 물체의 속도에서 크기 부분이 속력이다.

원을 그리며 움직이는 정지궤도 위성은 일정한 속도를 유지하면서 계속 가속한 물체의 예다.

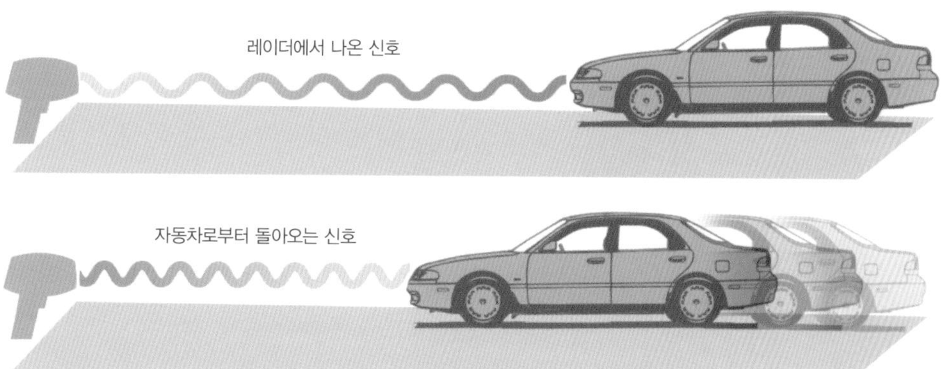

자동차가 우리 쪽으로 빠르게 움직일수록 도플러 효과가 음파를 압축하는 정도가 커지며 더 높은 소리가 들린다.

가속도(acceleration)

물체의 **속도** 또는 **속력**이 시간에 따라 변화하는 비율. 단위시간당 속도의 변화율로 측정된다(SI단위로는 m/s). 속도는 **벡터**이므로 속도의 변화율도 벡터지만, 속력은 **스칼라**이므로 속력의 변화율도 스칼라다. 속도에는 음의 가속도도 존재하며 음의 가속도를 '감속도'라고 부르기도 하지만, 잘 사용하는 말은 아니다. 가속도 벡터가 원래의 속도 벡터와 정확하게 평행을 이루지 않으면 물체가 움직이는 방향이 변하며, 대부분의 경우 속력도 변한다.

초당 미터(meter per second, m/s)

속력(그리고 **속도**)의 SI단위. 1m/s는 3.6km/h다. 속력이나 속도가 포함되는 과학 연구 대부분에서 사용되는 단위다.

도플러효과(Doppler effect), 도플러편이(Doppler shift)

피원(파동의 근원)을 기준으로 관찰자가 움직임에 따라 관찰자에게 들리는 파동의 진동수(그리고 파장)가 바뀌는 현상. 도플러효과는 파원이나 관찰자 중 하나만 정지해 있을 때의 상대속도에도 동일하게 적용된다. 예를 들어, 땅 위에서 가만히 서 있는 사람이 들을 때 머리 위로 지나가는 비행기의 엔진 소리는 마치 비행기의 속도가 바뀌는 것처럼 들린다. 비행기 엔진의 진동수가 비행기가 관찰자 쪽으로 접근할 때는 늘어나고, 관찰자로부터 멀어질 때는 줄어드는 것처럼 들리는 것이다. 이 현상은 오스트리아의 수학자 크리스티안 도플러(Christian Doppler, 1803~1853)가 처음 설명했다.

노트(knot)

배(또는 비행기)의 속력을 재는 단위. 1노트는 1시간에 1해리를 움직인 속도(0.51m/s)에 해당한다. 노트는 비행기의 **대기속도**(air speed) 단위로 사용되며, 비행기의 지상 속도는 통상 km/h 또는 mile/h로 표시된다.

달은 한 달에 한 번 지구 주위를 공전한다. 하지만 지구도 같은 방향으로 자전한다. 이때 달의 공전속도와 지구의 자전속도 차이 때문에 똑같은 시간에 달을 관찰해도 보이는 위치가 달라진다. 지구에서 달을 같은 위치에서 보려면 달이 그 차이만큼 더 돌아야 하기 때문에 달이 뜨는 시각은 점점 늦어진다.

각속도(angular velocity)

회전하는 물체의 회전속도. 회전 방향을 표시해야 하기 때문에 각속도는 **벡터**가 된다(회전하는 물체의 회전 중심축도 돌지만 회전축의 양 극점은 정지해 있다). 각속도는 물체가 다른 물체 주위의 궤도를 도는 속도를 나타내기도 한다. 궤도를 돌고 있는 물체 자체도 돌고 있다면 문제는 좀 복잡해진다. 각속도는 단위시간당 각이 돌아가는 크기로 나타내며, SI단위는 라디안/초다.

분당회전수(revolutions per minute, RPM)

회전속도(rotational speed)의 단위. 1RPM은 1초에 각도가 6° 변하는 속도다.

운동량(momentum)

움직이는 물체를 정지시키는 것이 얼마나 어려운지를 나타내는 척도. 운동량(**질량**과 **속도**의 곱)은 **운동에너지**(물체의 질량과 속도를 곱한 값의 반)와는 다른 개념이다. 예를 들어 1,000mph의 속도로 움직이는 무게 10kg의 로켓과 10mph의 속도로 움직이는 무게 1톤의 자동차는 운동량은 같지만, 로켓의 운동에너지가 자동차의 운동에너지의 100배다. 크기의 차이도 있지만, 운동량은 **벡터**, 운동에너지는 **스칼라**이기 때문이다. 똑같은 두 물체가 같은 속도로 서로를 향해 움직이다가 충돌해 둘 다 멈추면 이 두 물체의 운동량 합은 그대로이지만(충돌 전까지는 운동량의 합이 0이다), 이 두 물체의 운동에너지 합은 상당히 크게 변화한다. 충돌 순간에 이 두 물체의 운동에너지가 다른 형태의 에너지(예를 들어, 소리나 열)나 물체의 내부구조를 파괴하는 에너지로 전환되기 때문이다.

총구 속도(muzzle velocity)

총알 같은 발사체가 총 같은 발사 장치의 총열을 떠나는 순간의 속도. 방향에 관한 정보가 포함돼 있지 않기 때문에 총구 속도는 엄밀히 말해 속도가 아니라 속력이다.

마하수(Mach number)

음속에 대한 (비행기의 **대기속도** 같은) 물체의 속도 비. 마하수가 1보다 크면 초음속(supersonic), 마하수가 5가 되면 극초음속(hypersonic)이라고 말한다.

대기속도(air speed)

비행기 같은 탈것의 대기에 대한 상대속도. 공기는 특히 현대의 제트기가 다니는 고도에서 지상을 기준으로 볼 때 대부분 계속 움직이기 때문에 대기속도가 비행기의 지상속도와 같은 경우는 거의 없다. 순항속도 500mph, 뒷바람 속도 50mph로 운항하는 비행기의 실제 지상속도는 550mph다.

지상속도 (ground speed)

비행기나 배 같은 탈것의 속도를 지상에서 봤을 때의 속도. 배는 비행기의 **대기속도**에 해당하는 항해속력(water speed 또는 sea speed)을 가진다.

종단속도 (terminal velocity)

낙하하는 물체의 아래로 향하는 움직임에 대한 공기저항이 그 물체에 작용하는 중력과 정확하게 같아질 때의 속도. (낙하산을 펴지 않은 상태에서) 120mph로 떨어지는 사람의 종단속도는 팔다리를 폈을 때는 약 120mph, '다이빙 자세'로 떨어질 때는 약 200mph다.

광속 (speed of light, c)

진공상태에서 빛의 속도. 정확히 299,792,458m/s다. 물리학 법칙에 따르면 광속을 넘는 속도는 존재하지 않는다. 광원의 위치를 기준으로 관찰자가 어떤 **속도**로 움직이든 광속의 값은 일정하게 측정된다. 광속이 이렇게 일정하기 때문에 이상한 효과들이 나타난다. 사람이나 물체가 광속에 가까운 속도로 움직이면 시간과 거리가 왜곡되는 현상이 대표적인 예다.

10,000mph의 속도로 움직이는 질량 1kg짜리 운석의 운동량은 1mph의 속도로 지상 주행하는 질량 1톤짜리 비행기의 운동량과 같다. 150mph의 속도로 비행하는 질량 10톤의 비행기와 같은 운동량을 가지려면 운석은 1,500,000mph의 속도로 움직여야 한다.

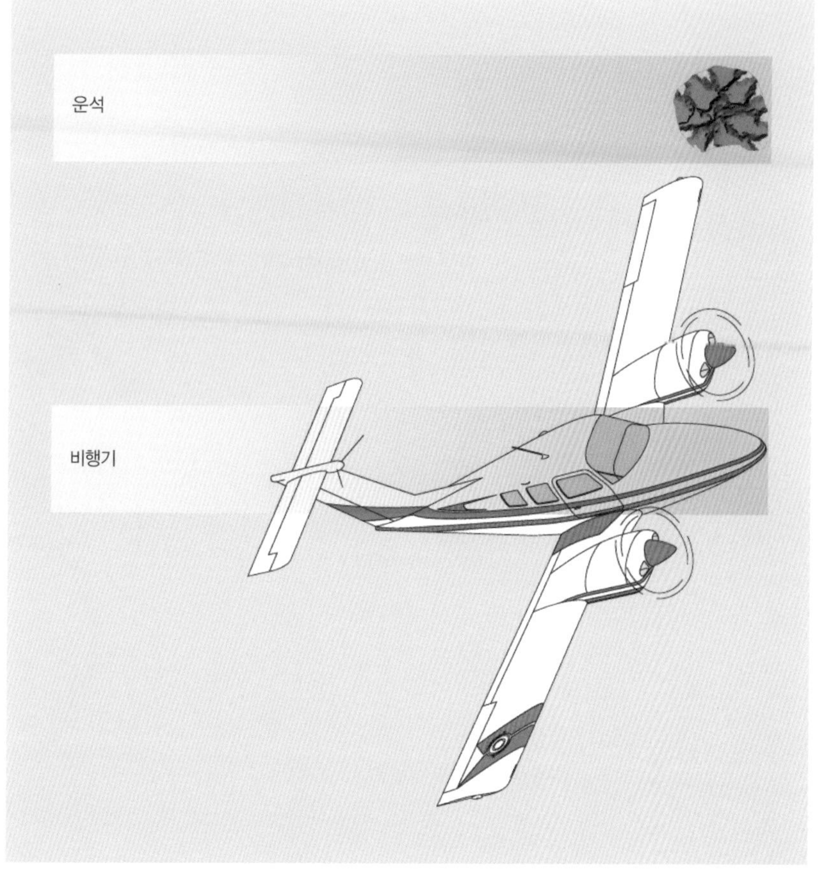

임계속도(critical velocity)
유체(액체나 기체)의 흐름이 난류(turbulance)로 변하는 속도. 임계속도 밑에서는 유체의 흐름이 '부드러우며', 유체의 **점성** 때문에 난류가 발생하지 않는다.

점성(viscosity), 동점성(dynamic viscosity)
유체의 흐름에 대한 저항의 척도. 점성은 유체 내부에서 나타나며, '유체 마찰(fluid friction)'을 통해 나타나기도 한다[고체도 매우 느린 속도로 흐를 수 있지만 이 과정은 유체의 흐름과는 전혀 다른 과정이다(**크리프** 참조). 엄밀한 의미에서 고체는 점성을 가지지 않는다]. 점성은 압력과 무관하지만 온도가 변화하면 점성도 변화한다. 온도가 올라가면 기체의 점성은 높아지지만 액체의 점성은 낮아진다.

동점도(kinematic viscosity)
유체의 동점성을 밀도로 나눈 값. 동점도는 동점성보다 유체의 행동을 더 잘 측정할 수 있는 유용한 척도다. 특히 중력의 영향을 받는 유체의 흐름을 측정하는 데 유용하다. 두 가지 유체(예를 들어, 꿀과 기계오일)가 동점성이 같지만 밀도가 다르다면 이 두 유체는 다르게 움직이며, 이 차이는 두 유체의 동점도로 설명할 수 있다.

이론상으로, 서로 반대 방향으로 날아가는 두 비행기에 탄 사람들은 다른 비행기에서 시간이 흐르는 속도가 자신이 탄 비행기에서 시간이 흐르는 속도와 다르다는 것을 발견하게 될 것이다. 실제로는, 이런 효과는 광속에 매우 가까운 속도로 움직일 때만 의미를 가진다.

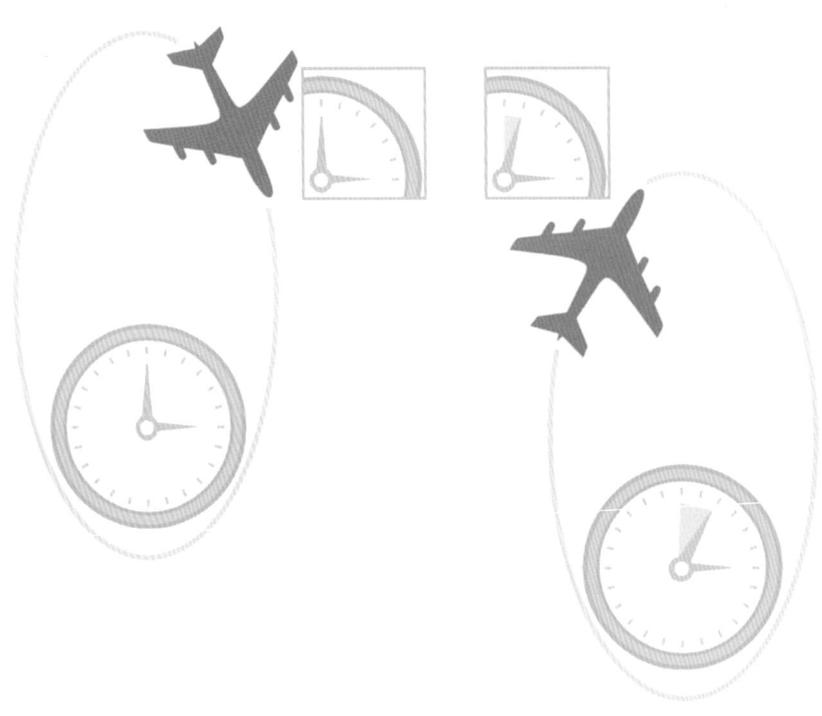

압력이 높아질수록 물은 같은 구멍 속으로 더 빠르게 흐른다.

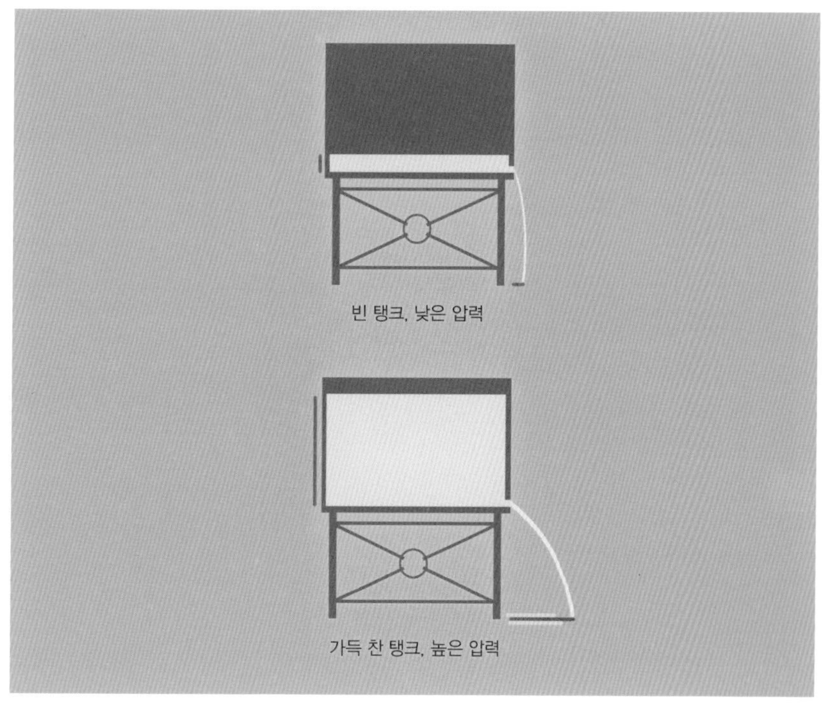

점도 등급 (viscosity grade, VG)

유체의 점성을 구분하는 등급. 윤활유나 오일에 주로 적용된다. 과거에는 100°C에서 테스트 오리피스(orifice, 유량의 조절이나 측정에 사용되는 판–옮긴이)를 통해 특정 양의 오일이 흐르는 시간을 기준으로 한 **미국자동차기술협회(SAE)** 엔진오일 점도 등급이 사용됐지만, 현재는 40°C에서 유체의 동점도를 기준으로 하는 ISO(ASA) 점도 등급이 사용된다. 점도지수(viscosity index)는 유체의 점성이 온도에 따라 변하는 정도를 나타내는 척도다.

큐섹 (cusec)

유량의 단위(ft^3/s). 미터법 단위로는 큐멕(cumec)을 사용한다. 1큐멕은 37큐섹이 조금 넘으며 $1m^3/s$다.

갤런/분 (gal/min)

유량의 단위. 1US gal/min(갤런/분)은 0.0022큐섹이다. 따라서 1큐섹은 448gal/min이다.

메가리터/시 (megaliter per hour, ML/hr)

물 공급, 하천 연구 등 산업 분야에서 사용되는 유량의 단위. 1메가리터/시는 100만 리터/시 또는 10과 $1/4ft^3$/초다. 대형 하천의 유량처럼 매우 많은 유량을 측정할 때는 메가리터/분 또는 메가리터/초 단위를 사용하기도 한다.

질량과 무게

태양계 행성들과 위성들은 크기와 밀도가 매우 다양하기 때문에 각 행성의 중력도 다 다르다. 질량 1kg의 물체가 달에서는 166g, 목성에서는 2.364kg으로 느껴진다.

1. 목성	2.364
2. 수성	0.378
3. 토성	1.064
4. 금성	0.907
5. 천왕성	0.88
6. 지구	1
7. 해왕성	1.125
8. 달	0.166
9. 명왕성	0.067
10. 화성	0.377

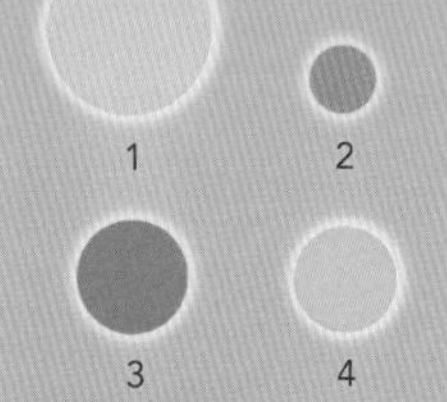

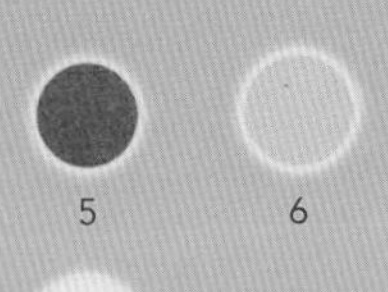

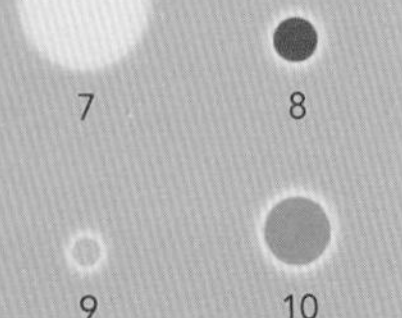

무게(weight)

물체에 작용하는 중력. SI단위는 **뉴턴** 또는 **다인**이다. 영국에서는 **파운드힘**이라는 임페리얼 단위를 사용한다. 과학에서는 무게와 질량의 구분이 매우 중요하다. 엄밀하게 말하면, 미터법과 임페리얼 단위 체계의 기본단위(킬로그램과 파운드)는 질량이다. 하지만 지표면에서 지구중력의 영향을 받는 질량을 나타낼 때 질량과 무게를 혼용하는 경우가 많다. 예를 들어, 임페리얼 단위 체계의 파운드는 이런 전제하에서 정의된 것이다. 질량과 무게의 차이는 지구에서의 몸무게와 달에서의 몸무게를 비교하면 확연하게 드러난다. 달에서도 물체의 질량은 변하지 않지만, 달의 중력은 지구의 중력보다 약하기 때문에 무게는 훨씬 적어진다.

질량(mass)

물체 안의 있는 물질의 양. 관성질량(inertial mass)은 움직임의 변화에 저항하는 물체의 질량, 중력질량(gravitational mass)은 물체가 다른 물체에 끌리는 질량을 말한다. 현재 사용되는 질량의 기본단위는 SI단위인 킬로그램이다. 미국의 관용 단위 체계와 영국의 임페리얼 단위 체계에서는 파운드가 질량의 기본단위다.

중력(gravity)

질량 때문에 물체들이 서로 끌리는 힘. 중력은 아이작 뉴턴(Isaac newton, 1642~1727)이 만유인력의법칙에서 처음 정의했다. 만유인력의법칙은 '질량이 있는 두 물체 사이에는 두 물체의 질량의 곱에 비례하고 두 물체의 거리의 제곱에 반비례하는 당기는 힘이 보편적으로 작용한다'는 물리법칙이다. 이 말을 방정식으로 나타내면, '$F=G(m_1m_2/d^2)$'가 된다. 여기서 F는 물체 m_1과 물체 m_2 사이의 당기는 힘, d는 그 두 물체 사이의 거리, G는 중력상수다. 중력상수는 $6.6732\times10^{-11}Nm^2kg^{-2}$이다.

g

자유낙하하는 물체에 작용하는 중력가속도를 나타내는 기호. g는 가속도의 단위로 사용되기도 한다. 이 경우 1g는 지구 표면에서 $9.80665m/s^2$이지만, 이 값은 고도와 위도에 따라 달라진다.

밀도(density)

물체의 **질량**과 부피의 비. 단위부피당 질량으로 표시한다(kg/m^3, lb/ft^2).

무게중심(center of gravity)

물체를 구성하는 모든 입자에 작용하는 중력을 합한 결과를 하나의 점으로 표현했을 때 그 점의 위치. 균일한 중력장에서 무게중심의 위치는 질량중심의 위치와 같다. 계산의 편의를 위해 물체의 질량이 집중된 점으로 간주한다.

트로이 무게 체계(troy weight system)

영국과 북미 일부에서 현재도 사용되고 있는 고대의 무게 체계.

중량 체계(avoirdupois weight system)

14세기부터 미터법이 도입된 1960년대까지 영국에서 사용된 무게 체계. 영어권 일부에서는 현재도 널리 사용된다. 중량 체계의 기본단위는 **파운드**다. 'avoir du pois'라는 말은 '무게를 가지는'이라는 뜻을 가진 프랑스어 표현이다.

약용 무게 체계(apothecaries' weight system)

17세기에 약국에서 매우 작은 양을 측정하기 위해 사용한 무게 체계. 약용 무게 체계는 약용온스를 기본단위로 하며, 트로이 무게 체계는 트로이온스를 기본단위로 한다. 약용온스는 드램(dram) 또는 드라큼(drachm), **스크루플**(scruple), **그레인**(grain) 단위로 나뉜다.

톤(tonne, t)

1,000kg에 해당하는 SI 질량 단위. 영국의 임페리얼 **톤**(ton)(거의 값이 같다)과 미국 톤을 구별하기 위해 톤을 미터톤으로 부르기도 한다.

톤(ton)

영국의 임페리얼 단위 체계와 미국의 관용 단위 체계에서 사용하는 질량 또는 무게의 단위. 하지만 1톤의 값은 두 나라에서 각각 다르다. 영국에서 흔히 사용하는 톤(롱톤)은 2,240파운드(1,016.0416kg)인 반면, 미국톤(쇼트톤)은 2,000파운드(907.18474kg)다. 과거에 톤은 부피, 특히 건조 상품의 부피를 나타내는 데도 사용됐다.

헌드레드웨이트(hundredweight, cwt)

영국 임페리얼 단위 체계와 미국 관용 단위 체계에서 사용되는 질량 또는 무게의 단위. 톤(ton)처럼 두 나라의 단위 체계에서 값이 다르다. 영국을 비롯한 영어권 국가 대부분에서 1헌드레드웨이트는 112파운드 또는 20분의 1(롱)톤(50.80208kg)이지만, 최근 북미에서는 쇼트 헌드레드웨이트라는 단위를 만들어 사용하고 있다. 1쇼트 헌드레드웨이트는 1쇼트톤의 20분의 1(100파운드 또는 45.359237kg)이다.

영국 임페리얼 단위 체계

중량 체계	
1온스=16드램	=438.5그레인
1파운드=256드램=16온스	=7,000그레인
1스톤	=14파운드
1쿼터	=2스톤
1센탈(cental)	=100파운드
1헌드레드웨이트	=112파운드
1톤	=2,240파운드

트로이 무게 체계	
1페니웨이트	=24그레인
1트로이온스	=480그레인 =20페니웨이트
1트로이파운드	=12트로이온스

약용 무게 체계	
1약용파운드	=12약용온스
1약용온스	=24스크루플
1드라큼(미국에서는 드램)	=3스크루플
1스크루플	=20그레인

미국 관용 단위 체계

중량 체계	
1드램	=27.34그레인
1온스	=16드램
1파운드	=16온스
1헌드레드웨이트	=100파운드
1톤	=2,000파운드

트로이 무게 체계	
1페니웨이트	=24그레인
1트로이온스	=20페니웨이트
1트로이파운드	=12트로이온스

스톤(stone)

영국에서 주로 사용하는 무게 단위. 1스톤은 14파운드다. 현재는 몸무게의 단위로만 사용되는데, 그나마도 킬로그램에 밀려 점차 사용 빈도가 떨어지고 있다.

킬로그램(kilogram, kg)

SI단위계의 기본 질량 단위. SI단위의 기본이 되는 7개 단위 중 하나다. 전통적인 질량 단위들과 달리 킬로그램은 무게나 힘의 단위로 사용되지 않으며, 질량의 단위로만 사용된다. 2019년까지 프랑스 소재 국제도량형국(Bureau International des Poids et Mesures)에 백금과 이리듐의 합금으로 만든 실린더 모양의 국제킬로그램 원기가 보관됐었다. 하지만 현재 킬로그램은 초나 미터처럼 자연의 기본상수를 기초로 정의된다.

파운드(pound, lb)

영국 임페리얼 단위 체계와 미국의 관용 단위 체계에서 사용되는 질량의 기본단위. 1파운드는 0.45359237kg이다. 파운드 단위는 고대 로마 시대에 처음 사용됐다. 고대 로마에서는 '리브라 폰도(libra pondo, 파운드 무게)'라는 단위가 널리 사용됐으며, 이 단위의 이름은 유럽 수많은 나라에서 전통 단위 이름의 어원이 됐다. 파운드의 약자가 'lb'인 이유가 여기에 있다. 영국과 미국의 중량 체계에서 사용하는 중량 파운드는 16온스(ounce)로 나뉜다. 고대 로마의 **리브라**나 남부 유럽 나라들의 비슷한 단위가 12부분으로 나뉘는 것과는 대조적이다. 최근에는 거의 사용하지 않는 트

미터법이 사용되고 있지만 영국에서는 지금도 몸무게 단위로 스톤과 파운드를 사용한다.

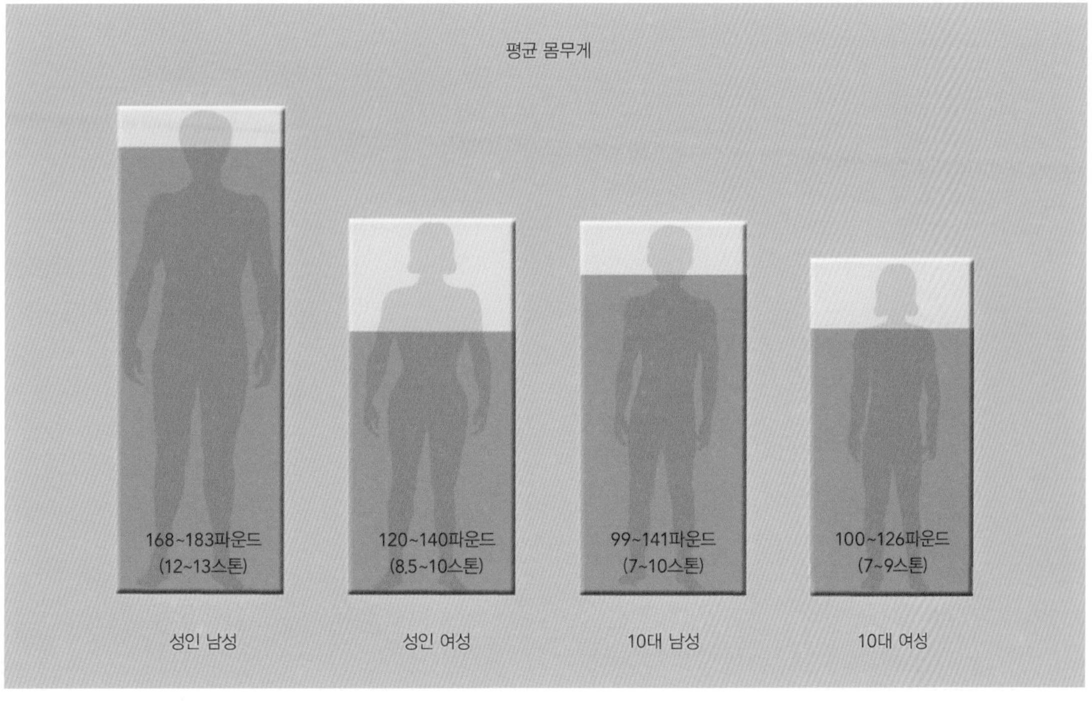

셰켈은 고대 중동 전역에 걸쳐 가장 널리 사용된 무게 단위였다. 하지만 현재 셰켈은 이스라엘의 화폐 단위로 더 잘 알려져 있다.

로이파운드와 약용파운드는 175분의 144**중량** 파운드(0.373.242kg)로, 나타내는 값이 같다. 질량이 아니라 힘의 단위인 **파운드힘**도 약자로 lbf를 사용한다. 1파운드힘은 4.448221615뉴턴이다.

리브라(libra)

고대 로마의 무게 단위. 지중해 주변 국가들과 스페인어권 국가들에서 현재도 비공식으로 사용한다. 별자리와 12궁도의 이름에서처럼 'libra'라는 라틴어는 원래 천칭 저울이라는 뜻으로 사용되던 말이다. 리브라 단위가 나타내는 값은 초기에는 다양했지만, 시간이 흐르면서 약 0.722영국파운드(0.32745kg)로 통일됐다. 1리브라는 12운키아로 나뉘었다. 프랑스에서 리브라는 리브르(livre)라는 말로 변형돼 무게 단위로 사용되고 있으며, 1리브르는 정확하게 500g이다.

셰켈(shekel)

중동 지역에서 널리 사용됐던 고대 바빌로니아의 무게 단위. 고대 히브리인들도 이 단위를 사용했다. 셰켈이 정확하게 얼마나 많은 무게를 나타냈는지에 대해서는 논란의 여지가 있지만, 8~16g 정도였던 것으로 추정된다. 1셰켈이 252그레인(약 16.33g)이라고 정확하게 명시한 문헌도 있는 반면, 8.4g이라는 기록들도 있다. 셰켈은 같은 무게의 이스라엘 동전 이름이기도 했다.

페니웨이트(pennyweight)

트로이 무게 체계의 무게 단위. 24그레인 또는 20분의 1트로이온스에 해당한다.

그램(gram, g)

작은 질량을 나타내는 SI단위. 한때 그램은 CGS(센티미터-그램-초) 단위 체계의 기본 질량 단위였지만, 현재는 국제 킬로그램원기로 정의되는 킬로그램의 1,000분의

1로 정의된다. 그램 단위의 이름은 고대 로마의 스크루플 단위와 비슷한 값을 가졌던 그리스의 단위 '그람마(gramma)'에서 온 것이다. 프랑스어 철자로는 'gramme'로 표기하기도 하지만 국제적으로 공인받은 표기는 아니다.

그레인(grain)

영국 임페리얼 단위 체계와 미국 관용 단위 체계에서 사용하는 작은 질량 단위. 그레인이라는 이름은 밀 또는 보리 알갱이 1개의 무게를 뜻하는 말이다. 그레인은 사실상 영국 임페리얼 단위 체계의 무게 단위 중 기본단위 역할을 했다. 예를 들어, 1**중량파운드**는 7,000그레인, 1**트로이**파운드는 5,760그레인으로 정의됐다. 그레인이라는 말은 보석 업계에서도 사용되는데, 이 경우 1그레인은 1캐럿(karat)의 4분의 1(500mg)이다. 보석 업계에서 그레인은 진주의 무게를 재는 데 사용된 이후로 펄 그레인(pearl grain)이라고도 불린다.

포인트(point)

원석의 질량 측정 단위. 1**캐럿**(karat)의 10분의 1(20mg)이다.

기술과 레저

키비(kibi–)

컴퓨터 용어에서 혼란이 일어나는 문제는 컴퓨터의 구성요소 대부분(예를 들어, 메모리)의 용량이 10의 거듭제곱 배 단위로 늘어나는 것이 아니라 2의 거듭제곱 배 단위로 늘어나기 때문에 발생한다. 예를 들어, '킬로'라는 접두어는 일반적으로 1,000배를 뜻한다. 하지만 1킬로바이트는 1,000바이트가 아니라 1,024바이트다. 메모리는 2의 거듭제곱 배 단위로 늘어나기 때문에 메모리의 용량을 말할 때는 1킬로바이트가 1,000바이트가 아니라 2^{10}바이트, 즉 1,024바이트가 된다. 이런 차이는 메모리 용량이 커질수록 늘어나 결국 다른 컴퓨터 구성요소들의 용량에 대해 말할 때도 혼란이 불가피해진다. 그래서 국제전기기술위원회(International Electrotechnical Commission, IEC)가 1998년에 2의 거듭제곱 배를 나타내는 새로운 접두어들[키비(kibi)=2^{10}, 메비(mebi)=2^{20}, 기비(gibi)=2^{30} 등]을 제안했지만, 널리 사용되지는 않는다.

비트(bit, b)

컴퓨터 메모리의 최소 단위. 1비트는 이진법 숫자 0 또는 1 중 하나를 뜻한다. 비트가 지금처럼 많이 쓰이게 된 이유는 이진법 숫자 0과 1이 전하, 전류, 레이저광 등 수많은 특성을 쉽게 표현할 수 있는 수단이기 때문이다. 현대의 컴퓨터 대부분은 바이트 같은 단위를 이용해 더 많은 양의 비트를 표현하지만, (공업용 로봇처럼) 소규모 메모리가 장착된 첨단 시스템은 간단한 온/오프 상태를 나타내고 기록하는 데 여전히 비트 단위를 이용한다.

빅엔디안 방식과 리틀엔디안 방식은 비트의 배열 순서는 같지만 실제로 나타내는 숫자는 전혀 다르다.

이진수	해당하는 십진수 (빅엔디안)	해당하는 십진수 (리틀엔디안)
1000	8	1
0001	1	8
00000001	1	128
10010001	145	137
1110	14	7
111110	62	31
011111	31	62
1111	15	15

부동소수점 시스템이 십진법 세자리 숫자(−999에서 +999)와 +3에서 −3 범위의 10의 거듭제곱수를 이용해 작동하는 방식을 보여주는 표. 표에서 볼 수 있듯이, 부동소수점 시스템으로는 4002(또는 4.002) 같은 숫자를 저장할 방법이 없다.

정수	10의 거듭제곱수	저장되는 숫자
42	0	42.0
42	+2	4200
42	−2	0.42
426	−2	4.26
−426	−2	−4.26
426	+1	4260
427	+1	4270
−427	+1	−4270
427	+3	427000
427	−3	0.427
4	−3	0.004
4	+3	4000

엔디안(endianness)

전자 구성요소가 비트들로 구성된 이진수를 해석하는 방향. 시스템은 빅엔디안 방식(big-endian, 이진수에서 가장 왼쪽에 있는 숫자가 2의 가장 높은 거듭제곱 배를 나타내는 방식. 십진수와 숫자 배열 순서가 같다) 또는 리틀엔디안 방식(little-endian, 이진수에서 가장 왼쪽에 있는 숫자가 2의 가장 낮은 거듭제곱 배를 나타내는 방식)을 채택할 수 있다.

바이트(byte, B)

1바이트는 8비트로 구성돼 하나의 그룹으로 기록되고 조작된다. 따라서 1바이트가 가질 수 있는 값은 256(2^8)개이며, 이 값들은 0에서 255 또는 −127에서 +128까지의 십진수를 나타내는 데 대부분 사용된다.

니블(nybble 또는 nibble)

1바이트의 반, 즉 4비트의 이진법 숫자 배열. 1니블은 16개의 값을 가질 수 있다.

워드(word)

컴퓨터의 CPU(중앙처리장치)가 내부적으로 처리하는 메모리의 단위. CPU와 메인메모리 사이에서 전달된다. CPU나 메인메모리의 크기는 컴퓨터의 종류에 따라 매우 다양하지만, 현대의 컴퓨터 대부분은 64비트 워드를 사용하는 프로세서를 중심으로 구성된다.

부동소수점(floating point)

부동소수점 숫자는 실제로는 함께 저장되는 두 숫자를 말한다. 이 두 숫자는 사용되는 컴퓨터와 프로그래밍 언어가 지정하는 고정된 비트수를 차지하며, 각각 십진법 정수와 그 정수가 부동소수점 값을 내기 위해 곱해지는 2의 거듭제곱수를 나타낸다. 매우 넓은 범위의 숫자들을 비교적 간단한 하나의 형식으로 저장할 수 있게 해주지만, 이 시스템에 저장되는 숫자들은 근사치 수준에 머물 수밖에 없다. 따라서 작은 숫자를 큰 숫자에 더할 때 문제가 된다. 다시 말해, 마지막 자리에 있는 숫자 몇 개가 중요한 의미를 가질 때 문제가 생길 수 있다. 부동소수점 시스템은 1,000,000,000과 1,000,000,004를 구분하지 못할 수 있기 때문이다.

캐릭터(character)

하나의 문자, 숫자, 구두점 또는 이와 비슷한 것들. 캐릭터는 ASCII(American Standard Code for Information Interchange, 미국정보교환표준부호)라는 코드 시스템과 그 후속 버전들을 사용하는 현대 컴퓨팅 시스템에서 사용된다. 전화선을 통해 전기 펄스 형태로 신호를 주고받는 텔레프린터(장거리 문자 전송장치)에서 사용하기 왼쪽에서 오른쪽으로 갈수록 글자의 해상도가 높아진다. 즉, 오른쪽으로 한 단계 움직일 때마다 글자가 훨씬 또렷해져 읽기 쉬워진다.

1. 8DPI
2. 16DPI
3. 32DPI
4. 64DPI
5. 128DPI
6. 256DPI

위해 처음 개발된 ASCII 시스템은 7비트(128개의 값을 가질 수 있다)를 사용해 영어 알파벳의 대문자와 소문자, 0에서 9까지의 숫자, 구두점(그리고 텔레프린터에서 제어 코드로 사용할 수 있는, 인쇄용이 아닌 33개 값)을 표시했다. 1990년대 이후 ASCII는 더 적응성이 뛰어난 유니코드 시스템(Unicode system)으로 대체되고 있다. 유니코드 시스템은 2바이트 이상을 사용하며, 영어 외의 언어들에서 사용하는 다양한 캐릭터, 강세 기호를 비롯한 기호들을 포함하고 있다.

스트링(string)

함께 '묶인' 연속된 캐릭터들의 집합. 컴퓨터 프로그램에서 텍스트를 저장하는 일반적인 방식이다. 스트링이라는 말은 다른 메모리 유닛들의 연결된 수열을 가리킬 때도 사용한다(이 경우 스트링 앞에 적절한 수식어가 붙는다). 예를 들어, '바이너리 스트링(binary string)'은 비트들이 연결된 스트링이다.

해상도(resolution)

그림 또는 화면에 표현되는 섬세함의 정도. 해상도가 높을수록 이미지가 더 잘 보이며 이미지를 확대해도 깨지는 정도가 덜하다. 컴퓨터 모니터에는 '네이티브(native)' 해상도가 있다. 디스플레이 표면은 수많은 픽셀로 이뤄져 있기 때문에 모니터는 필요한 경우 네이티브 해상도 외에 다른 해상도를 나타낼 수도 있다. 하지만 네이티브 해상도가 아닌 다른 해상도로 이미지가 표현될 때는 이미지가 흐려지거나 이미지의 가장자리가 깨질 수 있다(특히 LCD 모니터에서 이런 현상이 많이 나타난다). 픽셀은 한 색깔 또는 다른 색깔에 부분적으로 할당될 수 없기 때문이다.

인치당도트수(Dots Per Inch, DPI)

스캐너와 인쇄된 이미지의 해상도를 나타내는 단위. 스캐너가 색깔을 기록하거나 프린터가 잉크 점을 뿌릴 때 1인치 길이의 선에 늘어서게 되는 점의 숫자다. 이 단위는 선을 기초로 한 단위이고 이미지는 면적을 나타내기 때문에 해상도를 나타내는 DPI가 2배가 되면 스캔되는 이미지의 크기는 4배가 된다(DPI 숫자가 반으로 줄면 이미지의 크기는 4분의 1이 된다).

픽셀(pixel)

컴퓨터(또는 다른 디지털 시스템)의 메모리 또는 비디오 화면의 디스플레이 단위. 픽셀이라는 이름은 '그림의 구성요소(picture element)'를 줄인 말이다.

복셀(voxel)

픽셀의 3차원 버전. (MRI 이미지 등의 의료용 이미지 같은) 과학 데이터의 해상도를 나타내기 위해 주로 사용되며, 일부 컴퓨터게임에서도 사용되는 단위다.

벤치마크(benchmark), 스펙마크(specmark)

컴퓨팅 시스템(또는 시스템의 구성요소)의 속도를 측정하기 위한 표준 테스트. 벤치마크테스트를 하면 같은 기능을 수행하도록 설계된 다른 시스템들 또는 구성요소들의 성능을 비교할 수 있다. SPEC(Standard Performance Evaluation Corporation, 컴퓨터를 위한 표준화된 성능 벤치마크를 생산, 수립, 유지, 보증하기 위한 미국의 비영리단체–옮긴이) 벤치마크는 실제 사용 상황을 시뮬레이션하기 위해 정교하게 설계됐다.

MIPS(Millions of Instructions Per Second, 초당 백만 연산)

정수를 이용해 컴퓨터 CPU의 속도를 나타내는 단위. 결함이 많은 단위다. 프로세서 설계는 같은 기능을 구현하기 위해 사용하는 명령어의 수에 따라 달라지는데, 이 속도는 프로그램과 언어를 사용하는 제조사에 따라 측정되거나 심지어는 좋은 결과를 내기 위해 설계된 프로그램과 언어를 사용해 측정되기 때문이다.

플롭스(FLoating point Operations Per Second, FLOPS)

MIPS와 비슷한, 컴퓨터 CPU의 속도를 나타내는 단위. 초당 부동소수점 연산이라는 뜻이며, 컴퓨터의 성능을 평가하는 진정한 의미의 지표로 MIPS보다 약간 더 유용하다. 슈퍼컴퓨터의 속도는 테라플롭스(플롭스의 10억 배에 해당하는 단위)로 주로 측

3차원 정보를 복셀로 저장하면 모든 각도에서 인체 횡단면을 관찰할 수 있다.

정된다. 예를 들어, 소니 2013 플레이스테이션 4 게임 콘솔의 최고 속도는 1.84테라플롭스, 2020 플레이스테이션 5의 속도는 10.28테라플롭스다.

보드(baud)

디지털 통신 분야에서 사용하는 대역폭(bandwidth, 데이터 전송 속도)의 기본단위. 1보드는 1비트/초다. 낮은 전송 속도는 초당 바이트수(캐릭터 수)로 표시되지만, (케이블이나 광섬유 모뎀 등의) 높은 전송 속도는 초당 메가비트로 표시된다. 메가비트로 표시하면 바이트로 표시하는 것보다 더 속도가 빠르다는 느낌을 줄 수 있다(사실 1메가비트는 125킬로바이트밖에 안 된다).

비트레이트(bit rate)

데이터가 전송되거나 처리되는 속도의 단위. 1비트레이트는 1보드와 같지만, 비트레이트가 더 넓은 범위의 디지털기술(예를 들어 TV 신호, 하드디스크 속도, 블루레이의 읽고 쓰는 속도, 광디스크 기술)에 적용된다. 비트레이트 단위는 원격통신 분야에서 사용되던 오래된 용어들을 대체하고 있다. 4G(4세대) 이동전화 표준 네트워크는 1초에 최대 1기가비트의 속도로 데이터를 다운로드할 수 있게 해주며, 최근에 등장한 5G 표준 네트워크는 4G 네트워크의 최대 10배 속도를 낼 수 있다. 4K 디스플레이 기기와 울트라 HD 블루레이 디스플레이 기기는 HDMI 케이블을 통해 TV에 초당 약 100기가비트의 데이터를 전할 수 있다. 4K 영화를 TV 화면에 구현할 때는 비트레이트를 약 16메가비트/초 수준으로 줄이는 압축 알고리즘을 사용한다.

대역폭(bandwidth)

원격통신에서 특정한 목적을 위해 할당되는 주파수범위를 말한다. 예를 들어, 중파 라디오의 대역폭은 10kHz로, 채널 사이에는 5kHz에 해당하는 빈 대역이 존재한다(신호는 라디오 전파의 진폭 또는 세기를 변화시킴으로써 전달된다). 디지털 분야에서는 데이터 스트림을 사용 가능한 대역폭 내에서 다양한 주파수로 전송하는 멀리플렉싱(multiplexing)이라는 기술이 사용된다.

얼랑(erlang)

전화통신의 통화량 단위. 1얼랑은 한 사람이 전화선을 1시간 동안 계속 사용했을 때의 통화량(1시간 동안 대화하는 양)이다. 전화선이 열 사람의 대화를 동시에 전송할 수 있을 정도로 대역폭이 넓고 그 대역폭의 반이 사용된다면, 그때의 통화량은 5얼랑이다.

감쇄(attenuation)

(라디오 신호, 전류, 레이저광, 지진파 같은) 신호가 한 곳에서 다른 곳으로 전달되면

통신·방송용 전파의 구분

·초장파(VLF), 3~30kHz
무선항해, 시간 신호 전송 그리고 이와 유사한 간단한 신호 전송에 사용된다.

·장파(LF), 30~300kHz
비행기 운행, AM 라디오(유럽), 아마추어 라디오(유럽)에서 사용되며 미국에서 실험용으로 쓰인다.

·중파(MF), 300~3,000kHz
대부분의 AM 라디오에서 사용된다.

·중파, 500~1,700kHz
미국과 캐나다의 AM 라디오에서 사용된다.

·단파, 3~30MHz
나라 간 방송, 아마추어 라디오(미국), 스파이들과 교신하는 '숫자' 방송국에서 사용된다.

·초단파(VHF), 30~300MHz
FM 라디오, TV 방송국, 쌍방향 무선통신, VOR(항공 분야에서 사용되는 무선 항법 장비)에서 사용된다.

·극초단파(UHF), 300~3,000MHz
이동전화망, (HDTV 방송을 포함한) TV 방송에서 사용된다.

·마이크로파, 3~300GHz
레이더, 위성통신, 무선 컴퓨터네트워크 등에서 사용된다.

서 강도가 낮아지는 현상. 단위거리당 데시벨로 측정한다. 감쇄는 현대 원격통신네트워크의 문제 중 하나이며(유리광섬유 케이블에선 기존의 구리 케이블에서보다 감쇄 정도가 덜하긴 하다), 원격통신네트워크는 일정한 간격으로 신호를 증폭시키기 위해 '중계기(repeater)'를 이용한다.

주파수응답(frequency response)

특정한 주파수의 입력 신호가 어떤 시스템에 입력됐을 때 시스템이 내는 출력의 정확도. 이론적으로 주파수응답은 모든 장비에 적용 가능한 개념이지만, 보통은 전자장비(그리고 소리 재생 장비)에만 적용된다. 주파수응답은 일반적으로 주파수범위와 데시벨 변화로 나타낸다. 시스템의 출력 신호는 입력 신호의 주파수범위와 데시벨 범위 안에 존재한다.

무선주파수대역(radio frequency band)

(적외선보다 파장이 긴 모든 전자기파를 포함하는) '라디오 스펙트럼(radio spectrum)'은 수많은 대역으로 나뉜다. 각 대역의 용도는 모두 다르다.

호출등가번호(Ringer Equivalency Number, REN)

전화(또는 다른 장치)의 벨이 울리도록 만드는 데 필요한 전력의 양. 가정에서 흔히 사용하는 전화선이 꽂히는 모든 장치가 가질 수 있는 호출등가번호는 총 4~5개다. 이 번호를 초과하면 전화벨이 울리지 않을 수 있다.

무선안테나는 무엇보다도 우주가 처음 생겼을 때 발생한 '우주 마이크로파 배경'을 탐지할 수 있다.

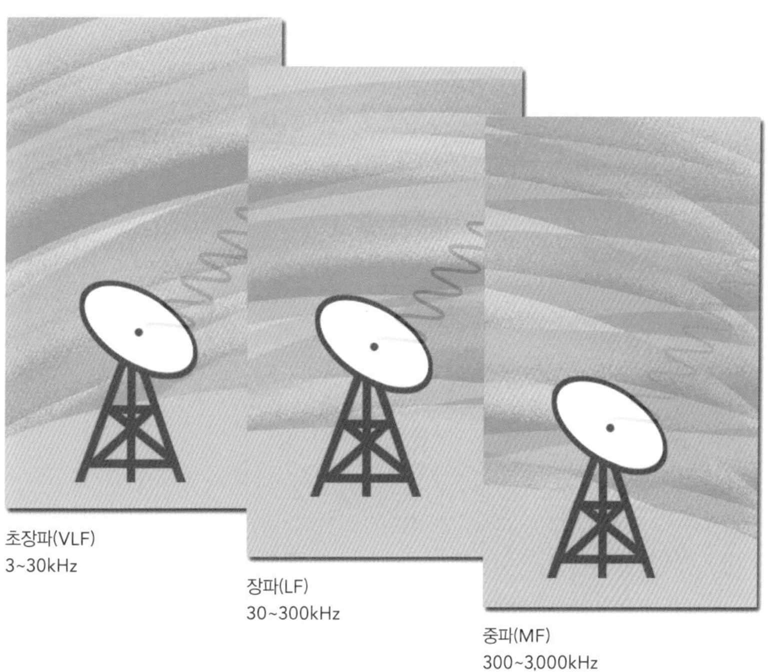

공학

힘(strength)

물질이 **스트레스**를 견디는 능력. 단위면적당 힘으로 측정한다. 구조와 관련해 힘을 사용하기도 하는데, 이 경우 힘은 어떤 구조가 부하(load, 구조에 가해지는 외부의 힘)를 견디는 힘을 뜻한다.

경도(hardness)

물질이 찌그러짐이나 긁힘에 저항하는 정도. 경도는 여러 가지 방법으로 측정된다. 로크웰 테스트(Rockwell test)는 10kg에서 150kg까지 부하를 단계적으로 높이면서 원뿔 모양의 다이아몬드 볼[또는 '브레일(brale)'], 강철 볼 등이 물질을 통과하는지 확인하는 테스트다. 브리넬 테스트(Brinell test)는 로크웰 테스트보다 물질에 따라 다양한 시간 동안 부하를 훨씬 높게 적용하면서(최대 3,000kg) 강철 볼이나 카바이드 볼을 이용하는 테스트다. 브리넬경도 값은 제곱밀리미터당 찌그러지는 면적으로 부하의 값을 나눈 것이다.

인성(toughness)

물질이 충격을 견디는 능력. 충격에 의한 스트레스를 받아 변형되는 물질 내부의 입자 분포 상태에 따라 달라진다. 인성의 반대말은 취성(brittleness)이다. 강철을 비롯한 금속의 인성은 **샤르피충격시험**(Charpy impact test)으로 측정한다.

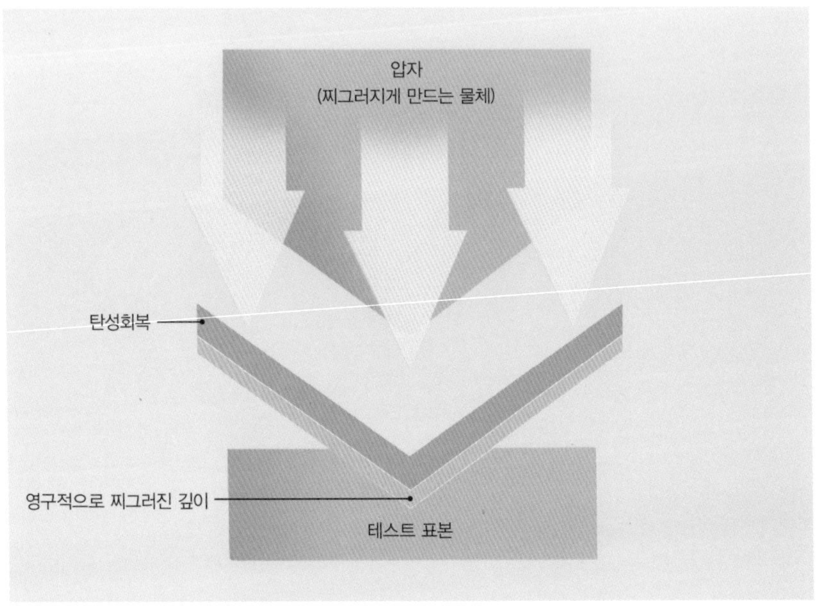

로크웰 경도 테스트 방법을 사용할 경우 표본의 경도는 부하를 제거한 후 물질이 영구적으로 찌그러진 깊이다(초기의 적은 부하는 그대로 남아 있다).

내연기관의 압축률은 실린더가 최대로 압축했을 때(위) 부피와 최소로 압축했을 때(아래) 부피의 비다.

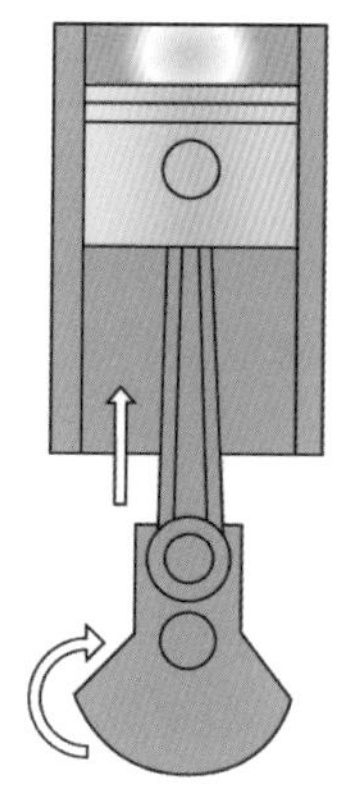

압축 행정

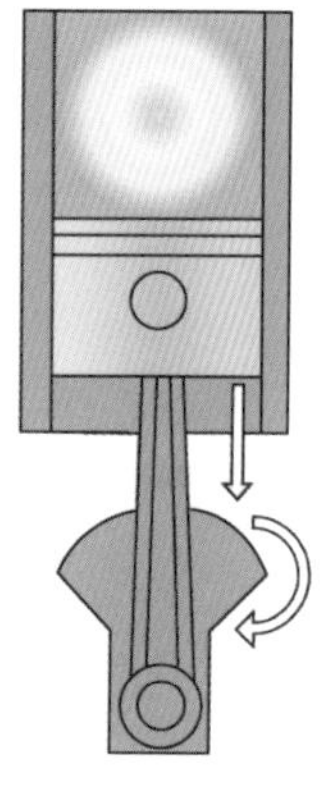

배기 행정

응력(stress, 스트레스)

물체를 변형시키는 힘 또는 힘들의 합. 응력은 단위면적당 힘으로 정의되며, 단위는 kg/mm²(제곱밀리미터당 킬로그램)이다. 응력은 전단응력(shear stress, 표면에 평행하게 작용하는 응력. 부피는 별로 변화시키지 않으면서 모양을 변화시키는 힘), 인장응력(tensile stress, 부피나 길이 또는 둘 다를 증가시키는 응력) 등 다양한 형태가 있다. 응력의 SI단위는 **파스칼**이다. 미국에서는 제곱인치당 파운드를 자주 쓴다.

변형률(strain)

응력으로 모양이 변하는 정도. **응력**이 가해진 후 물체의 길이와 가해지기 전 길이의 비로 측정된다. 표본이 인장응력 테스트를 받게 되면 변형을 일으키는 힘이 가해지는 동안 표본이 변화하기 때문에 '진변형률(true stress)'이라는 용어를 사용하는 것이 더 정확하다. 진변형률은 부하에 의한 변형을 '순간적으로' 여러 번 측정해 그 결과를 합하는 방법으로 측정된다.

파스칼(pascal, Pa)

입력 또는 응력의 SI단위. 1파스칼은 1뉴턴/제곱미터다(1.45×10⁻⁴파운드/제곱인치).

표준대기압(standard atmospheric pressure)

해수면 높이에서의 대기압. 처음에는 0°C에서 수은기둥이 높이가 760mm 높이가 되는 기압을 표준대기압(1기압)으로 정의했지만, 현재는 1기압을 101.325킬로파스칼로 정의한다.

장력(tension)

물체나 물질을 잡아 늘려 부피나 길이 또는 둘 다를 증가시킬 때 그 물체나 물질에 가해지는 힘. 물체가 부서지거나 끊어질 때까지 장력을 가하는 것을 인장시험(tensile testing)이라고 한다.

압축(compression)

장력의 반대말. 물체나 물질을 쥐어짜서 부피를 줄이는 것을 뜻한다. 금속을 대상으로 한 압축시험은 인장시험의 결과와 일반적으로 동일하지만, 금속이 아닌 물질[예를 들면, 중합체(polymer)]은 그렇지 않다. 압축이라는 말은 내연기관에서 특수한 의미를 지니는데, 연소 전에 공기와 연료의 혼합물을 압축시키는 것을 뜻한다. 압축률은 실린더에서 이 혼합물이 가장 큰 부피를 차지할 때와 가장 적은 부피를 차지할 때(피스톤이 혼합물을 최대로 압축시킬 때)의 비를 말한다.

탄성(elasticity), 탄성변형(elastic deformation)

물질에 **장력**이 작용하거나 물질이 **압축**을 당한 후에 원래의 모양으로 돌아가려고 하는 성질. 고무 같은 물질은 탄성이 매우 높으며 원래의 모양으로 빠르게 돌아간다. 하지만 고무도 **탄성한계**(elastic limit)를 넘어서면 결국 변형된다.

이력현상(hysteresis)

물질의 물리량이 현재의 물리적 조건만으로 결정되지 않고 이전부터 그 물질이 겪어온 상태의 변화 과정에 의하여 결정되는 현상. 응력이 부분적으로만 제거되는 경우 대부분의 물질은 남아 있는 응력이 변형되지 않은 물체에 작용될 때보다 더 많은 변형을 겪는다. 응력이 완전히 제거된다고 해도 물질은 원래의 모양으로 돌아갈 수도 있고, 그렇지 않을 수도 있다. 이력현상은 자기장과 관련해서도 적용된다. 물체가 자기장 안에 놓였다가 꺼내지는 경우 자기의 일부가 그 물체 안에 남아 있게 된다.

탄성한계(elastic limit)

탄성을 가진 물질의 모양이 영구적으로 변하지 않으면서 **응력**으로 늘어날 수 있는 정도.

탄성계수(elastic modulus)

특정한 조건에서 **응력**과 **변형률**의 비. 물질의 탄성계수는 대부분 상수다. 하지만 **탄성한계**에 이를 때까지 몇몇 탄성 단계를 거치기 때문에 탄성계수가 일정하지 않은 물질도 있다. 영률(Young's modulus of elasticity)은 인장시험에서 사용되는 용어로, 물체에 가해지는 늘이는 힘을 단위길이당 길이의 증가분으로 나눈 값이다. 전단탄성계수[shear modulus of elasticity 또는 강성계수(rigidity modulus)]는 단위면적 전단력(shearing force, 크기가 같고 방향이 서로 반대되는 힘들이 어떤 물체

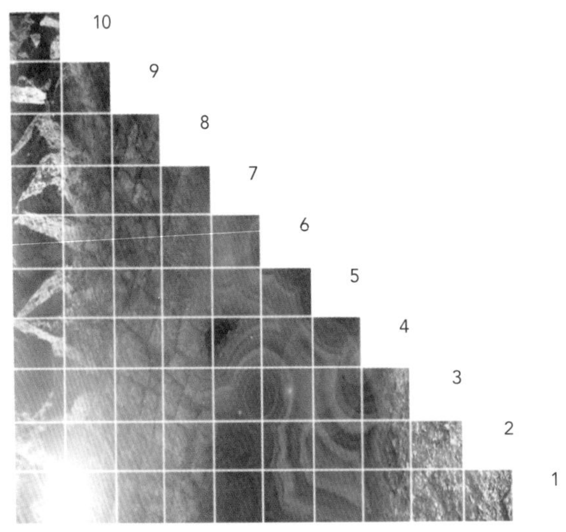

모스경도계(Mohs hardness scale)에서 각 광물에 할당된 숫자가 각 광물 사이의 관계를 나타내는 것은 아니다.

10. 다이아몬드(diamond)
9. 광옥(corundum)
8. 황옥(topaz)
7. 석영(quartz)
6. 정장석(feldspar)
5. 인회석(apatite)
4. 형석(fluorspar)
3. 방해석(calcite)
2. 석고(gypsum)
1. 활석(talc)

쇼어경도시험은 경도측정기(Durometer)를 이용한다. 그림의 눈금은 압자가 물질을 어느 정도 뚫고 들어가는지를 나타낸다.

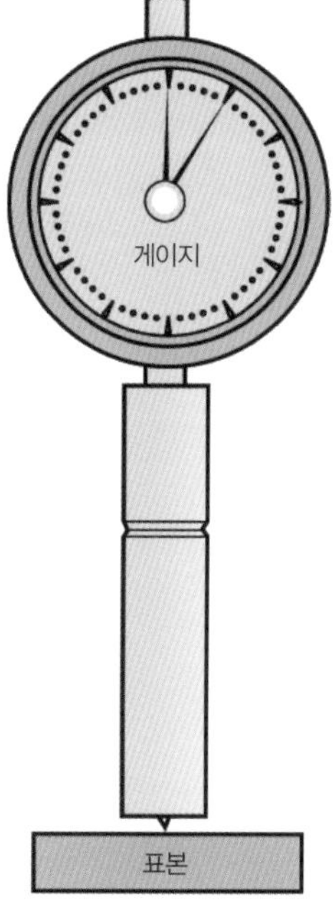

에 대해서 동시에 서로 작용할 때 그 대상 물체 내에서 면을 따라 평행하게 작용하는 힘-옮긴이)을 물체의 뒤틀림각으로 나눈 값이다. 부피탄성계수(bulk modulus of elasticity)는 단위면적당 압축력을 단위부피당 부피 변화량으로 나눈 값이다.

극한 인장강도(ultimate tensile strength)

물질이나 물체를 잡아 늘였을 때 그 물질이나 물체가 절단되기 전까지 견딜 수 있는 정도를 나타내는 용어. '극한 인장응력(ultimate tensile stress)', '극한 인장변형률(ultimate tensile strain)'이라는 용어는 각각 물질이 절단되는 시점에서의 **응력**과 **변형률**을 뜻한다.

크리프(creep)

일정한 응력을 받는 상태에서 물질이나 물체가 천천히 변형되는 현상. 크리프에는 시간이 지나면서 변형 속도가 빠르게 증가하는 '1차 크리프(primary creep)', 시간이 지나면서 변형 속도가 느리게 증가하는 '2차 크리프(secondary creep)', 크리프의 속도가 다시 증가하면서 결국 물질이나 물체가 절단되는 '3차 크리프(tertiary creep)' 등 3단계가 존재한다.

그리피스 균열 길이(Griffith crack length)

물질이 완전히 파괴되기 전에 견딜 수 있는 균열의 최대 한계. 대형 공사에서는 그리피스 균열 길이가 클수록 좋다. 균열의 길이가 클수록 탐지가 쉬워 위험한 부분을 제거하기 쉽기 때문이다.

모스경도 등급(Mohs hardness scale)

광물의 굳기 또는 긁힘에 저항하는 정도를 나타내는, 조금 조잡하지만 실용적인 척도. 독일의 광물학자 프리드리히 모스(Friedrich Mohs, 1773~1839)가 발명했다. 이름과 달리 모스경도 등급은 실제로는 등급이 아니다. 열 종류의 광물을 굳기 순서로 나열한 것이다. 모스경도 등급에 나열된 광물들은 모스경도 등급 안에 있는 다른 광물로 그 광물들을 긁어 굳기를 평가한 것이다. 한 광물이 다른 광물을 긁을 수 있으면 그 광물이 더 딱딱한 광물이고, 다른 물질에 긁힌다면 그 광물은 더 부드러운 광물이다.

비커스경도시험(Vickers hardness test)

다이아몬드 사각뿔을 가진 피라미드 모양의 압자를 금속에 눌러 금속에 생긴 피라미드 모양 오목 부분의 대각선을 측정해 **경도**를 구하는 방법. 금속의 찌그러진 부분이 적을수록 단단한 금속이다. 1~100kg의 부하(하중)를 이용해 10~15초 동안 금속에 힘을 가하는 방식으로 진행한다.

이 3점 굽힘 시험에서 굽힘 정도는 압력 중심에 있는 게이지로 측정된다.

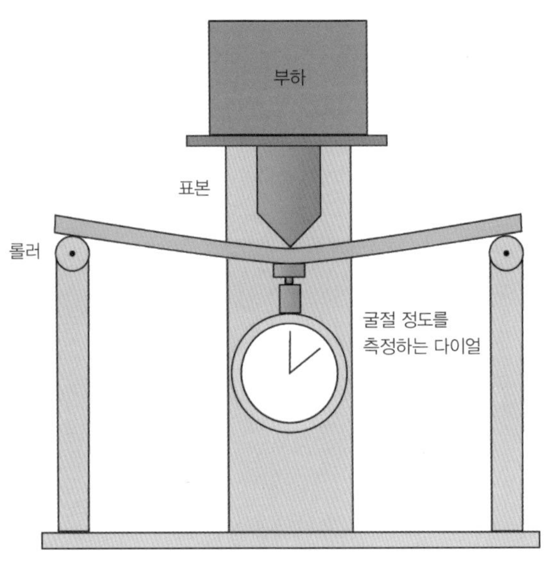

3점 굽힘 장치(three-point bending apparatus)

쇼어경도시험(Shore hardness test)

고무와 플라스틱으로 만든 물체의 경도를 시험하는 방법. 쇼어경도시험은 물질에 딱딱한 압자를 누른 후 물질 안으로 압자가 어느 정도 들어가는지 측정하는 방식을 이용한다.

샤르피충격시험(Charpy impact test)

충격 인성(impact toughness)을 측정하는 기본적인 시험 방법. 품질관리 관련 결정에서 유용하며 경제적인 지표가 되기 때문에 현재도 이용된다. 샤르피충격시험은 일반적으로 금속의 인성을 측정하는 데 사용되며, 금속이 아닌 물질도 이와 비슷한 시험 방법으로 충격 인성을 측정한다. 테스트할 금속을 얇은 판으로 만들어 가운데에 작은 홈(notch)을 판다. 시험장치에 이 금속판을 집어넣고 진자로 충격을 가한다. 이때 흡수되는 에너지는 줄 단위로 측정하며, 이 에너지가 금속의 충격강도(impact strength)를 나타낸다. 샤르피충격시험과 비슷한 아이조드충격시험(Izod test)도 진자를 이용하지만 표본이 시험장치의 아래쪽에 고정되기 때문에 진자는 시험장치의 맨 위쪽을 때린다.

굽힘 시험(bend test)

금속이 절단되지 않고 구부러질 수 있을 정도로 충분한 연성을 가지는지 확인하기 위한 시험. 굽힘 시험은 금속으로 만든 판, 가늘고 긴 조각, 전선 등을 대상으로 하며 각각의 경우에 서로 다른 판단 기준이 적용되기도 한다. 일반적으로 표준 표본은 특정한 각도만큼 구부려지며, 긴 조각의 경우 결이 흐르는 방향을 관찰한 뒤 굽힘을 결 방향으로 할 것인지 결과 직각을 이루는 방향으로 할 것인지 결정한다.

드릴 사이즈가 이토록 다양한 것은 드릴 작업이 정밀함을 요구하기 때문이다.

1. ½=0.500
2. ¼=0.250
3. ⅛=0.125
4. ¹⁄₁₆=0.0625
5. ¹⁄₃₂=0.03125

마찰(friction)

접촉하고 있는 두 물체 사이에서 그 두 물체가 서로 반대 방향으로 미끄러지거나 굴러가는 능력을 방해하는 힘. 마찰계수는 이 힘의 척도이며, 같이 쉽게 미끄러질 수 있는 두 물체에 대해서는 매우 낮고 서로의 움직임을 강하게 방해하는 두 물체에 대해서는 매우 높다. 이때 두 물체가 접촉하는 면적의 크기는 마찰력에서 중요하지 않다.

마찰계(tribometer)

서로 반대 방향으로 미끄러지거나 굴러가는 두 물체 사이에서 작용하는 저항력을 측정하는 장치. 마찰시험기라고도 한다.

SAE 엔진오일 등급(SAE oil grade)

엔진오일의 분류 등급 시스템. 미국 SAE(미국자동차기술협회)가 개발한 이 등급은 점성을 기초로 엔진오일을 분류하는 시스템이다. 경유의 등급은 10SAE, 중유의 등급은 40SAE다.

제곱인치당 파운드(pound per square inch, psi)

영국 임페리얼 단위 체계 또는 미국 관용 단위 체계 중량의 압력 또는 응력의 단위. 1psi는 6.895킬로파스칼이다. 이 단위는 지금도 미국에서 자주 사용된다.

베이스박스(base box)

주석도금강판(tinplate) 등 도금된 금속의 두께를 재는 단위. 1베이스박스는 금속판 112장으로 이뤄지는 면적, 즉 14×20인치 또는 31,360제곱인치에 해당한다. 1베이스박스의 무게를 파운드로 나타낸 것이 베이스웨이트(base weight)다.

타이어 사이즈(tire size)

타이어 월(타이어의 옆 부분)에 표기된 숫자. 타이어와 휠의 크기를 나타낸다. 타이어 사이즈는 현재 표준화돼 있으며 215/65×15처럼 표기된다. 여기서 215는 타이어의 폭을 밀리미터로 나타낸 수치, 65는 타이어의 편평비(aspect ratio, 타이어 단면의 폭에 대한 높이의 비율), 15는 휠의 크기를 인치로 나타낸 수치다.

드릴 사이즈(drill size)

드릴 사이즈의 숫자는 미터법 체계와 임페리얼 단위 체계 모두에서 엄청나게 많다. 임페리얼 단위 체계의 드릴 사이즈는 1에서 80까지며, 여기서 1은 0.2280인치, 80은 0.0135인치를 나타낸다. 큰 드릴의 사이즈는 문자를 이용해 표기한다. 예를 들어, A는 0.2340인치를 뜻한다. 미터법에서는 드릴 사이즈에 밀리미터를 사용한다.

재정, 동전과 화폐

세계의 주요 화폐

나라	화폐
미국	달러(dollar), 센트(cent)
캐나다	캐나다 달러(Canadian dollar), 센트(cent)
호주	호주 달러(Australian dollar), 센트(cent)
뉴질랜드	뉴질랜드 달러(New Zealand dollar), 센트(cent)
영국	파운드 스털링(pound sterling), 페니(penny)
프랑스*	유로(euro), 센트(cent) 또는 상팀(centime)
독일*	유로(euro), 센트(cent)
이탈리아*	유로(euro), 센트(cent)
스페인*	유로(euro), 센트(cent)
러시아	루블(rouble), 코펙(kopek)
중국	위안(元, yuan), 자오(角, jiao), 펀(分, fen)
일본	엔(yen)
인도	루피(rupee), 파이사(paisa)
인도네시아	루피아(rupiah)
대한민국	원(won)
이스라엘	신 셰켈(new shekel), 아고라(agora)
남아프리카공화국	랜드(rand), 센트(cent)
브라질	헤알(real), 센타부(centavo)
아르헨티나	페소(peso), 센타보(centavo)

*주: 유럽의 다른 나라들도 유로 단위를 사용하며, 유로 단위를 사용할 예정인 나라들도 있다.

십진법 도입 이전의 영국 화폐(pre-decimal British currency)

1971년 십진법 도입 이전 영국의 화폐 단위 1파운드는 20실링(shilling, s로 표기)이었고, 1실링은 12펜스[pence, d(라틴어 데나리우스(denarius)의 약자)로 표기]였다. 1페니(펜스는 복수형, 페니는 단수형이다)는 다시 하프페니(halfpenny)와 파딩(farthing, 1페니의 4분의 1)으로 나뉘었다. 10실링, 1파운드, 5파운드, 10파운드 그리고 그 이상의 가치를 지니는 화폐는 지폐로 발행됐다. 소버린(sovereign)으로 불리는 1파운드 금화 동전이 통용되기도 했으며, 1파운드 1실링의 가치를 가진 기니(guinea)도 동전으로 발행된 적이 있다.

로마제국 동전(Roman coin)

고대 로마에서 동전은 방대한 로마제국 전체에서 통용됐으며, 로마제국이 멸망한 후에도 상당 기간에 걸쳐 화폐로서 기능했다. 로마 동전은 로마제국 밖에서도 유용한 교환 수단이었다. 아우구스투스(Augustus) 황제는 동전을 가치를 기준으로 금, 은, 황동, 구리 등 서로 다른 재료를 이용해 주조한 아우레우스(aureus), 데나리우스(denarius), 세스테르티우스(sestertius), 두폰디우스(dupondius), 아스(as), 세미스(semis), 쿠아드란스(quadrans)의 일곱 종류로 표준화했다.

고대 그리스 동전(Greek coin)

로마제국의 동전과 달리 고대 그리스의 동전은 표준화되지 않았다. 고대 그리스를 이루는 도시국가들이 각각 다른 디자인의 다른 화폐를 사용했기 때문이다. 금으로 만든 동전 스타테르(stater)가 기본 화폐 단위 역할을 했는데, 일부 지역에서는 (은으로 만든) 드라큼(drachm) 동전을 스타테르라고 부르기도 했다. 드라큼 동전은 여러 가지 단위로 발행됐다. 예를 들어, 테트라드라큼(tetradrachm)은 4드라크마(drachma)였다. 드라크마 동전은 일상생활에서 사용하기에는 너무 큰 가치의 동전이었다. 오볼(obol) 동전도 가치가 너무 커(그리고 크기가 너무 작아) 일상적인 거래에서는 거의 사용되지 않았다.

전(錢, tsien)

BCE 4세기에 처음 등장한 중국의 동전. 가운데에 네모난 구멍이 뚫려 있는 형태로 수천 년 동안 발행됐다. 2전, 5전, 10전 같은 낮은 액면으로도 발행됐다. 전이라는 단위는 인도, 인도네시아에서도 동전 단위로 사용됐다. 영어의 'cash(현금)'라는 말이 중국의 전이라는 화폐 단위에서 온 것이라는 주장도 있다.

십진법 도입 이전 영국의 동전, 지폐 그리고 별명

파딩(farthing)	¼페니
하프페니(halfpenny)	½페니
페니(penny)	1d
스리펜스(threepence) [스러펜스(thruppence) 스레펜스(threpence) 스레페니(threpenny)]	3d
식스펜스(sixpence) [태너(tanner)]	6d
실링(shilling) [봅(bob)]	1s, 1/-
플로린(florin) [투봅(two bob)]	2s, 2/-
하프크라운(half-crown) [투 앤드 식스 (two and six)]	2s 6d, 2/6
크라운(crown)	5s, 5/-
10실링 지폐 (ten-shilling note)	10s, 10/-
[텐봅 지폐(ten bob note)]	
1파운드 지폐 (one pound note) [쿼드(quid)]	£1
5파운드 지폐 (five-pound note) [파이버(fiver)]	£5
10파운드 지폐 (ten-pound note) [테너(tenner)]	£10

크루거란드(krugerrand)

남아프리카공화국의 투자 전용 동전. 1967년에 처음 발행됐다. 크루거란드 동전에는 금 1트로이온스가 포함돼 있다. 남아프리카공화국 초대 대통령인 폴 크루거(Paul Kruger, 1825~1904)의 이름을 딴 동전이며, 동전 앞면에 크루거의 얼굴이 새겨져 있다.

루이도르(louis d'or)

'루이(lois)'라는 약칭으로도 부른다[프랑스 밖에서는 '피스톨(pistole)'이라고도 불렀다]. 10리브르 가치를 가진 프랑스의 옛 금화다. 루이 13세 시절인 1640년에 처음 발행됐으며, 1879년 프랑스혁명 때까지 주조됐다.

나폴레옹(napoleon)

20프랑 가치의 금화. 나폴레옹 보나파르트(Napoléon Bonaparte) 시절과 프랑스 제2 제국 나폴레옹 3세(Napoléon III) 시절에 발행됐다.

8분의 1조각(piece of eight)

식민지 시절 남아메리카와 북아메리카 모두에서 사용된 동전. 스페인의 페소(peso)를 영어화한 이름이다. 페소는 무게를 뜻하는 스페인어에서 이름을 딴 화폐단위이며, 1페소가 8레알이었기 때문에 8분의 1조각이라는 이름이 생기게 됐다. 북아메리카에서는 달러라고도 불렀다.

탈러(thaler)

독일, 오스트리아, 스위스에서 발행된 은화. 탈러라는 말은 현재는 체코에 속한 요아힘슈탈(Joachimstal)이라는 지역에서 처음 주조된 화폐 요하힘슈탈러(Joachimstaler)의 이름을 줄인 말이다. 영어 '달러'의 어원이다.

달란트와 므나(talent and mina)

달란트는 고대의 화폐 단위로 성경에 자주 등장하는 단위다. 그런데 달란트라는 말은 고대 그리스에서도 사용됐다. 1달란트는 60므나다. 달란트는 무게의 단위로도 사용됐다.

시퀸(sequin)

이탈리아의 도시국가들, 몰타, 터키 등에서 사용된 금화의 이름. 체키노(zecchino)라고도 부른다. 시퀸 동전은 매우 반짝거렸기 때문에 옷에 다는 작은 동그라미 모양의 장식용 금속을 지금은 시퀸이라고 부른다.

가증권(scrip)

주식 거래에서 사용되는 인증서. 무상증자를 할 때 배당되는 주식을 뜻하기도 한다. 공식 통화로 간주되지 않는 지폐를 뜻할 때도 있다. 이런 지폐는 기존의 은행권이 쓸모없어지는 전쟁 기간 또는 하이퍼인플레이션 기간에 발행되기도 한다.

금본위제(gold standard)

화폐의 가치와 금의 양을 연결하는 시스템. 현재는 가동되지 않는다. 예를 들어 달러나 파운드가 특정한 양의 금의 가치를 가지게 하는 시스템이다. 달러가 금본위제에서 이탈하면서 달러가 평가절하되자 1971~1972년 사이에 브레턴우즈 **환율** 시스템이 붕괴했다.

환율(exchange rate)

하나의 통화가 다른 통화로 교환되는 비율. 현실에서는 통화를 살 때와 팔 때의 환율이 약간 다르며, 일반적으로 은행과 환전소가 환전 수수료를 부과한다. 브레턴우즈 협정에 따라 제2차 세계대전 기간의 환율이 1972년까지 유지됐지만, 각국의 경제력 차이 때문에 브레턴우즈 시스템이 더는 지속되지 못했다. 환율은 다른 나라 통화와 자국 통화의 수준을 맞추기 위해 '조정'될 수 없다. 하지만 환율에 영향을 미치기 위해 국가의 중앙은행들이 개입해 통화를 팔거나 사기도 한다.

소비자물가지수(consumer price index, CPI)

가정이 소비하기 위해 구입하는 재화와 용역의 평균 가격을 측정한 지수. 소비자물가지수가 변했다면 가정의 생활비에 변화가 생겼다는 뜻이다. 소비자물가지수는 인플레이션율과 밀접하게 연결돼 있다. 하지만 인플레이션율은 모기지 이자율처럼 모든 가정에 영향을 미치진 않는 항목이 포함돼 산출된다.

재무부채권(Treasury bill, T–bill)

미국 정부나 캐나다 정부가 다양한 액면으로 발행하는 단기 국채. 재무부채권에는 이자가 붙지 않으며 3개월, 6개월, 9개월 단위로 할인 거래가 가능하다. 재무부채권의 구입가와 액면가 간의 차이가 투자자의 수익이 된다.

영국 재무부 장기채권(Exchequer bill)

영국 정부가 전쟁 같은 비상 상황에서 자금을 모으기 위해 발행하는, 이자가 붙는 채권. 한정된 기간에 고정이자율로 발행된다. 길트 채권(gilt–edged securities, 테두리에 금박을 입혀 발행한 채권–옮긴이)은 영국 정부가 발행하는 매우 안전한 고정이자 기반 채권이다.

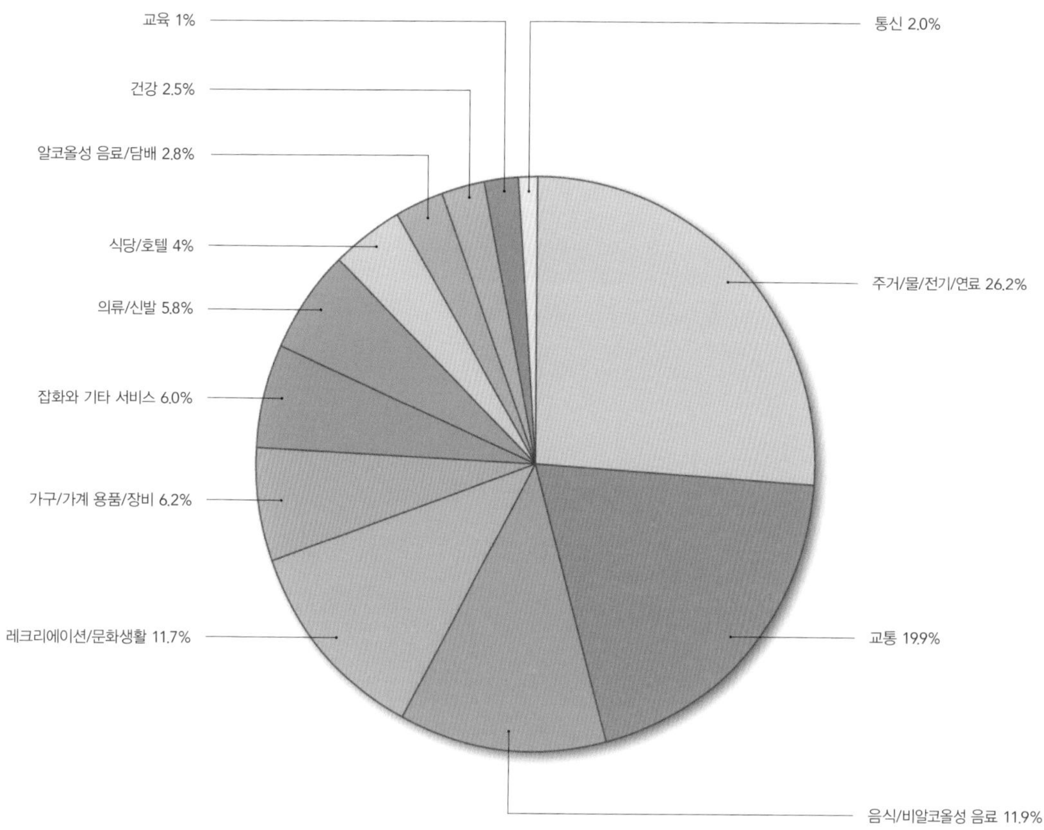

전형적인 가계 지출 비율. 지출 비율이 달라지면 생활비가 늘어날 수 있다.

프라임금리(prime rate), 최우대 여신금리(minimum lending rate)

은행이 우수 고객에게 제공하는 우대금리. 영국에서는 최우대 여신금리라는 말을 사용했지만, 이 용어는 1981년에 덜 딱딱한 느낌을 주는 '기준(base)' 금리라는 말로 대체됐다.

국내총생산(Gross Domestic Product, GDP)

1년 동안 한 나라 안에서 생산된 모든 재화와 용역의 가치의 총합. 외국에서 창출된 수입은 제외된다.

국민총생산(Gross National Product, GNP)

1년 동안 한 나라에서 생산된 모든 재화와 용역의 가치의 총합. 외국에서 창출된 투자 수입이 포함된다. 국민총생산은 국민총소득(Gross National Income, GNI)과 같다. GNP를 계산할 때는 **인플레이션**의 왜곡 효과를 인지하는 것이 중요하다. GNP는 물가가 아니라 생산에 관한 것이므로 실제 수익은 생산비용과 물가상승분을 함께 측정해야 알 수 있기 때문이다.

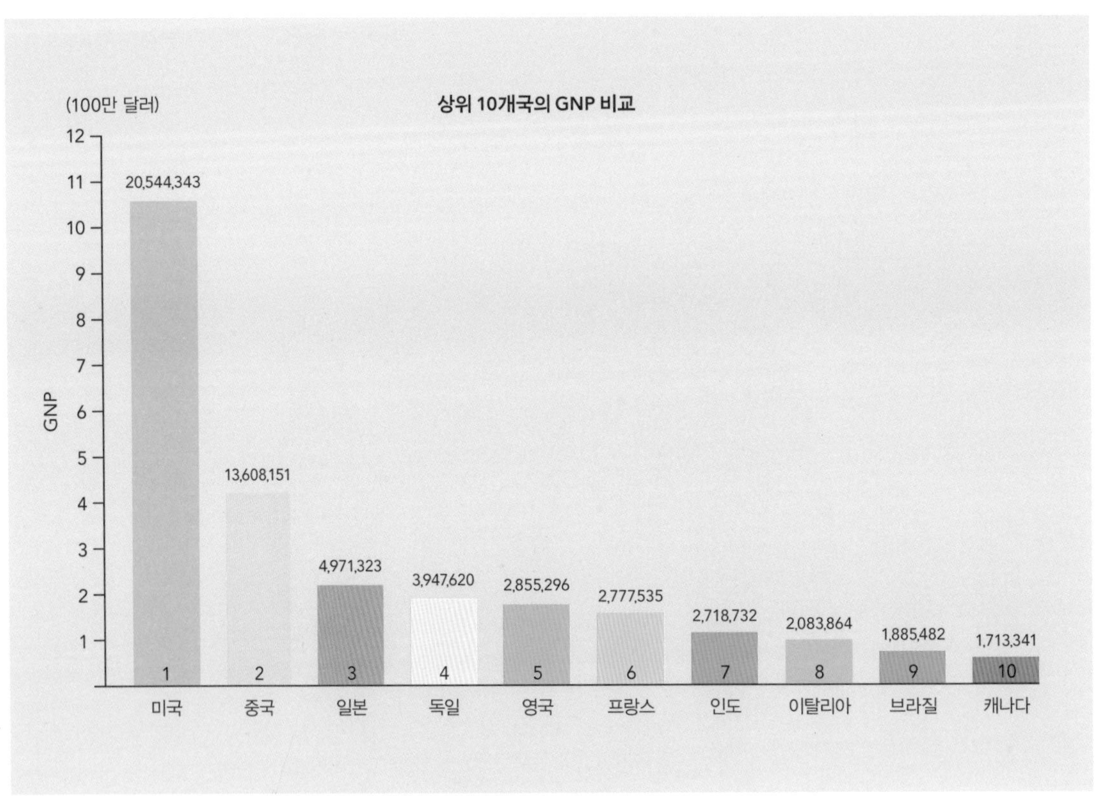

무역수지(trade balance)

일정 기간의 총수출과 총수입의 차이. 수출과 수입은 '가시적(visible)' 요소, 즉 만질 수 있는 재화와 상품 그리고 '비가시적' 요소, 즉 용역으로 나뉜다. 총수출이 총수입을 초과하면 무역흑자, 그 반대의 경우는 무역적자라고 부른다.

통화량(money supply)

특정 기간에 한 나라에서 유통되는 돈의 총합. 넓은 의미에서 통화는 좀 다른 방식으로 정의되기도 한다. 영국의 경우 M0[중앙은행 밖에서 유통되는 지폐와 동전(중앙은행권 발행액)에서 은행(주택금융조합 포함) 보유 현금을 뺀 양], M1[M0에 요구불예금(예금통화)을 더한 양–옮긴이], M2(M1에 저축성예금을 더한 양), M3(M2에 양도성예금증서를 더한 양), M4(M3에 주택금융조합 예금을 더한 양)의 네 종류로 통화를 구분한다. 통화량 조절은 **인플레이션**에 대처하는 방법 중 하나다.

인플레이션(inflation)

특정한 기간에 재화와 용역의 가격이 전체적으로 오르는 현상. 인플레이션율은 1년 단위 또는 같은 기간 화폐가치의 하락으로 측정한다. 인플레이션은 특정 상품들의 평균 가격이 지나치게 오르는 현상이므로 실제 상황을 왜곡할 소지가 있으며, 일부 소비자의 구매력은 인플레이션 이외에 많은 요인의 영향을 받을 수 있다. 또한 인플레이션의 효과를 제대로 평가하려면 소득 상승효과도 고려해야 한다. 고정환율 상황에서 인플레이션의 압박은 통화의 공식적인 평가절화를 초래할 수 있다.

환율절하(depreciation)

한 나라의 통화가 공급과잉 상태가 된 결과, 그 나라의 통화가치가 다른 나라의 통화가치를 기준으로 하락하는 것. 환율절하는 수출품의 가격을 올리고 수입품의 가격을 내리는 효과를 가져온다. 이론상으로는 한 나라의 수출품에 대한 수요가 늘어날수록 그 나라의 통화에 대한 수요가 늘어나 평형이 이뤄지지만, 현실에서는 평형에 이르는 속도가 느릴 때가 대부분이다. 환율절하를 뜻하는 영어의 'depreciation'에는 기업이 회계상으로 고정자산의 가치 손실분을 반영하는 '감가상각'이라는 뜻도 있다.

관세(duty)

특정한 재화, 특히 외국에서 수입되는 물품에 부과되는 **세금**을 뜻한다.

세금(tax)

국가나 지방자치단체가 필요한 경비로 사용하기 위해 법률에 따라 국민에게 강제로 거두는 금전 또는 재화. 일반적으로 세금은 노동 수입, 재화 또는 용역의 판매, 자산가치를 기초로 부과된다. 소득세는 직접세로, 소득수준에 따라 차별적으로 부과된다. 판매세(sales tax)는 구매가 이뤄질 때 부과되는 간접세다.

그림에서 보여주는 다섯 나라의 인플레이션율은 지난 몇십 년 동안 상당히 크게 변화했다. 일본은 1970년대 '오일쇼크'의 영향을 심하게 받았지만 빠르게 회복했다.

- 미국
- 영국
- 일본
- 독일
- 프랑스

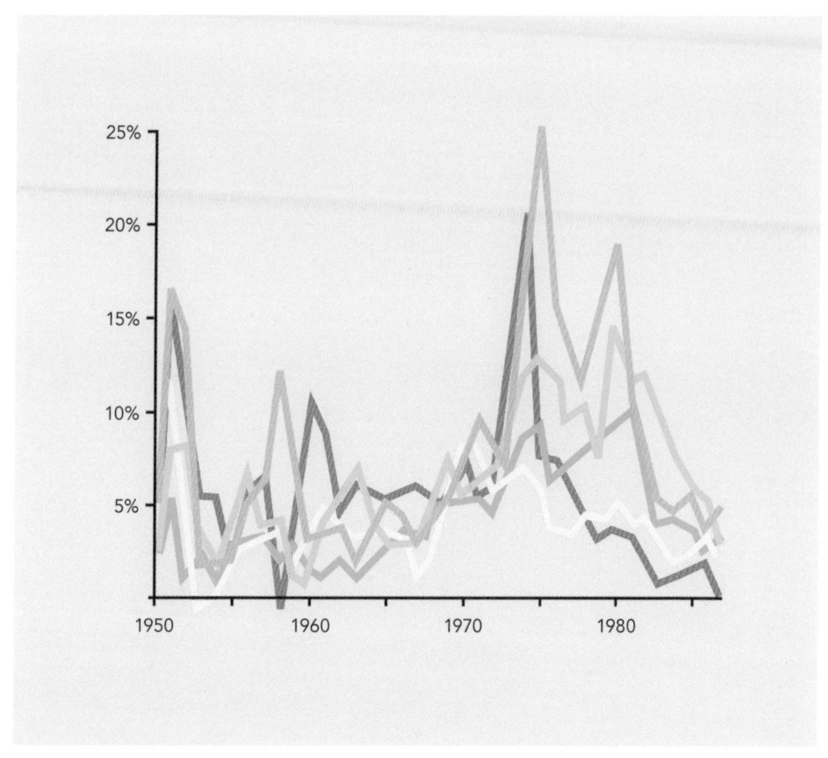

십일조(tithe)

교회의 유지와 성직자의 생활 유지를 위해 신도들이 교회에 내는 농작물 또는 수입의 일부(원래는 농작물 또는 수입의 10분의 1을 냈다).

속죄금(blood money, wergild)

앵글로색슨족과 중세 초기의 게르만 공동체에서 사람의 목숨에 매긴 돈. 살인자가 살인의 대가로 살해당한 사람의 가족에게 내는 돈을 뜻한다(살인이 고의에 의한 것이든 우연에 의한 것이든 상관없었다).

자본(capital)

기업이 사업의 시작 또는 유지를 위해 동원할 수 있는 돈. 사업을 시작하는 경우는 벤처캐피털 또는 리스크캐피털이라는 이름으로 부르며, 자본을 투자하는 사람 또는 집단에게는 새로 시작하는 기업의 주식을 배분한다. 자본이라는 말은 기업의 (세금, 간접비용, 임금 등을 차감한 후의) 순가치를 뜻하기도 한다.

이자(interest)

돈을 빌리기 위해 내는 돈. 이자에는 고정이자와 기준금리의 변화에 따라 이자율이 변하는 변동이자가 있다. 정부나 은행 같은 기관이 투자자들에게 돈을 빌린 대가로 고정금리 또는 변동금리로 지불하는 돈도 이자라고 부른다.

단리와 복리의 계산 방법 차이

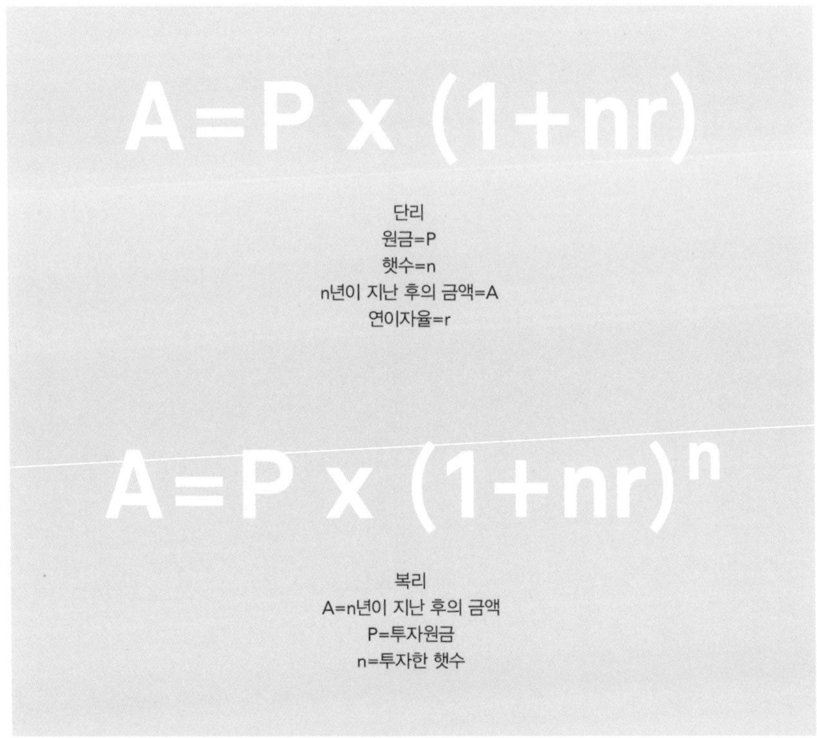

연간이율(Annual Percentage Rate, APR)

예컨대 한 달 같은 짧은 기간의 이자율을 한 해 전체 기준으로 변환한 이자율. 월 복리이자율 2%는 연간이율로 26.24%가 된다. 단리 연간이율은 월 이자율에 12를 곱한 값이다.

신용등급(credit rating)

개인이나 기업의 대출금 상환 능력. 대출금액, 수입, 자산의 크기, 과거 대출 상환 이력에 따라 달라진다.

소득(earning)

노동의 대가 또는 투자로부터 발생하는 이자 형태로 개인이 버는 돈. 총소득(세금 공제 전)과 순소득(세금 공제 후)으로 나뉜다. 소득은 기업이나 다양한 경제 영역이 내는 이득을 뜻하기도 한다.

플로트(float)

고객들에게 줄 거스름돈이 들어올 때까지 거스름돈으로 사용하기 위해 점포가 보유하는 적은 양의 현금. 따라서 플로트는 그날 매상에서 제해야 한다. 미국과 캐나다에서 플로트라는 말은 소액의 현금(잔돈) 또는 고객에게 받은 수표를 현금화하기 전의 금액을 뜻한다.

주가(share price)

기업의 자본을 구성하는 단위. 잠재적 투자자가 생각하는 기업 주식의 가격이다. 주가는 재화의 가격처럼 실제 시장가와 주식을 사는 사람들의 수요가 합쳐져 형성된다.

수익률(yield)

주식이나 채권에 투자했을 때 돌아오는 수익의 비율. 주식 수익률은 연 **배당금**을 **주가**로 나눈 값이다. 따라서 수익률이 낮다는 것은 (시장이 해당 기업의 전망을 우호적으로 평가하기 때문에) 주가가 높거나, 해당 기업의 실적이 좋지 않아 배당금이 적다는 뜻이다.

배당금(dividend)

기업의 이익 중 주주들에게 돌아가는 몫. 배당은 일반적으로 1년 또는 6개월에 한 번 이뤄진다. 배당금은 주식 1주를 기준으로 계산된다.

주가수익비율(price-earnings ratio)

주식 1주와 그 주식으로 인한 수익의 비율. 주식의 시장가를 주식당 수익으로 나눈 값이다.

총매출액(turnover)

간접비용이나 투자비용으로 지출되는 액수를 제하지 않은 상태에서 기업의 연간 총수익.

이익(profit)

기업의 **총매출액**에서 제품 제조비용 또는 서비스를 제공하기 위한 비용을 뺀 액수. 총이익(gross profit)은 간접비용·감가상각비·임금·이자비용을 고려하지 않은 액수지만, 순이익(net profit)은 간접비용·감가상각비·임금·이자비용을 제한 액수다. 순이익은 가장 많이 인용되는 기업의 (세전 또는 세후) 이익이다. 영업이익(operating profit)은 일반적인 거래 활동에서 얻는 기업의 이익이며, 거래이익에서 직·간접비용을 뺀 액수다.

손실(loss)

기업의 **총매출액**이 제품 생산 비용 또는 서비스를 제공하기 위한 비용보다 적을 때의 마이너스 이익.

매출이익률(profit margin)

기업의 총매출액에서 영업이익이 차지하는 비율. 예를 들어, 총매출액이 400만 달러이고 영업이익이 50만 달러인 기업의 매출이익률은 12.5%다. 영업이익은 기업의 총매출액에서 직접비용과 간접비용을 뺀 액수다.

단위비용(unit cost)

상품 1개를 만드는 데 드는 비용. 생산에 든 총비용을 상품의 개수로 나눈 값이다.

간접비용(overheads)

재화 또는 용역의 실제 생산과 직접 관련이 없는 운영비용. 간접비용에는 임대료, 정비비용, 임금, 초과근무수당, 생산성을 높이기 위해 추가로 들여온 기계의 임대료 등이 포함된다.

운전자본(working capital)

기업이 총매출액을 늘리기 위해 사용할 수 있는 자산. 생산을 위해 사용하는 건물은 운전자본에 속하지 않는다. 건물은 수익을 늘릴 수 있는 수단으로 사용할 수 없기 때문이다. 운전자본의 다른 정의는 '부채로 상쇄되지 않는 자산'이다. 즉, 수익의 원천으로 자산이 사용되려면 부채가 먼저 해결되어야 한다는 뜻이다.

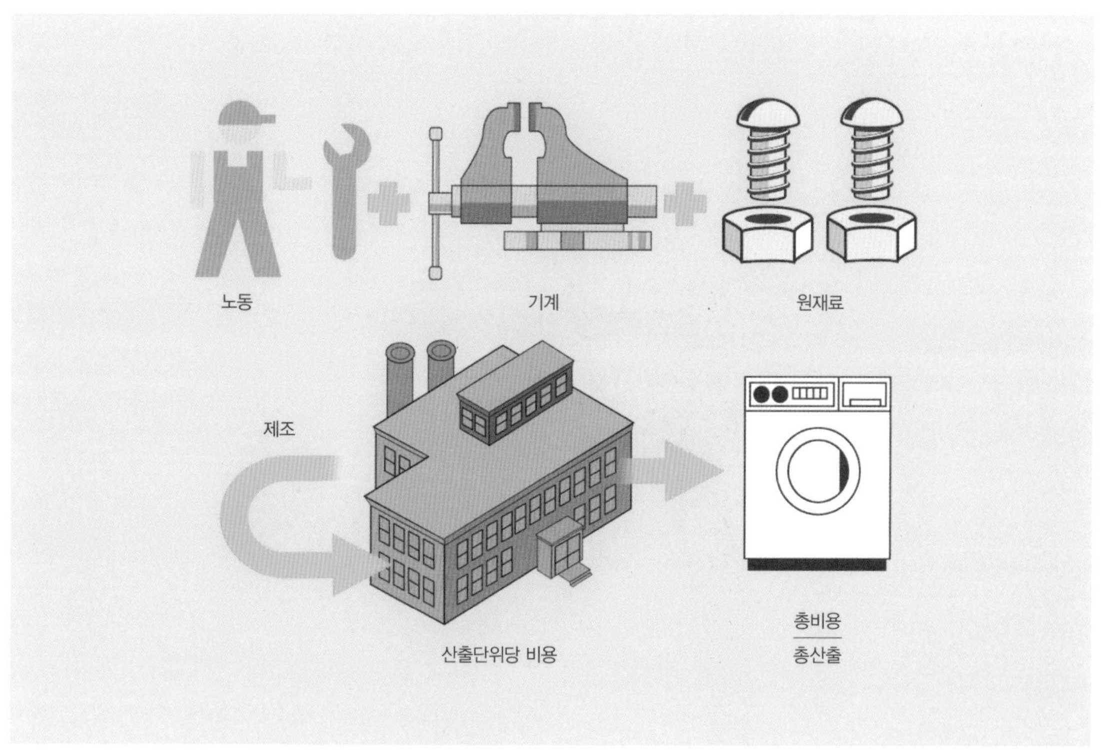

단위비용은 제조 과정에 투입되는 다양한 요소로 결정된다.

부가가치(value added)

특정 기간 시작 시점에서의 제품, 상품 또는 기업 전체의 가치에서 같은 기간 종료 시점에서의 가치를 뺀 값. 부가가치라는 말은 한 나라 전체의 경제활동을 기술할 때도 사용된다. 이 경우 부가가치는 **국내총생산**과 같다. 부가가치세는 생산 과정의 모든 단계에 계속 부과되는 간접세다. 현행 부가가치세법은 매출세액에서 매입세액을 공제하는 방식을 취하고 있다.

장부가치(book value)

공개된 '장부'에 표시되는 기업의 자산가치. 장부자산에서 장부부채를 뺀 값으로, 기업의 실제 가치를 말한다. 일반적으로 장부가치는 기업의 근본적인 가치를 뜻하며, 투자자들이 생각하는 가치는 실제 가치보다 높은 경우가 많다.

순자산가치(Net Asset Value, NAV)

기업이 보유한 자산에서 부채를 뺀 순수한 자산가치. 이 정의에 따르면 순자산가치는 **장부가치**와 본질적으로 같다. 미국에서 순자산가치는 뮤추얼펀드(mutual fund) 주식 1주와 가치, 즉 펀드의 순자산을 발행주식수로 나눈 값이다.

유동성(liquidity)

(운전자금을 조달하기 위해) 기업이 쉽게 현금화할 수 있는 자산의 양. 유동성비율

은 기업의 유동자산(liquid asset, 1년 안에 현금화할 수 있는 자산–옮긴이)과 유동부채(만기가 1년 안에 도래하는 부채–옮긴이)의 비율이다. 관련 용어인 '청산(liquidation)'은 부채를 해결하기 위해 기업 자산의 가치를 실현함으로써 기업활동을 종료하는 것을 뜻한다.

파산(bankruptcy)

개인이나 기업이 채무를 변제할 능력이 없다고 법원이 판단하는 것. 이 경우 모든 자산은 신탁관리자에게 양도된다. 신탁관리자는 개인 또는 기업의 자산을 처분해 빚을 최대한 청산함으로써 청산인 역할을 하게 된다(**유동성** 참조).

음식

스푼에는 다양한 크기가 있다. 그림은 테이블스푼, 디저트스푼, 티스푼의 크기를 비교한 것이다.

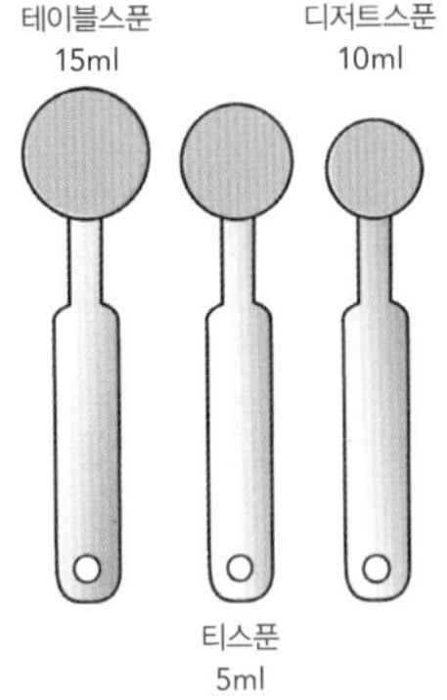

스푼 크기(spoon sizes)

계량스푼의 크기는 다양하지만 4분의 1티스푼, 2분의 1티스푼, 티스푼, 디저트스푼, 테이블스푼이 가장 흔하다. 통일된 정의는 없지만 일반적으로 1티스푼은 5ml, 1디저트스푼은 10ml, 1테이블스푼은 15ml다. 건량 단위(곡물, 야채, 과일 등의 계량 단위)로 1테이블스푼은 2분의 1온스(14.235g)다.

스틱(stick)

버터 1스틱은 8테이블스푼(2분의 1컵, 4온스, 125g)이다.

컵(cup)

액량 단위(액체의 부피를 나타내는 단위)로 1컵은 8미국온스(237ml, 레시피에서는 250ml 컵을 주로 사용한다) 또는 2분의 1미국파인트다. 북아메리카에서 마른 식재료 1컵은 250ml다.

대시(dash)

액체 1대시는 액체 6방울이다. 1티스푼은 액체 76방울(5ml)로 매우 적은 양이다. 하지만 이렇게 적은 양으로도 향신료 같은 마른 식재료는 강력한 맛을 낸다.

핀치(pinch)

적은 양의 마른 양념을 뜻한다. 엄지와 검지로 꼬집듯이(pinch) 집는 양이 1핀치다. 8분의 1티스푼 이하의 양을 뜻하기도 한다.

우유와 크림의 종류(milk and cream types)

우유는 크게 전지우유, 탈지우유(완전탈지우유 또는 무지방우유), 반탈지우유(저지방우유)로 나뉜다. 균질우유는 크림이 우유 전체에 골고루 퍼져 있는 우유를 말한다. 균질우유가 아닌 우유는 크림이 분리돼 맨 위로 떠오른다. 저온살균우유는 열처리를 통해 해로운 미생물을 제거한 우유다. 우유를 초고온에서 살균하면 오래 보관할 수 있지만 맛이 크게 달라진다. 크림의 종류에는 헤비크림[heavy cream, 영국에서는 더블크림(double cream)으로 불림], 휘핑크림(whipping cream), 라이트크림[light cream, 싱글크림(single cream)이라고도 불림]이 있다. 사워크림(sour cream)은 미생물을 이용해 자연적으로 발효시켜 만든 우유다.

우유와 크림의 종류

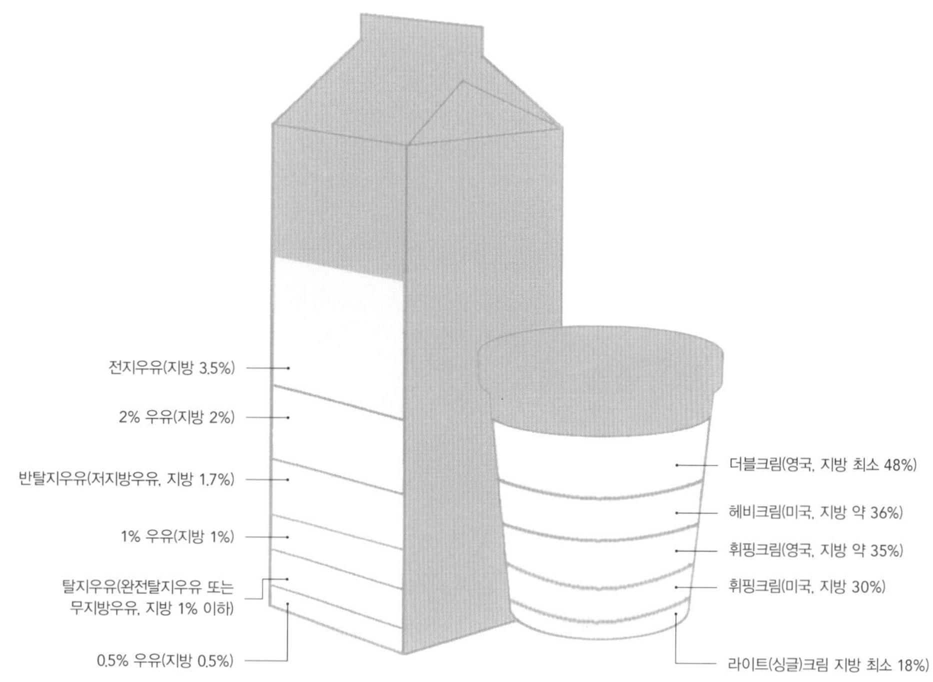

달걀의 크기(egg sizes)

미국에서 달걀 크기는 달걀 12개의 최소 무게, 캐나다에서는 달걀 1개의 무게를 기준으로 결정된다. 북아메리카에서 달걀 크기는 피위(pee wee, 42g 미만), 스몰(small, 42g), 미디엄(medium, 49g), 라지(large, 56g), 엑스트라라지(extra large, 68g), 점보(jumbo, 70g)로 나뉜다. 영국에서는 스몰(52.9g 이하), 미디엄(53~62.9g), 라지(63~72.9g), 베리라지(very large, 73g 이상)으로 나눈다. 달걀에도 등급이 있다. 미국에서 최고 품질의 달걀은 AA등급이며, 그 뒤를 이어 A등급, B등급, C등급이 있다. 영국에서는 두 등급으로 나뉘는데, A등급은 그대로 팔리고 B등급은 깨트려서 저온 살균한다.

설탕의 등급(grade of sugars)

설탕의 표준 형태는 미세한 흰색 설탕 결정으로 구성된 알갱이다. 정제당, 미립 설탕, 초미립 설탕의 알갱이는 훨씬 더 작으며, 컨펙셔너 슈거(confectioner's sugar) 또는 아이싱 슈거(icing sugar)는 설탕 알갱이를 갈아 미세한 가루 형태로 만든 설탕이며 케이크에 뿌리는 용도로 사용한다. 다양한 형태가 있는 황설탕(brown sugar)은 백설탕보다 결정의 크기가 작으며 당밀이 함유돼 있다. 무스코바도 설탕(Muscovado sugar) 또는 바베이도스 설탕(Barbados sugar)은 당밀 맛이 강하며, 데메라라 설탕(Demerara sugar)은 입자가 금색이며 약간 끈적거린다.

설탕 시럽 조리 단계
온도가 약간만 달라져도 시럽의 질이 크게 달라진다.

- ·다크 캐러멜(dark caramel)
  350~360°F/176~182°C
- ·라이트 캐러멜(light caramel)
  320~338°F/160~170°C
- ·하드 크랙(hard crack)
  300~310°F/149~154°C
- ·소프트 크랙(soft crack)
  270~290°F/132~143°C
- ·하드 볼(hard ball)
  250~265°F/121~129°C
- ·펌 볼(firm ball)
  242~248°F/116~120°C
- ·소프트 볼(soft ball)
  234~240°F/112~116°C
- ·블로 또는 수페
  (blow or soufflé)
  230~235°F/110~112°C
- ·스레드(thread)
  223~235°F/106~112°C
- ·펄(pearl)
  220~222°F/104~106˚C

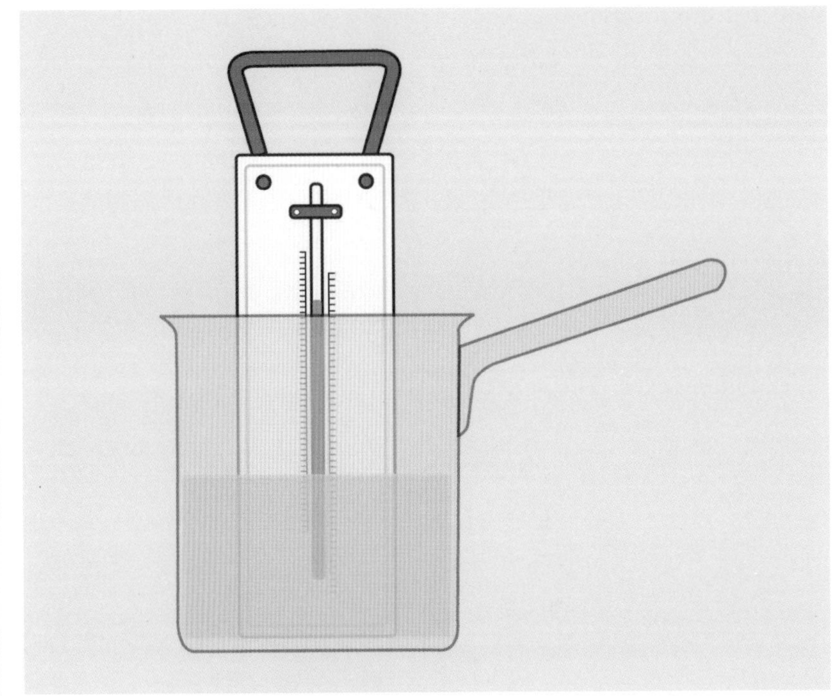

설탕 시럽 조리 단계(sugar cooking stages)

설탕과 물로 시럽을 만들기 위한 단계. 온도가 높아질수록 물이 더 많이 증발해 시럽이 단단해지므로 불을 끄는 순간을 잘 조절해야 한다. 각 단계마다 이름이 있으며, 각 단계의 온도 차이는 몇 도에 불과하다.

(알코올의) 유닛[unit (of alcohol)]

건강과 관련해 술의 알코올 함량을 나타내는 단위. 1유닛은 순수한 알코올 8g 또는 10ml에 해당한다. 술에 든 알코올의 유닛 수는 술의 부피(밀리리터)와 알코올 도수(술 전체 부피에서 알코올이 차지하는 부피를 퍼센트로 나타낸 값, %ABV)를 곱한 뒤 그 값을 1,000으로 나눈 값이다. 따라서 알코올 도수가 5%인 맥주 500ml의 유닛 수는 2.5다. 안전한 알코올 섭취량은 1일당 특정 유닛 수로 정의되며, 이 유닛 수는 남성이 여성보다 크다.

알코올 도수(alcohol by volume, %ABV)

술 안에 든 알코올의 비율. 퍼센트로 나타낸다. 알코올 도수를 재는 정확한 방법으로는 비중계를 이용해 발효가 시작되기 전에 초기 비중(original specific gravity)을 잰 후 발효가 끝났을 때 다시 종료 비중을 재는 방법이 있다. 알코올 도수는 초기 비중과 종료 비중의 차이를 7.36으로 나눈 값이다. 미국에서는 ABW(alcohol by weight, 술 전체 부피에서 알코올이 차지하는 무게를 퍼센트로 나타낸 값)를 알코올 도수로 사용하기도 한다. ABW 값에 1.267을 곱한 것이 ABV 값이다.

퍼센트 프루프(%proof, degrees proof)

프루프는 술 안에 있는 알코올의 양을 나타낸다. 보통 % 기호를 쓰지만 실제 알코올 퍼센트는 프루프 수치가 나타내는 것의 2배다. 따라서 미국에서 100프루프라고 말하면 술에 알코올이 50% 들어 있다는 뜻이다. 예전에는 술에 화약을 넣어 불을 붙여 프루프 수치를 계산했다. 당시 사람들은 알코올 함량이 50%를 넘으면 술에 불이 붙을 것으로 생각했는데, 술에 불이 붙을 수 있는 최소 알코올 함량은 57.15%라는 사실이 나중에 밝혀졌다. 영국의 프루프 시스템은 지금도 57.15%를 기준으로 한다. 그래서 영국의 100프루프 술은 미국의 100프루프 술보다 훨씬 독하다.

데미존(demijohn)

목 부분이 좁고 짧은 대형 유리병. 대부분 손잡이가 달려 있으며 잔가지로 엮어 만든 바구니 안에 들어 있을 때도 있다. 데미존 병은 원래 액체를 운반하거나 저장하는 데 쓰였지만, 현재는 집에서 와인을 만드는 사람들이 포도주스를 발효시키는 데 사용한다. 와인 제조에 사용되는 데미존 병의 크기는 보통 약 1갤런 또는 4.5L지만, 이보다 훨씬 큰 것도 있다. 20갤런 이상을 담을 수 있는 데미존 병도 있다.

샷(shot)

1샷은 대충 '소량의 술'로 정의된다. 주로 독주에 사용되는 용어다. 미국에서 샷은 지거(jigger)라는 작은 잔에 담을 수 있는 양(44.4ml)으로 정의된다.

독주의 단위(measure of spirits)

예전에 영국에서 독주는 질(gill, 1질은 4분의 1영국파인트)로 측정됐다. 독주 1단위는 지역에 따라 6분의 1질에서 4분의 1질로 다르긴 했지만, 현재는 25ml 또는 35ml가 독주 단위의 양으로 생각되고 있다[영국의 펍(술집)에서는 주로 35ml 단위를 사용하는 추세다]. 다른 나라에서도 이와 비슷한 독주 단위를 사용한다. 예를 들어, 호주에서는 15ml 단위, 30ml 단위, 60ml 단위를 사용하고 있다. 미국에는 독주 표준 단위가 없다.

스플릿(split)

미국에서 사용하는 탄산수 또는 와인의 단위. 통상 1스플릿은 177ml이지만, 그보다 조금 더 많은 양을 나타내기도 한다. 187ml 용량의 와인 1쿼터보틀(quarter-bottle)을 1스플릿이라고 하는 경우도 많다.

와인잔(glass of wine)

와인잔의 크기는 매우 다양하다. 영국의 술집과 식당에서 '작은' 잔은 125ml, '중간' 잔은 175ml, '큰' 잔은 250ml다. 매장에서 사용하는 이런 와인잔들 외에도 와인 종류에 따라 달라지는 다양한 크기와 모양의 와인잔이 있다. 예를 들어, 레드와인 잔은 화이트와인 잔보다 크다.

슈타인 잔(drinking stein)

도자기로 만든 맥주잔. 디자인이 정교하며 독일에서 많이 사용된다. '슈타인(stein)'이라는 말은 맥주의 양을 나타내는 데도 사용된다. 제일 흔한 크기는 0.5L, 1L다.

칼로리(Calorie)

C를 대문자로 쓰며, 1,000(소문자)칼로리(calorie)의 에너지를 만들어낼 수 있는 특정한 음식의 양을 뜻한다. 이 에너지는 음식이 산화될 때 방출된다. 대문자 칼로리(Calorie)는 식단표와 영양성분 표기 레이블에서 자주 사용되는 단위인데, 체중은 칼로리 섭취만이 아니라 인체가 에너지를 어떻게 소비하느냐에도 영향을 받는다.

일일권장허용량(RDA)

'Recommended Daily(또는 Dietary) Allowance'의 약자로, 건강 유지를 위해 매일 먹도록 권장되는 비타민, 미네랄, 단백질 등의 양으로 정의된다. 각 영양분의 권장 섭취량은 연령, 성별, 건강상태에 따라 다르다.

비타민과 미네랄의 RDA 값
표에 있는 물질들은 건강보조제 형태로 섭취할 수 있지만 음식에도 모두 포함돼 있다.

영양소	양
비타민 A	5,000IU
비타민 C	60mg
티아민	1.5mg
리보플라빈	1.7mg
니아신	20mg
칼슘	1.0g
철	18mg
비타민 D	400IU
비타민 E	30IU
비타민 B6	2.0mg
엽산	0.4mg
비타민 B12	6mcg(마이크로그램)
인	1.0g
아이오딘	150mcg
마그네슘	400mcg
아연	15mcg
구리	2mg
바이오틴	0.3mg
판토텐산	10mg

영국의 요리책 대부분에는 가스 마크 온도, 화씨온도, 섭씨온도가 같이 표시돼 있다.

가스 마크	온도 (°F)	온도 (°C)	설명
1/4	225	110	매우 차가움
1/2	250	130	
1	275	140	차가움
2	300	150	
3	325	170	매우 적당함
4	350	180	적당함
5	375	190	적당히 뜨거움
6	400	200	뜨거움
7	425	220	
8	450	230	
9	475	240	매우 뜨거움

일일기준섭취량(RDI)

'Reference Daily Intake'의 약자. **RDA**를 대체하기 위해 도입된 용어로, 음식에 포함된 비타민, 미네랄, 단백질의 양을 나타낸다. 사실 RDI 값은 RDA 값과 거의 일치하지만, RDI에는 '권장'이라는 말이 없다.

일일섭취참고치(Daily Reference Value)

매일 섭취가 권장되는 지방, 탄수화물(섬유질 포함), 단백질, 콜레스테롤, 칼륨, 나트륨의 섭취 허용 최대치. 미국 식품의약국(FDA)이 제안한 수치다. 이 수치는 매일 섭취하는 **칼로리**(Calorie)의 양에 따라 달라진다.

FCC 단위(FCC unit)

미국 식품화학물질규격(Food Chemicals Codex, FCC) 단위. 음식에 첨가되는 화학물질의 순도와 효과를 측정하는 단위로, 미국 FDA 의학연구소가 제정했다. FCC는 예를 들어 유당불내증(우유처럼 유당이 풍부한 음식을 소화하는 데 장애를 겪는 증상–옮긴이) 환자에게 문제가 되는 락테이스(lactase, 유당분해효소)의 양 등에 대해 규정하고 있다. FCC 단위는 밀리그램 단위로 정확하게 나타낼 수 없다. 화학물질들이 음식에 다양한 방식으로 첨가되기 때문이다. FCC 단위는 화학물질의 무게와는 상관없이 효과만을 측정하는 단위다.

가스 마크(gas mark)

영국과 영연방 국가 일부에서 가스스토브에 표시되는 온도 눈금. 이 눈금은 섭씨와 화씨에 정확하게 대응된다.

액체

갤런(gallon)

영국 임페리얼 단위 체계의 액체 측정 단위. 영국, 캐나다, 특히 미국에서 현재도 널리 사용되지만 점차 리터로 대체되고 있다. 영국과 캐나다에서 1임페리얼갤런은 10중량파운드의 물이 차지하는 부피, 즉 4.54609L이지만, 1미국갤런은 이보다 양이 좀 적은 3.7854L다. 1임페리얼갤런과 1미국갤런 모두 8파인트 또는 4쿼트 또는 32질이지만, 1파인트, 1쿼트, 1질 모두 두 나라에서 나타내는 양이 각각 다르다. 게다가 1임페리얼갤런은 160액량온스(fluid ounce)지만 1미국갤런은 128미국액량온스다. 또한 1임페리얼갤런은 액량과 건량 모두에서 같은 값을 가지지만 미국의 건량 갤런은 4.40476L에 해당하는 별도의 단위다.

영국과 미국에서 전통적인 액량 단위들은 우유, 맥주, 가솔린 같은 일상적인 물품의 구입에 흔히 사용되기 때문에 미터법 단위로 대체되는 속도가 매우 느리다.

파인트(pint)

8분의 1갤런, 2분의 1쿼트, 4질에 각각 해당하는 액체 측정 단위. 1영국파인트는 0.5683L, 1미국파인트는 0.4732L다.

액량온스(fluid ounce, fl oz)

액체 측정 단위. 파인트의 하위 단위인데, 미국과 영국에서 각각 다른 값을 가진다. 영국의 1파인트 양은 미국의 1파인트 양과 다를 뿐만 아니라, 1파인트를 구성하는 액량온스의 수도 다르다. 1영국파인트는 20영국액량온스(따라서 1영국액량온스는 28.4131ml다)지만, 1미국파인트는 16미국액량온스다(1미국액량온스는 29.575ml다).

액량드램(fluid dram), 드라큼(drachm)

8분의 1액량온스에 해당하는 액체 측정 단위. 따라서 1액량드램은 1영국파인트의 160분의 1이지만, 1미국파인트의 128분의 1로 매우 다른 양이다. 미터법 단위로 바꾸면 1영국드램은 3.5519ml, 1미국드램은 3.6969ml다. 액량드램이라는 말은 약국에서 사용하던 무게 단위인 드램, 드라큼에서 온 말이다.

미님(minim)

1액량드램의 60분의 1에 해당하는 액체 측정 단위. 미국과 영국의 1액량 단위가 나타내는 양이 다르기 때문에 1영국미님은 0.0592ml, 1미국미님은 0.0616ml다.

세제곱미터(cubic meter, m^3)

부피 측정 단위. 보통은 고체를 측정하는 데 사용되지만 액체를 측정할 때 사용하기도 한다. 세제곱미터는 당연히 SI단위인 미터에서 유도된 단위다. $1m^3$는 각 변이 1m인 정육면체의 부피이며, 1,000L(1kl)에 해당한다. 일상생활에서는 세제곱센티미터(cm^3 또는 cc) 단위가 많이 사용된다. $1cm^3$는 $1m^3$의 100만 분의 1, 즉 1ml에 해당한다. cc는 자동차 엔진의 용량을 나타내는 데 자주 사용된다.

리터(litre, L, l)

부피를 나타내는 SI단위. 4°C에서 물 1kg이 차지하는 부피를 말한다. 일반적으로 1L는 1세제곱데시리터에 해당한다. 리터는 SI의 액량 단위지만 건량 단위로 쓰기도 한다. 약자 L은 1979년에 도입됐지만 지금도 널리 사용된다. 1L는 1.760영국파인트 또는 2.1134미국파인트다. 다른 모든 SI단위에서처럼 리터 단위 앞에도 데시(deci), 밀리(milli), 데카(deca), 킬로(kilo) 등의 접두어가 붙을 수 있다.

밀리리터(milliliter, mL, ml)

1L의 1,000분의 1에 해당하는 액체 측정 단위. 1ml는 $1cm^3$(또는 cc), 0.0352영국

액량온스, 0.03381미국액량온스에 해당한다. 밀리리터의 공식적인 약자는 mL이지만 ml도 여전히 흔히 사용된다. 밀리라는 말은 주의해서 사용해야 한다. 밀리라는 접두어가 100만 분의 1을 나타낼 때가 있기 때문이다.

후(斛, hu)

중국의 액체 측정 단위. 1후는 51.773L이며, 50셍(升, sheng)으로 나뉜다.

스아(seah 또는 se'a)

고대 히브리의 부피 단위. 액량과 건량에 모두 쓰였으며, 약 13.44L에 해당한다. 1스아는 2힌(hin)이며, 1밧(bath)의 3분의 1이다.

고르(kor 또는 cor)

고대 히브리의 액체 부피 측정 단위. 1고르는 각각 10밧, 30스아, 402.3L에 해당한다. 건량 부피를 나타내는 단위는 호멜(homer 또는 chomer)이었다.

헤미나(hemina)

고대 로마의 액체 측정 단위. 와인이나 기름 거래에 주로 사용됐다. 1헤미나는 1섹스타리우스(sextarius)의 반에 해당하며, 24리굴라이(ligulae)로 나뉜다. 1헤미나는 현대의 0.5파인트 정도의 양이다.

고대 히브리의 액량 단위는 주로 기름과 와인 거래에서 사용됐지만 건량 단위로도 쓰였다.

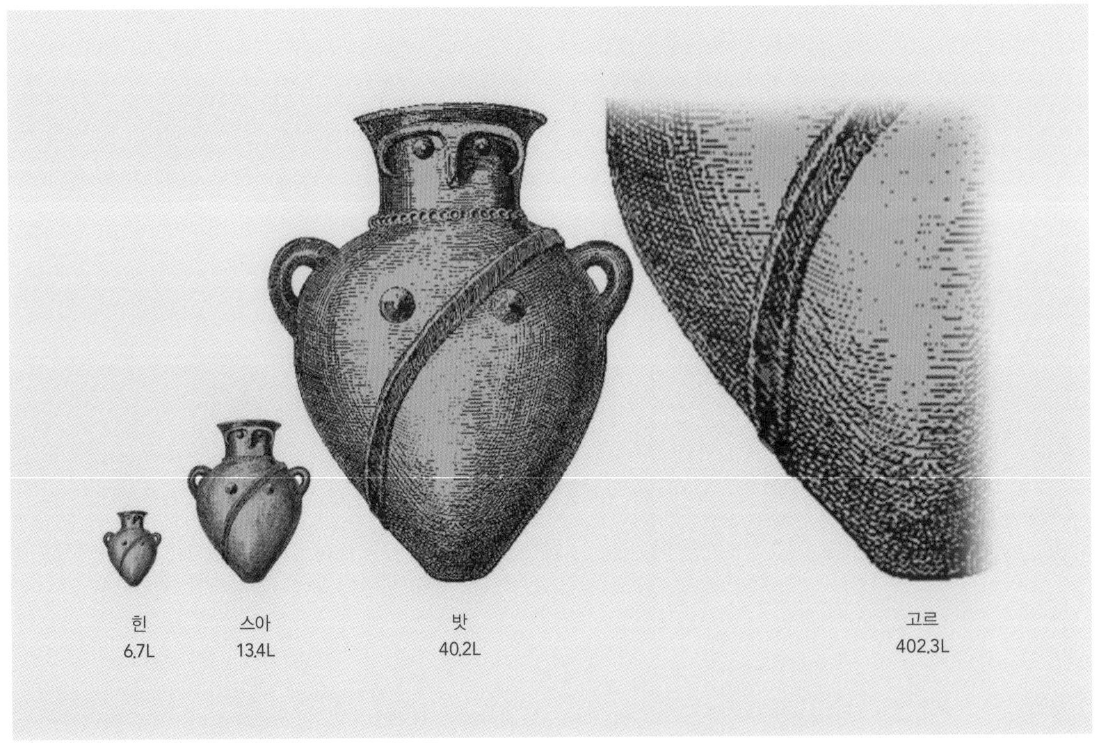

섹스타리우스(sextarius)

고대 로마에서 흔히 사용된 액체 측정 단위. 1섹스타리우스는 현대의 1파인트와 비슷한 양이다(1섹스타리우스는 0.935영국파인트 또는 1.1227미국파인트다). 섹스타리우스 단위는 와인이나 기름 거래에서 주로 사용됐다. 1섹스타리우스(섹스타리우스라는 말은 '6분의 1'을 뜻하는 라틴어다)는 6분의 1콩기우스(congius), 2헤미나, 약 0.531L에 해당한다.

콩기우스(congius)

고대 로마의 액체 측정 단위. 1콩기우스는 6섹스타리우스, 4분의 1우르나(urna), 약 3.1875L에 해당한다. 콩기우스라는 말은 19세기 영국의 의학과 약학 분야에서 영국 임페리얼갤런을 대체하는 단위로도 사용됐다.

에이커인치(acre inch, ac in)

저수지의 물처럼 많은 물의 부피(bodies of water)를 측정하는 단위. 1에이커인치는 1에이커의 면적을 깊이 1인치로 채운 물의 부피를 뜻하며, 3,630세제곱피트(약 102.79m³)에 해당한다. 관련된 단위인 에이커피트(af)는 12에이커인치, 즉 43,560세제곱피트(약 1,233.482m³)에 해당한다.

미세방울(droplet)

아주 작은 양의 액체를 나타내는 단위. '작은 물방울'이라는 뜻이다. 처음에 방울은 약국에서 유리 스포이드를 이용해 약을 제조할 때 사용했던 단위로, **미님**과 대략 같은 양을 나타냈지만, 시간이 지나면서 방울과 미님은 정확하게 같은 양을 나타내는 단위가 됐다. 따라서 미세방울 단위는 방울이나 미님보다 더 작은 양을 나타내며, 작은 구 모양을 이루는 물방울을 뜻하는 말이다. 실생활에서 미세방울이라는 단위는 부피 약 0.05ml 미만의 양을 나타내는 데 사용되며, 물방울의 부피가 아니라 지름을 기준으로 한 단위다. 미세방울의 크기는 코 스프레이처럼 원자화되는 액체나 분무되는 액체를 이용하는 분야 또는 식품 산업처럼 유화액(emulsion, 우유처럼 어떤 액체가 다른 액체에 콜로이드 상태로 퍼져 있는 용액-옮긴이)의 밀도가 매우 중요한 분야에서 특히 유용하다.

클라크 등급(Clark scale)

물의 경도(hardness of water)를 나타내는 등급. 19세기 과학자 호지어 클라크(Hosiah Clark)의 이름을 딴 등급이다. 클라크 등급은 도 클라크(°Clark)라는 단위로 구성돼 있다. 도 클라크는 영국갤런당 그레인과 같다. 1도 클라크는 물 7만 파트당 탄산칼슘 1파트가 있을 때의 경도를 뜻하며, 약 14.3ppm에 해당한다.

대부분의 비중계에는 측정되는 액체의 상대밀도를 나타내는 눈금이 있다. 비중계 중에는 특정 용액의 농도를 나타내는 눈금이 표시된 것도 있다.

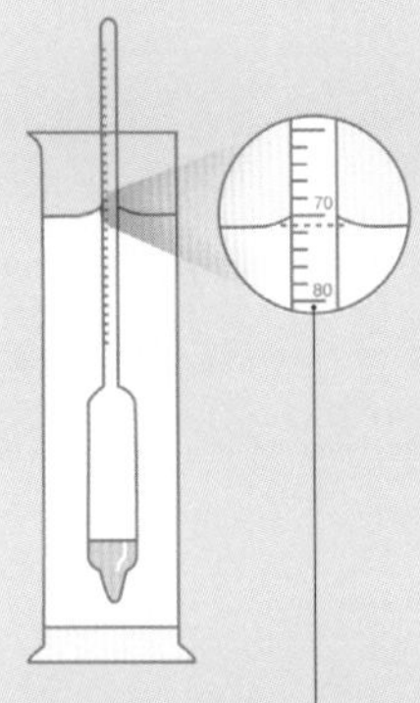

비중계가 나타내는 비중을 정확하게 읽으려면 메니스커스(meniscus, 모세관 속에 있는 액체의 표면이 표면장력으로 주위가 중앙에 비해 곡면을 형성한 모습–옮긴이) 곡선이 가리키는 눈금을 읽는 게 아니라, 그림에 표시되어 있듯이 점선 부분의 높이를 읽어야 한다.

비중(specific gravity)

어떤 물질의 밀도와 4°C(물의 밀도가 최대가 되는 온도) 물의 밀도의 비. 과학에서는 '상대밀도(relative density)'라고 표현할 때가 더 많지만, 양조 업계에서는 맥주의 알코올 도수를 측정하는 데 비중이라는 말을 아직도 사용한다[발효되지 않은 맥아즙의 비중을 초기 비중(original gravity, OG)이라고 말한다]. 하지만 이 초기 비중이라는 말도 완성된 술의 알코올 도수를 퍼센트로 나타내게 되면서 점점 사라지고 있다.

비중계(hydrometer)

액체의 밀도를 측정하는 도구. 보통 유리관 형태를 띠며 눈금이 매겨진 유리 기둥에 추를 매단 구조로 돼 있다. 액체 안에 있는 추가 수직 방향으로 떠오르면서 비중이 측정되며, 액체 표면의 높이가 가리키는 눈금을 읽어 비중 수치를 확인할 수 있다. 비슷한 도구로는 기름의 순도를 측정하는 데 사용하는 유분농도계(oleometer)가 있다.

측고계(hypsometer)

액체(대개는 물)의 끓는점을 측정하는 장치. 끓는점은 대기압에 따라 달라지기 때문에 측고계 측정치를 해수면 높이에서의 끓는점과 비교하면 고도를 계산할 수 있다.

표면장력(surface tension)

긴장 상태에서 액체의 표면이 '피부'처럼 보이게 하는 액체의 성질. 액체 표면에 있는 분자들의 당기는 힘이 불균형하게 작용해 나타난다. 표면장력은 액체의 표면에 작용하는 힘으로, 이 힘의 방향은 액체의 표면과 직각을 이룬다. 단위는 길이당 힘이며 보통은 뉴턴/미터(N/m)로 나타낸다. 표면장력은 작은 곤충이 수면에서 '스케이트'를 타는 현상, 비누 거품이 구 모양을 이루는 현상 등에서 관찰할 수 있다.

용해도(solubility)

물질이 액체 안에서 녹는 능력이라고 생각할 수 있다. 구체적으로는, 특정 온도에서 액체 안에서 녹을 수 있는 물질의 양으로 정의된다. 용해도는 단위부피당 질량으로 나타내며, 단위는 퍼센트, ppm, 킬로그램당 몰 또는 리터당 몰이다.

혼화성(miscibility)

특정 온도에서 두 가지 이상의 액체가 같이 용해돼 혼합물을 형성하는 능력.

얼리지(ullage)

액체의 증발 또는 누출 등으로 생긴 통이나 병 속 빈 공간의 양. 주로 해운 업계에서 사용되며, 이 경우 부족량은 부분적으로 채워진 컨테이너의 남는 공간을 뜻한다.

바다(sea)

대양보다 작은 거대한 소금물 덩어리. 실제로 바다는 대양의 일부분이거나 대양과 직접 닿아 있다. 하지만 지중해나 발트해처럼 대양과 분리돼 있으며 사실상 소금물 호수인 바다도 여럿 있다. 나이든 뱃사람들은 '7개의 바다'를 항해했다고 자랑하지만 사실 지구상에는 바다로 볼 수 있는 소금물 덩어리가 적어도 20개 이상 존재한다.

대양(ocean)

거대한 소금물 덩어리. 지구 표면의 70% 이상을 차지하고 있는 소금물은 통상 태평양, 대서양, 인도양 등 3개 주요 대양으로 나눌 수 있다. 드물지만 남극 대양, 북극 대양까지 합쳐 5개 대양으로 나누는 경우도 있다. 남극 대양과 북극 대양은 다른 대양들과 분리된 별도의 대양으로 생각되기도 하지만, 지리학자들 사이에서는 이 두 대양이 3개 주요 대양의 남단과 북단에 불과하다는 생각이 점점 확산되고 있다.

북극 대양을 별도의 실체로 생각하고, 인접한 바다를 제외한 주요 대양들의 표면적을 제곱마일과 제곱킬로미터 단위로 나타낸 지도. 세계 대양들의 평균 깊이는 약 13,100피트(4,000m)다. 가장 깊은 곳은 36,160피트(11,022m)로 태평양에 있다.

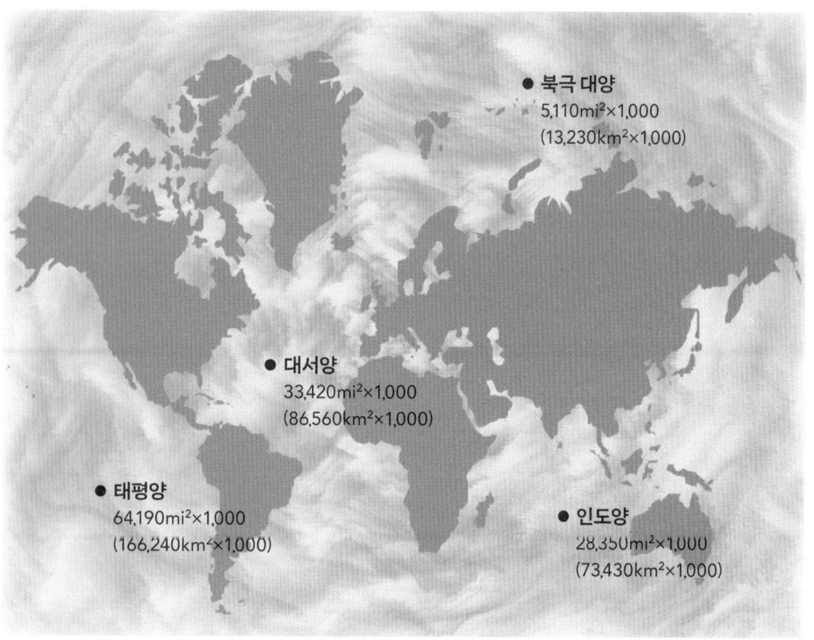

종이와 출판

그림에서 보듯이 A 시리즈 종이들은 길이 대 폭 비율이 모두 같다.

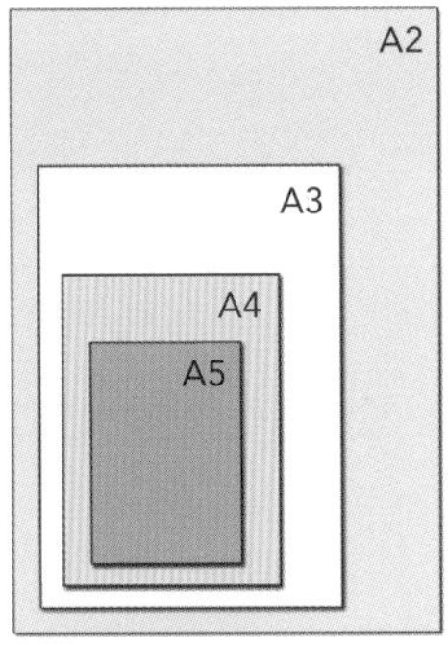

ISO/ABC 시리즈(ISO/ABC series)

스위스 소재 ISO(International Standards Organization, 국제표준화기구)가 채택한 종이 사이즈 체계. 북아메리카를 제외한 전 세계에서 사용된다. ISO/ABC 시리즈에 속하는 종이 한 면의 길이 대 폭 비율은 √2:1(1.4142:1)이다. ISO/ABC 시리즈에 속하는 종이 두 장의 긴 변을 서로 붙이면 길이 대 폭의 비가 같은 더 큰 종이가 된다. 예를 들어 A4 용지 두 장을 붙이면 A3 용지가 된다는 뜻이다. ISO B 시리즈는 ISO A 시리즈가 적합하지 않은 경우에 사용하기 위해 도입됐다(일본의 B 시리즈는 크기가 약간 다르다). ISO C 시리즈는 A 시리즈 종이를 넣는 봉투를 만들기 위한 것이다.

풀스캡(foolscap)

지금은 거의 사용하지 않는 공식문서 작성용 종이. 크기는 13½×17인치(34.25×43cm)다. 풀스캡 폴리오(foolscap folio, 풀스캡의 반 크기)라는 종이가 널리 사용된 적이 있는데 당시에는 간단하게 풀스캡으로 불리기도 했다. 풀스캡이라는 이름은 처음 이 종이에 궁정 어릿광대(fool)가 모자(cap)를 쓴 그림이 워터마크 처리된 데서 생겨났다.

리걸캡(legal cap)

크기가 8½×13~16인치(21.5×33~40.5cm)인 태블릿 모양의 줄이 쳐진 필기용 종이. 미국 변호사들이 법률문서 작성용으로 사용했다.

레터(letter)

북아메리카와 남아메리카에서 흔하게 사용되는 필기용 종이. 크기는 8½×11인치(21.5×28cm)로, A4용지보다 폭이 약간 넓고 길이가 좀 짧다.

아틀라스(atlas)

크기가 26×34인치(66×86.5cm)인 필기용 종이 또는 도화지. 주로 도화지로 사용된다.

임페리얼(imperial)

크기가 22×30인치(56×76.25cm)인 필기용 종이 또는 도화지. 일반적으로 많이 만드는 필기용 종이 중 가장 큰 종이다.

크라운(crown)

크기가 20×15인치(51×38cm)인 종이. 영국이 ISO 종이 사이즈를 채택하기 전에 도입했던 메트릭 크라운[쿼드(quad)] 종이의 크기는 1,008×700mm였다.

데미(demy)

22½×17½inches(57×44.5cm) 크기의 필기용 종이 또는 도화지. 더블 데미(double demy)는 35×23½인치(89×59.75cm)다.

베이식 사이즈(basic size)

종이 사이즈의 표준. 미터법 기반 종이의 그램수는 1m² 크기(A0 용지 크기)의 종이 무게를 기준으로 한다. 미국 종이의 무게는 파운드로 재며 크기는 종이의 등급에 따라 달라진다.

평량(basis weight)

북아메리카에서 평량은 종이 1연(ream, 1연은 500장)의 무게를 뜻한다. 단위는 파운드다. '연 무게(ream weight)' 또는 '물질 무게(substance weight)'라고도 한다.

GSM

제곱미터당 그램수(g/m²). ISO/ABC 종이 시리즈를 사용하는 나라들에서 종이의 두께를 나타나기 위해 사용하는 단위다.

연(ream)

보통은 종이 500장을 뜻하지만, 과거에는 480~516장을 뜻했다. 미터법(ISO/ABC) 시스템과 북아메리카 임페리얼 단위 체계 모두에서 현재 종이는 보통 연 단위로 판매되지만, 미국에서 티슈와 포장지는 지금도 480장을 한 연으로 계산해 판매한다.

콰이어(quire)

크기와 질이 같은 종이 24장 또는 25장을 나타내는 단위. 지금은 거의 사용되지 않는다. 필기용 종이 1콰이어는 24장, 인쇄용 종이 1콰이어는 25장이다.

폴리오(folio)

원래는 책의 낱장 두 장을 만들기 위해 접는 큰 종이 또는 그렇게 만든 책을 뜻했다. 폴리오 북은 '커피테이블' 정도로 큰 책이다. 폴리오 여러 장을 함께 꿰매면 '시그니처(signature)'가 되고, 이 시그니처들을 같이 묶으면 폴리오 북이 된다. 한쪽에만 숫자가 매겨진 종이 한 장도 '폴리오'라고 한다. 또한 폴리오가 쪽 번호를 나타내는 말로 쓰일 때도 있다.

렉토(recto)

펼친 책의 오른쪽 페이지. 따라서 책의 첫 페이지는 항상 렉토 페이지이며, 모든 홀수 페이지는 렉토 페이지다. '오른쪽'을 뜻하는 라틴어 '렉투스(rectus)'에서 온 말이다.

버소(verso)

펼친 책의 왼쪽 페이지. 렉토 페이지의 맞은편 페이지가 버소 페이지다. '넘기다'를 뜻하는 라틴어 '웨르테레(vertere)'에서 온 말이다. 버소 페이지를 읽으려면 책장을 넘겨야 하기 때문이다.

절판(–mo)

책 크기(size of a book)를 나타내는 말 뒤에 붙는 접미어. 원래는 19×25인치 크기의 종이 한 장을 접는 횟수를 뜻했다. 실생활에서는 몇 가지 크기의 큰 종이가 사용됐다. 첫 번째 크기는 2절판(folio, 한 번 접은 크기), 두 번째 크기는 4절판(quarto, 두 번 접은 크기), 세 번째 크기는 8절판(octavo, 세 번 접은 크기)이며, 그 뒤로 16절판, 32절판 등이 이어진다.

레딩(leading)

책의 줄들 사이 간격을 나타내는 말. 손으로 조판을 하던 시절에는 줄들 사이 간격을 띄우기 위해 납으로 만든 막대를 사용했다. '커닝(kerning)'은 한 줄에서 글자와 글자 사이의 간격을 뜻한다. 레딩의 단위는 **포인트**다. 1포인트는 미국과 영국에서는 0.351mm, 유럽에서는 0.376mm다.

포인트(point)

조판에서 글자의 크기, **레딩** 등 페이지 안에서의 공간 간격을 나타내는 단위. 북아메리카와 영국에서 1포인트는 72분의 1인치 또는 28분의 1cm이며, 1pica(파이카)가 12포인트에 해당한다. 글자 크기는 로마자 알파벳 소문자에서 어센더(ascender, 글꼴의 소문자에서 가상의 위쪽 평균선 너머로 튀어나온 부분–옮긴이)의 맨 꼭대기와 디센더(descender, 글꼴의 소문자에서 아래쪽 평균선 아래로 튀어나온 부분–옮긴이)의 맨 끝 간의 거리로 정의된다. 글꼴에 따라 글자 크기를 나타내는 포인트 숫자가 달라질 수 있다.

파이카(pica)

타이포그래피에서 열(column)의 폭 등 다른 공간 간격을 나타내는 데 사용하는 단위. '파이카'라는 말의 어원은 불분명하지만, 중세 가톨릭교회의 미사통상문을 파이카라고 부른 것과 관련이 있는 것으로 보인다[1파이카는 12포인트이며, 1인치(2.54cm)는 대략 6파이카다]. **디도 포인트** 시스템에서도 비슷한 단위인 '시스로(cicero)'가 사용된다. 1시스로 역시 12포인트다.

디도 포인트(Didot point)

유럽 전역에서 사용된 타이포그래피 단위. 글자의 크기, 글자 간 간격, 행 또는 열의 간격 등을 나타내는 단위다. 1인치는 약 68디도 포인트다(1디도 포인트는 0.376mm다). 디도 포인트 시스템은 프랑스 활자 크기 단위인 시스로를 이용해 1포인트를 12분의 1시스로로 정의한 프랑스의 시몽 푸르니에(Simon Fournie, 1712~1768)가 만들어낸 시스템이다. 1770년 프랑수아 앙브루아즈 디도(François-Ambroise Didot, 1730~1804)가 푸르니에의 시스템을 개정해 1포인트를 72분의 1프랑스 로열 인치(임페리얼 인치보다 약간 크다)로 다시 정의했다. 프랑스혁명 이후 미터법이 도입되면서 프랑스 로열 인치는 사라졌지만 디도 포인트 시스템은 지금도 사용된다.

한 줄에 있는 글자의 어센더와 디센더가 윗줄 또는 아랫줄의 글자와 겹치지 않도록 줄과 줄 사이에서 충분한 공간을 확보하기 위해서는 레딩의 포인트 값이 커져야 한다. 그림의 예는 글자 크기 7포인트, 레딩 10포인트로 맞춘 것이다.

x높이(x-height)

글자의 어센더와 디센더를 제외한 글자 몸통의 길이. 서체가 달라지면 **포인트**가 같더라도 x높이는 달라질 수 있다.

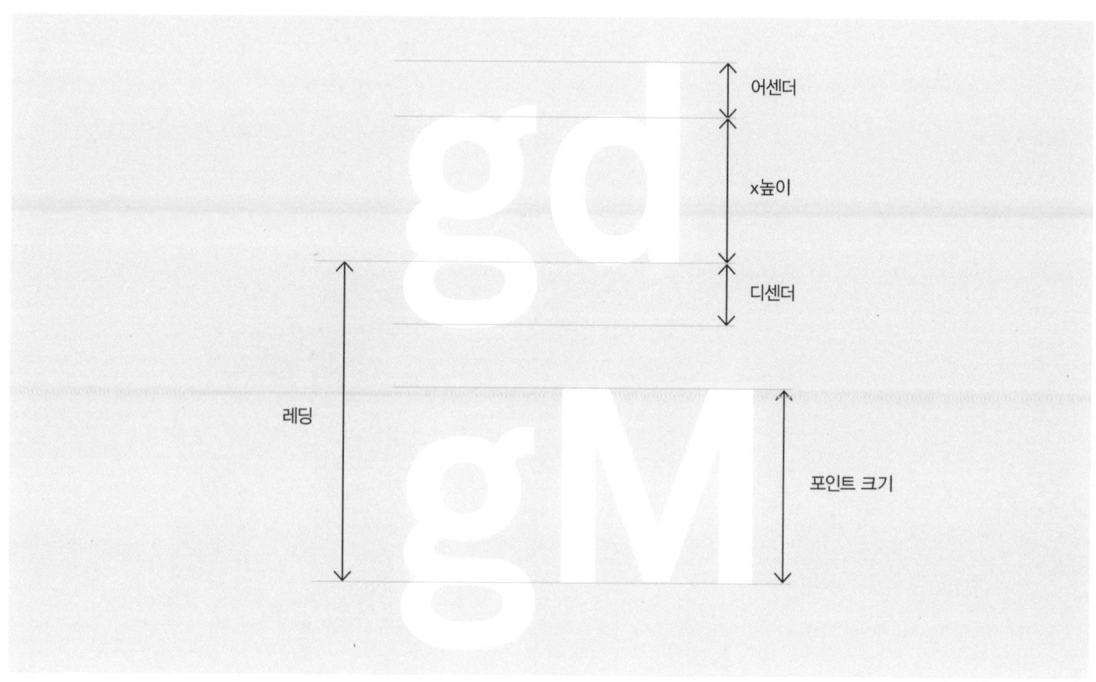

직물과 옷감

데니어(denier)

방적사(실)의 밀도(density of yarn)를 측정하는 데 사용됐던 단위. 1데니어는 1g당 9,000m를 갈 수 있는 실의 밀도를 뜻한다. 데니어는 주로 비단이나 나일론으로 만든 실의 밀도를 나타내는 데 사용됐으며, 여성 스타킹의 굵기를 나타내는 데도 사용됐다. 데니어는 근래 들어 미터법 단위인 텍스[tex, 이전에는 드렉스(drex)라고 불렀다]로 대체되고 있다. 1텍스는 1g당 1km를 갈 수 있는 실의 밀도를 뜻한다.

제곱미터당 그램(g/m^2, gsm)

직물(천)의 밀도 단위. 종이나 판자의 밀도 단위로도 쓰인다. 단위 표면적당 질량으로 표현한다.

스레드카운트(thread-count)

직물의 단위길이당 엮여 있는 스레드(씨실과 날실)의 수. 결이 미세한 직물의 스레드카운트는 보통 1cm당 스레드의 수(영국과 미국의 전통 단위로는 인치당 스레드의 수)로 표시하지만, 거친 직물의 스레드카운트는 10cm당 스레드의 수로 표시한다.

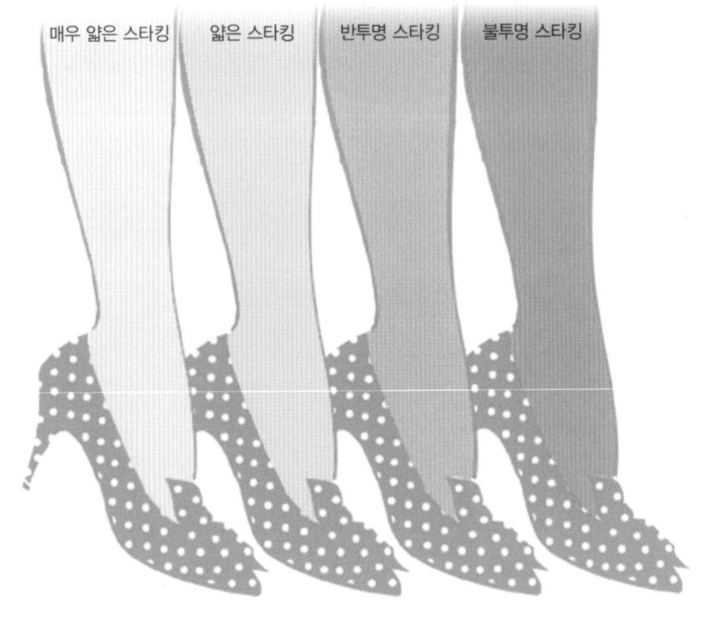

다양한 장식 효과 또는 질감을 주기 위한 다양한 직물 조직. 왼쪽 위부터 시계 방향으로 평직(plain weave), 배스킷직(basket weave), 우능직(twill 2/2 z-wale), 좌능직(twill 2/2 s-wale).

평직

배스킷직

우능직

좌능직

이븐위브(evenweave)

씨실과 날실이 같은 두께와 팽팽함으로 교차되도록 짠 천. 단위길이와 단위폭당 씨실과 날실의 수가 같은 천이다.

게이지(gauge)

뜨개질로 짠 천의 촘촘한 정도를 나타내는 단위. 편물기계의 니들베드(needle bed) 또는 니들막대의 단위길이당 니들의 수를 나타내기도 한다. 보통 인치 또는 센티미터당 니들[needles, 또는 루프(loops)]의 수로 표시한다. 같은 밀도를 가진 천을 짜는 데 필요한 니들의 크기를 나타내기도 한다.

플라이(ply), 폴드(fold)

실이 두 가닥 이상으로 만들어졌다는 것을 나타내는 단위. 예를 들어, 두 가닥을 꼬아서 만든 실은 2플라이 실 또는 2폴드 실이라고 부른다. 플라이라는 말은 천, 종이, 판자 하나가 접힌 횟수를 나타내기도 한다.

스케인(skein), 리아(lea)

실을 늘일 수 있는 길이(length used for measuring yarn)를 나타내는 전통 단위. 실의 종류나 실을 만든 공장에 따라 다르지만, 일반적으로 1스케인의 값은 다음과 같다.

울과 소모사: 1스케인=800야드(73m)
면직물과 비단: 1스케인=1200야드(110m)
리넨: 1스케인=3000야드(274m)

스케인은 특히 면직물과 울 거래에서 7분의 1**행크**를 뜻하기도 한다. 미국에서는 스케인보다 리아라는 단위를 더 많이 사용한다.

행크(hank)

실을 늘일 수 있는 길이를 나타내는 전통 단위. 1행크의 값은 실의 종류, 실을 만든 공장에 따라 다르다. 면직물과 울의 1행크는 보통 7스케인(리아)이지만, 미국에서는 울 1행크가 1,600야드(1,463m)다. 1행크의 값은 지역에 따라 달라지기도 한다.

엘(ell)

천의 길이를 측정하는 전통 단위. 엘이라는 말은 팔꿈치를 뜻하는 라틴어 '울나(ulna)'에서 왔다. 원래 엘이라는 단위의 이름은 팔뚝을 이용해 천의 길이를 측정하던 관습에서 비롯된 것이다. 따라서 1엘의 길이는 일정하지 않았고, 유럽의 나라들에서 서로 다른 값을 가졌다. 영국에서는 1엘이 45인치(1.143m), 스코틀랜드에서는 이

여러 가닥을 꼬아 만드는 실의 나선형 구조를 트위스트(twist)라고 부른다. 단위길이(인치 또는 센티미터)당 회전수로 측정한다.

부드러운 실 한 올

강하면서 부드러운 2플라이 실

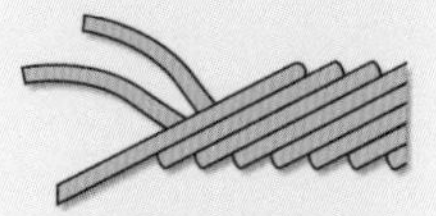

강하면서 부드러운 3플라이 실

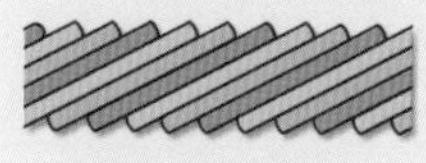

화려한 질감의 실

보다 훨씬 짧은 37.2인치(0.945m)였다. 엘에 해당하는 프랑스의 단위는 온(aune)으로, 1온은 46.77인치(1.188m)였다. 유럽의 게르만족 지역에서는 비슷한 단위인 엘레(elle)를 사용했는데, 1엘레는 스코틀랜드의 1엘보다도 짧은 2푸스(fuß, '발'을 뜻하는 독일어)였으며, 약 23~30인치를 뜻했다.

볼트(bolt)

천을 사거나 팔 때 사용되는 길이 단위. 천의 폭은 천의 종류나 천을 만들 때 사용한 직기의 크기에 따라 달라지기 때문에 1볼트가 나타내는 길이도 다를 수밖에 없다. 오늘날 1볼트의 길이는 300야드(27.43m), 400야드(36.58m), 1000야드(91.44m) 중 하나를 뜻한다. 따라서 천을 매매할 때는 1볼트의 길이를 정확하게 확인하는 것이 중요하다. 현재 볼트는 미터법 단위로 대체되고 있다.

폭(width)

완성된 천의 폭은 실의 종류와 직기의 크기에 따라 달라지며, 천의 날실들을 가로지르면서 측정된다. 폭은 천을 생산하는 공장에 따라 다르지만, 표준으로 받아들여지는 수치들이 있다. 일반적인 볼트 폭은 면직물이 42인치(1.067m), 울은 60인치(1.524m)다.

신발 크기는 아직 미터법이 자리를 잡지 못한 분야인 데다 콘티넨털 사이즈 시스템도 약간 이상하다. 신발 크기 대부분이 근사치다.

영국	미국, 여성용	미국, 남성용	유럽, 남성용	몬도포인트
	1			190
	1.5			
	2	1		200
1	2.5	1.5	33	
1.5	3	2	34	210
2	3.5	2.5	34	
2.5	4	3	35	
3	4.5	3.5	35	220
3.5	5	4	36	
4	5.5	4.5	37	230
4.5	6	5	38	
5	6.5	5.5	38	240
5.5	7	6	39	
6	7.5	6.5	39	250
6.5	8	7	40	
7	8.5	7.5	41	
7.5	9	8	42	260
8	9.5	8.5	42	
8.5	10	9	43	270
9	10.5	9.5	43	
9.5	11	10	44	
10	11.5	10.5	44	280
10.5	12	11	45	
11		11.5	46	290
11.5		12	47	
12				300

흡수력(absorbency)

직물이 액체를 흡수하는 능력. 흡수력은 흡수력 테스트의 결과로, 여러 가지 방식으로 표현된다. 예를 들어 직물 샘플의 무게 변화, 특정 시간 동안 직물 샘플 안의 액체가 나타내는 모세관현상의 정도, 특정한 모세관현상이 나타나는 데 걸리는 시간 등으로 흡수력을 타나낼 수 있다.

신발 사이즈(shoe size)

신발의 길이를 나타내는 단위. 신발 사이즈는 전 세계에 몇 가지가 있다. 신발 사이즈는 대부분 근사치이며, 신발 틀의 크기로 결정된다. 가장 널리 사용되는 신발 사이즈 시스템은 미국 시스템과 영국 시스템이다. 두 시스템 모두 1인치의 3분의 1(8.47mm)을 신발 사이즈 간격으로 한다. 콘티넨털 시스템(Continental system) 또는 파리 포인트 시스템(Paris Point System)의 신발 사이즈 간격은 6.66mm다. 발의 길이와 폭을 밀리미터 단위로 표시하는 눈금인 몬도포인트(Mondopoint)가 국제표준화기구에서 채택됐지만 남아프리카공화국과 동유럽 국가 일부를 제외하면 자리를 잡지 못했다.

남성 사이즈(men's size)

남성 의류 사이즈는 맞춤 정장을 위한 사이즈에서 비롯됐다. 허리둘레, 가슴둘레, 인사이드 레그(inside leg, 가랑이에서 바닥까지의 길이–옮긴이), 소매길이를 영국과 미국에서는 인치 단위로, 유럽에서는 센티미터 단위로 측정한다. 대량생산 체제가 시작되면서 정장과 코트는 가슴둘레, 셔츠는 칼라 사이즈만을 기준으로 하게 됐지만, 바지는 여전히 허리둘레와 인사이드 레그를 기준으로 사용하고 있다. 최근에는 대량생산이 가속화되면서 스몰(S), 미디엄(M), 라지(L), 엑스라지(XL)로만 크기를 나타내는 추세다.

외국 여행 중에 그 나라의 기성복을 산다면 실망하기 쉬울 것이다. 사이즈 변환표가 정확한 수치를 제공하지 않기 때문이다.

남성 사이즈

정장/코트		셔츠(칼라 사이즈)		양말	
영국/미국	유럽	영국/미국	유럽	영국/미국	유럽
36	48	12	30~31	9.5	38~39
38	48	12.5	32	10	39~40
40	50	13	33	10.5	40~41
42	50	13.5	34~35	11	41~42
44	54	14	36	11.5	42~43
46	56	14.5	37		
		15	38		
		15.5	39~40		
		16	41		
		16.5	42		
		17	43		
		17.5	44~45		

여성 사이즈

정장/드레스			브래지어*		양말	
영국/미국		유럽	영국/미국(inch)	유럽(cm)	영국/미국	유럽
8	6	36	32	70	8	0
10	8	38	34	75	8.5	1
12	10	40	36	80	9	2
14	12	42	38	85	9.5	3
16	14	44	40	90	10	4
18	16	46	42	95	10.5	5
20	18	48				
22	20	50				
24	22	52				

*주: 영국과 미국의 사이즈는 젖가슴 높이가 포함된 수치이며, 유럽의 사이즈는 젖가슴 높이가 포함되지 않은 수치다.

드레스 사이즈(dress size)

남성 사이즈에서처럼, 재봉사들이 사용하던 가슴둘레, 허리둘레, 엉덩이둘레가 현재 여성 의류 사이즈의 기본이 됐다.

장갑 사이즈(glove size)

손가락 마디들의 폭에 따라 결정된다. 단위는 인치. 영국과 유럽이 약간 다르지만, 장갑 사이즈는 해당하는 미터법 단위가 없어 아직도 기존 사이즈가 사용되고 있다. 물론 장갑 사이즈도 요즘에는 스몰, 미디엄, 라지로 간단하게 표시된다.

스테이플 길이(staple length)

실을 만드는 데 사용되는 섬유의 평균 길이. 스테이플로 부르는 섬유의 길이는 면직물에서는 3mm(8분의 1인치)밖에 안 되지만 아마(flax)에서는 1m(약 39인치)나 된다. 인조섬유는 계속 꼬아서 필라멘트사(filament yarn)로 만들거나 꼬이지 않은 단일사(monofilament) 형태로 사용되지만, 인조섬유 중 일부는 길이가 5~46cm(2~18인치)인 짧은 스테이플로 잘리기도 한다.

S 트위스트와 Z 트위스트
여러 가닥으로 만드는 실의 강도는 가닥의 어떤 방향으로 꼬는지에 따라 달라진다. 하이트위스트(high-twist) 실은 강도가 가장 높으며 직조에 적합하다. 로트위스트(low-twist) 실은 부드러우며 뜨개질에 적합하다.

트위스트(twist)

꼬인 실의 단위길이당 회전수. 연속된 실을 이루는 섬유가 비교적 짧은 스테이플 길이를 가지려면 회전 과정에서 같이 꼬여야 한다. 트위스트는 센티미터(또는 인치)당 회전수로 측정된다. 트위스트의 방향은 실을 아래로 늘어뜨려 보면 알 수 있다. 회전 방향이 왼쪽에서 오른쪽이면 S 트위스트, 오른쪽에서 왼쪽이면 Z 트위스트라고 말한다.

모자 사이즈

영국	미국	미터법
63/8	61/2	52
61/2	65/8	53
65/8	63/4	54
63/4	67/8	55
67/8	7	56
7	71/8	57
71/8	71/4	58
71/4	73/8	59
73/8	71/2	60
71/2	75/8	61
75/8	73/4	62
73/4	77/8	63
77/8	8	64

의류 사이즈처럼 모자 사이즈도 영국과 미국의 사이즈와 미터법 기반 사이즈가 크게 다르다. 써 보고 맞는 모자를 고르는 수밖에 없다.

모자 사이즈(hat size)

북아메리카의 모자 사이즈는 머리둘레를 파이(π, 원주율)로 나눈 값을 기준으로 한다. 이상하게도 영국의 모자 사이즈는 북아메리카의 모자 사이즈에서 8분의 1을 뺀 사이즈다. 다행히도 모자 사이즈는 머리둘레만을 기준으로 하기 때문에 미터법 사이즈로 전환하기가 쉽다. 모자 사이즈도 스몰, 미디엄, 라지로 단순화되고 있다.

음악

목소리의 음도 범위

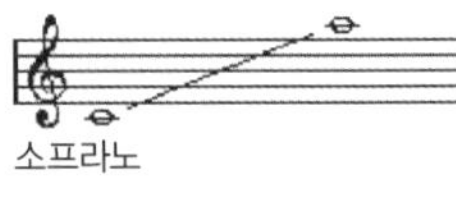
소프라노

메조소프라노

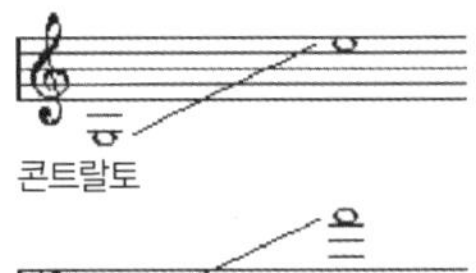
콘트랄토

테너

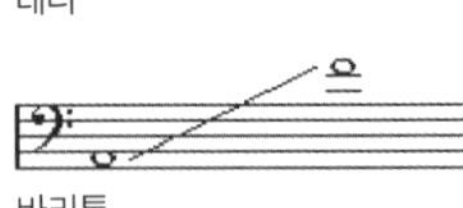
바리톤

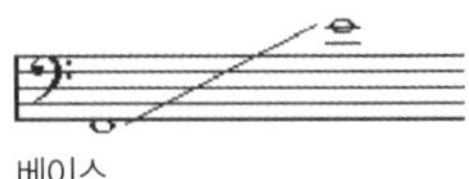
베이스

음도 범위(pitch range)

노래할 때의 목소리를 분류하는 다양한 범위. 남성이 끊지 않고 연속적으로 내는 높은 목소리와 여성 소프라노의 목소리의 음도 범위가 가장 높은 곳에 자리한다. 보통의 음도 범위는 c′에서 a″(미들 c에서 하이 a)다. 소프라노보다 낮은 여성 목소리는 메조소프라노(a에서 f″, 즉 미들 c 바로 아래에서 하이 f)와 콘트랄토(g에서 e″)다. 남성 목소리는 알토(팔세토, 카스트라토, 하이 테너 또는 보이), g에서 c″까지의 일반 범위, 카운터테너(성인 남성이 낼 수 있는 가장 높은 목소리, g에서 e″), 테너(c에서 a′), 바리톤(a에서 f′, 중간 c 바로 아래에서 중간 c 바로 위), 베이스(f에서 e′까지의 일반 범위)로 나뉜다. F 아래까지 음을 낼 수 있는 가수를 바소 프로폰도(basso profondo, 깊은 베이스)라고 부른다. 음도 범위가 비슷한 악기들을 설명하기 위해 같은 말들이 많이 사용되며, 악보에서는 음자리표가 사용된다.

음정(interval)

음계(scale)상 두 음의 높이 차이, 즉 두 음 사이의 거리를 나타내는 용어. 두 음 사이에 있는 음의 개수로 나타낸다. 예를 들어, C와 D 사이는 2도, C와 E 사이는 3도가 된다. 음정은 두 음의 주파수 간 비율을 나타내기도 한다(예를 들어 옥타브=1:2, 완전5도=2:3, 완전4도=3:4, 장3도=4:5, 단3도=5:6이다). 하지만 이 '순수한' 음도 비율은 **평균율**에서는 옥타브당 똑같은 12개의 반음 간격을 수용하기 위해 수정된다. 서양음악이 아닌 음악과 아방가르드 음악에서는 사분음이나 미세 음정 등 온음계 밖의 음정을 자주 사용하기 때문에 이런 음악은 기존의 음악을 보던 관점으로는 설명이 불가능하다.

음(tone), 온음(whole tone, step)

단2도의 음정, 즉 반음 2개의 합이다. '순수한' 음의 음정 비율은 8:9이지만 **평균율**에서는 음정 비율이 1:1.1224620475로 수정된다(즉, 반음의 음정 비율을 제곱한 것이다). 따라서 평균율에서 옥타브는 정확하게 간격이 같은 6개의 온음 구간으로 이뤄진다.

반음[semitone(half-step)]

서양 온음계와 반음계에서 가장 짧은 음정. 건반에서 한 음과 그 음 바로 옆에 있는 음과의 거리다. '순수한' 반음의 음정 비율은 15:16이지만, **평균율**에서는 음정 비율이 1:1.059463094(2의 12제곱근)다. 따라서 평균율에서 옥타브는 정확하게 간격이 같은 6개의 반음 구간으로 이뤄진다.

옥타브(octave)

온음계의 8개 음으로 구성되는, 주파수 비율이 1:2인 음계의 음정(주파수가 2배 차이가 나는 두 음 사이의 음정). 모든 음과 그 음이 속한 옥타브는 같은 문자를 쓴다. 예를 들어, A 위의 옥타브는 a, c′ 위의 옥타브는 c″다. 옥타브는 **평균율**에서 '순수한' 유일한 음정이다. 즉, 옥타브는 **평균율**에서도 반음계의 균등한 등분에 맞춰 수정되지 않는다는 뜻이다.

음고(pitch)

특정한 음(보통은 a′, 중간 C 위의 A)의 주파수를 결정하는 기준. 음계의 다른 모든 음은 이 기준으로 결정된다. a′의 표준음고[standard pitch, 흔히 연주음고(concert pitch)라고 부름]는 440Hz인데, 이는 1955년 국제표준화기구가 정한 것이다. a′의 표준음고는 그 이전 몇백 년 동안 400Hz와 500Hz 사이에서 다양하게 정의됐다. '정통' 연주에서는 지금도 a′=430Hz, a″=415Hz를 기준으로 사용한다.

음고라는 말은 특정한 음을 나타내는 말로 사용되기도 하는데, 이 경우 음고라는 말은 음의 기본 파동 주파수를 간접적으로 나타낸다. 불행히도, 어떤 문자가 붙은 음이 어떤 옥타브를 나타내는지는 시스템에 따라 다르다. 미국과 캐나다에서는 중간 C를 C_3으로 표기하고, 그 위의 옥타브는 C_4, 그 아래 옥타브는 C_2로 표기한다. 반면 영국과 유럽에서는 중간 C를 c′으로 표기하고, 그 위의 옥타브는 c″, c″ 위의 옥타브는 c‴으로 표기한다. 또한 중간 C 아래의 옥타브는 c, c 아래의 옥타브는 C, C 아래의 옥타브는 C_1으로 표기한다. 두 시스템 모두 기준음들 사이에 있는 음은 비슷하게 표기한다. 예를 들어, 중간 c′(C_3) 위의 음은 d′(D_3), 그 반음 아래의 음은 b(B_2)다.

그림에서 음정은 C에서 다양한 음계의 다른 음까지의 거리다. 어떤 음에서 시작해도 음정은 비슷하다.

주파수(frequency)

음의 1초당 진동수. 단위는 헤르츠(Hz) 또는 초당 사이클이다. 배음(overtone)이 많은 복잡한 음의 주파수는 기본 파동의 주파수가 음고의 기준이 된다.

음계(scale)

음들이 옥타브에 걸쳐 음고가 높아지는 순서 또는 낮아지는 순서로 이어진 것. 서양음악에서 가장 많이 등장하는 음계 이름은 전음계, 특히 장음계와 단음계와 반음계, 5음계, 온음계다. [선법(mode)이라고도 불리는] 다른 음계들도 많다. 전음계는 장음계와 단음계, 교회선법(church mode)을 포함한다. 전음계는 옥타브 안의 알파벳 문자가 붙은 음 7개가 알파벳 문자 순으로 늘어선 것이고, 반음계는 반음 12개로 구성된 음계다. 온음계는 6개 온음 구간으로 구성된 음계다. 옥타브 안의 5개 음 구간으로 이뤄진 음계는 모두 5음계라고 부른다. 서양음악이 아닌 음악에서 음계는 미분음정들(microtonal intervals)을 포함하는 반음계 밖의 음들로 구성되기도 한다.

조(key)

음악의 기본적인 조성(tonality)을 형성하는 전음계. 특정한 조의 음악은 그 특정한 조의 음계 음들과 그 음들로 만들어지는 화음을 주로 이용한다. 조의 이름은 그 특정한 조의 첫 음, 즉 으뜸음의 이름을 따른다. 물론 조는 음악이 진행되면서 바뀌기도 하지만, 대부분은 '기본(home)' 조로 돌아가면서 끝난다. 따라서 C장조의 곡은 C장조로 시작해 C장조로 끝나며, 곡의 멜로디와 화음도 C장음계의 음들을 기본으로 사용한다. 하지만 조라는 개념이 보편적인 개념은 아니다. 16세기 이전의 서양음악, 비서양음악, 20세기의 전위음악은 전음계에 기초하지 않기 때문에 조나 조성으로 음악을 설명하는 것이 불가능하다.

모든 장음계에는 온음, 온음, 반음, 온음, 온음, 온음, 반음 순으로 이뤄지는 패턴이 있다. 다른 음계들도 비슷한 패턴을 가지며, 어떤 음에서나 시작될 수 있다.

악기는 대부분 '족(family)'으로 분류된다. 예를 들어, 색소폰족에는 소프라노색소폰, 알토색소폰, 테너색소폰, 바리톤색소폰, 베이스색소폰이 속한다.

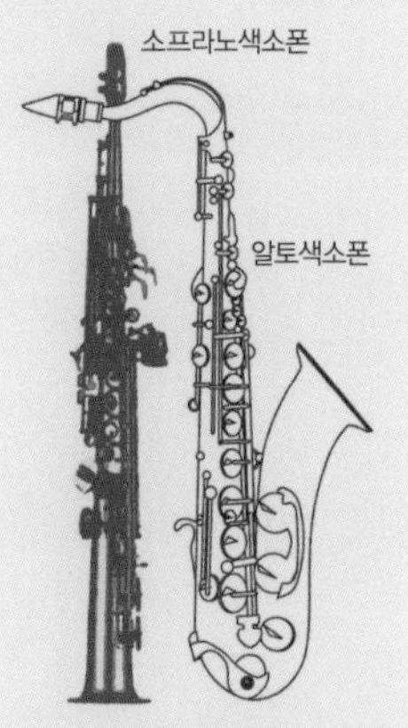

주: 배율 조정 안 함

음자리표(clef)

악보에서 절대적인 음의 높이를 명시하기 위해 붙이는 기호. 음자리표 모양은 그 음자리표가 나타내는 음들의 알파벳 문자(F, G, C)를 변형한 것이다. 현재 사용되는 음자리표에는 다음의 세 종류가 있다.

𝄢 낮은음자리표(bass clef)

F음의 자리를 정해주기 때문에 F음자리표라고도 한다. 다른 음들은 이 기준음으로부터 유도된다.

𝄞 높은음자리표(treble clef)

G음의 자리를 정해주기 때문에 G음자리표라고도 한다.

𝄡 가온음자리표(C or alto or tenor clef)

가온음자리표는 악보의 다양한 위치에 놓일 수 있지만, 어디에 놓이든 가온음자리표의 중심은 c′에 할당되는 선을 결정한다. 가운데 줄을 c′로 하는 경우는 알토 음자리표, 넷째 줄을 c′로 하는 경우는 테너 음자리표라고 부른다. 매우 드물지만, 둘째 줄을 c′로 하는 경우는 메조소프라노 음자리표 또는 바리톤 음자리표라고 한다.

박자표(time signature)

음악의 박자(meter)를 나타내는 악보 기호. 한 마디(bar 또는 measure)에 얼마나 많은 박(beat)이 포함되는지, 어떤 종류의 박이 포함되는지를 나타내는 기호다. 박자표는 분수 형태로 나타낸다. 분모에 해당하는 숫자는 **온음**(2분 단음, semibreve) 한 박으로 하는 음표나 쉼표를, 분자에 해당하는 숫자는 분모에서 정해진 길이의 음표나 쉼표가 한 마디 안에 들어갈 수를 말한다. 따라서 3/4이라는 박자표는 한 마디에 **4분음표**(4분 쉼표)가 3개 들어간다는 뜻이고, 4/2라는 박자표는 한 마디에 **2분음표**가 4개 들어간다는 뜻이다.

템포(tempo)

음악이 연주되는 속도. **메트로놈**이 발명되기 전에는 템포를 나타내는 말을 악보에 표기했다. 대부분 이탈리아어로 표기했으며, 음악의 분위기를 나타내는 주관적 용어 또는 비교를 나타내는 용어를 사용했다. 가장 빠른 속도에서 느린 속도 순으로 템포를 나타내는 말들은 다음과 같다.

프레스티시모(prestissimo)	극도로 빠르게
프레스토(presto)	매우 빠르게
알레그로(allegro)	빠르게

비바체(vivace)	생기 있게
알레그레토(allegretto)	조금 빠르게
모데라토(moderato)	보통 빠르기로
안단테(andante)	느리게
라르고(largo)	아주 느리게
아다지오(adagio)	매우 느리게
렌토(lento)	느리고 무겁게
그라베(grave)	장중하고 느리게

빠르기를 나타내는 이런 말들은 '포코(poco, 조금)', '몰토(molto, (매우)', '마 논 트로포(ma non troppo, 그러나 너무 지나치지 않게)' 같은 말들과 같이 쓰이기도 한다. 템포의 변화는 점점 느려짐을 나타내는 리트(rit, ritenuto 또는 ritardando의 약자) 또는 랄(rall, rallentando) 또는 점점 빨라짐을 나타내는 악셀(accel, accelerando)이라는 말로 표현한다.

메트로놈(metronome)

박을 시각적 또는 청각적으로 나타내 템포를 결정할 수 있게 해주는 기계장치 또는 전자장치. 1815년에 J. N. 맬첼(J. N. Maelzel)이 태엽을 이용한 메트로놈의 특허를 낸 후 작곡자들이 자신의 작품에 'M.M' 숫자를 표기하기 시작했다. M.M 숫자는 1분당 박의 수를 나타낸다. 예를 들어, M.M=120이면 1분에 120박의 속도로 곡이 진행된다는 뜻이다. 나중에는 비트의 단위가 메트로놈 눈금에 표시됐다. 예를 들어, q=120이면 1분당 4분음표가 120개 나온다는 뜻이다. 이 방식은 지금도 사용된다.

겹온음표[double note(double whole note, breve)]

서양음악에서 현재 사용되는 음표 중 가장 긴 음의 길이를 나타내는 음표. 점차 사용이 줄고 있다. 겹온음표가 나타내는 음의 길이는 **온음표** 2개, **2분음표** 4개, **4분음표** 8개의 길이에 해당하며, 겹온음표의 실제 길이는 템포에 따라 달라진다. 겹온음표를 뜻하는 'breve'라는 말은 역설적이게도 '짧은'을 뜻하는 라틴어서 왔다. 원래 겹온음표는 중세음악 악보에서는 짧은 음을 나타냈지만, 중세악보에서 겹온음표보다 더 긴 음을 나타내던 음표들이 쓰이지 않게 됨에 따라 겹온음표가 가장 긴 음을 나타내게 됐다.

온음표[whole note(note, semibreve)]

현대 음악에서 흔히 사용되는 음표 중 가장 긴 음을 나타내는 음표. 이름에서 알 수 있듯이 온음표가 나타내는 음 길이는 **겹온음표**의 반, **2분음표**의 2배, **4분음표**의 4배다.

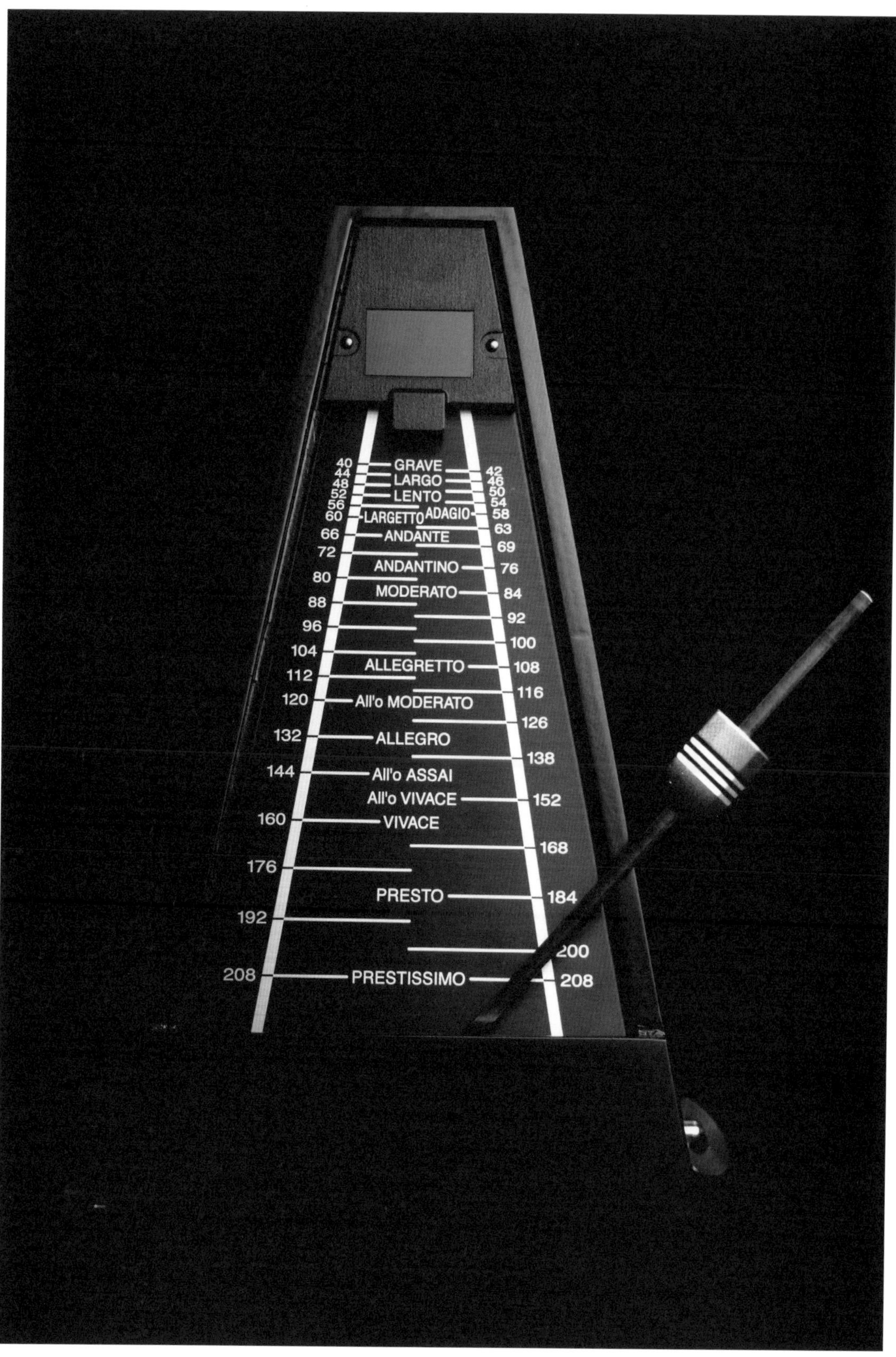
40
GRAVE
42
44
LARGO
46
48
50
52
LENTO
54
56
60
LARGETTO
ADAGIO
58
66
ANDANTE
63
72
69
ANDANTINO
76
80
MODERATO
84
88
92
96
100
104
ALLEGRETTO
108
112
116
120
All'o MODERATO
126
132
ALLEGRO
138
144
All'o ASSAI
All'o VIVACE
152
160
VIVACE
168
176
PRESTO
184
192
200
208
PRESTISSIMO
208

점음표를 사용하면 그림에서 보이는 음 길이를 만들 수 있다. 쉼표에도 점을 찍을 수 있다. 쉼표에 점을 찍으면 쉼표가 나타내는 길이의 반이 더해진다. 하지만 이 방식보다는 다음에 나오는 음표 앞에 원하는 길이를 나타내는 쉼표를 사용하는 방식이 더 널리 사용된다.

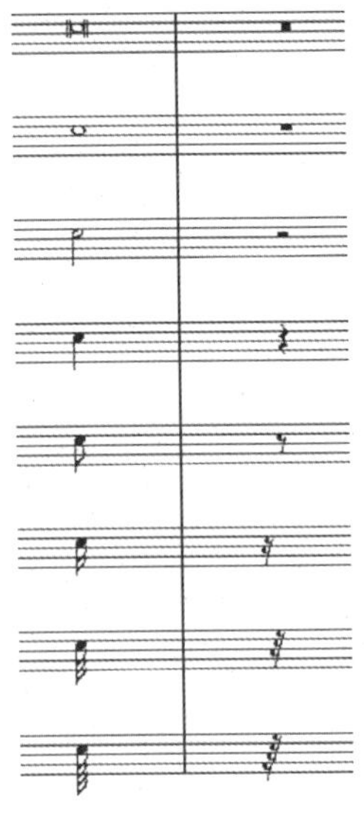

𝅗𝅥 2분음표(half-note, minim)

온음표 길이의 반, 4분음표 길이의 2배를 나타내는 음표.

♩ 4분음표(quarter-note, crochet)

온음표 길이의 4분의 1을 나타내는 음표. 4분의 4, 4분의 3, 4분의 2 같은 박자표에서 가장 많이 사용된다.

♪ 8분음표(1/8th note, quaver)

4분음표 길이의 반, **온음표** 길이의 16분의 1을 나타낸다.

𝅘𝅥𝅯 16분음표(1/16th note, semiquaver)

8분음표의 길이의 반, 온음표 길이의 32분의 1을 나타낸다.

32분음표(1/32nd note, demisemiquaver)

16분음표 길이의 반, 온음표 길이의 32분의 1을 나타낸다.

64분음표(1/64th note, hemidemisemiquaver)

32분음표 길이의 반, **온음표** 길이의 1/64을 나타낸다.

점음표(dotted note)

음표의 머리 오른쪽에 작은 점이 1개 덧붙어 있는 음표. 점음표는 원래 음표 길이의 반을 늘린 길이를 나타낸다. **4분음표** 2개 길이인 **2분음표**에 점을 찍으면 4분음표 길이만큼 음 길이가 늘어난다. **8분음표** 2개 길이인 4분음표에 점을 찍으면 8분음표 길이만큼 음 길이가 늘어난다. 겹점음표에 점을 하나 더 붙인 겹점음표(double-dotted note)도 점음표와 비슷한 방식으로 음의 길이가 늘어난 것을 나타낸다. 두 번째 점은 원래 음표 길이의 4분의 1만큼 음 길이가 늘어난다는 것을 뜻한다. 따라서 2분음표에 점을 2개 찍으면 2분음표의 길이, 4분음표의 길이, 8분음표의 길이를 합친 음 길이를 나타낸다.

피아니시모(pianissimo)

'매우 여리게'를 뜻하는 셈여림 용어. ***pp***로 나타낸다. 하지만 모든 셈여림을 나타내는 음악 용어가 그렇듯이 피아니시모 역시 주관적 용어 또는 비교를 나타내는 용어다.

피아노(piano)

'부드럽게'를 뜻하는 셈여림 용어. ***p***로 나타낸다.

흔히 듣는 소리들의 데시벨 값

10dB	나뭇잎 부스럭대는 소리
20dB	도서관 소음
30dB	부드러운 귓속말
50dB	가벼운 교통 소음
70dB	진공청소기/기차
100dB	천둥
130dB	이륙하는 비행기
180dB	이륙하는 우주로켓

메조피아노(mezzopiano)

'중간 정도로 부드럽게'를 뜻하는 셈여림 용어(피아노와 메조포르테 사이의 세기를 나타낸다). *mp*로 나타낸다.

메조포르테(mezzoforte)

'조금 강하게'를 뜻하는 셈여림 용어(포르테와 메조피아노 사이의 세기를 나타낸다). *mf*로 나타낸다.

포르테(forte)

'강하게'를 뜻하는 셈여림 용어. ***f***로 나타낸다.

포르티시모(fortissimo)

'매우 강하게'를 뜻하는 셈여림 용어. ***ff***로 나타낸다. 작곡가들은 더 강하게 연주하기를 주문할 때 ***f***를 여러 개 더 붙이기도 한다.

데시벨(decibel, dB)

소리의 세기를 나타내는 단위. '벨'이라는 단위에서 유래했다. 악보에 셈여림 용어를 사용하는 것보다 데시벨을 이용하는 것이 훨씬 더 정확히 표현하는 방법이겠지만, 데시벨 단위는 과학 분야에서만 사용된다. 데시벨은 로그 단위이므로 10데시벨이 늘어날 때마다 소리의 강도가 10배로 커진다(인간이 느끼는 소리 강도는 2배가 된다). 데시벨 단위는 인간이 들을 수 있는 가장 작은 소리의 값을 0으로 설정해 만든 단위다.

벨(bel)

소리의 세기를 나타내는 단위. 1벨은 10데시벨이다. 알렉산더 그레이엄 벨(Alexander Graham Bell, 1847~1922)의 이름을 딴 단위다.

사진

ASA/ISO 스피드(ASA/ISO speed)

미국표준협회(American Standards Association, ASA)가 제안해 국제표준화기구(ISO)가 채택한 감광속도 시스템. ASA 시스템은 산술 시스템이다. 따라서 200ASA는 100ASA의 2배 속도를 나타낸다. 필름을 사용하던 시절에 만들어진 시스템이지만 디지털사진 분야에도 유용하게 쓰인다. 필름카메라든 디지털카메라든 '속도'는 필름(또는 전자센서)이 사진 이미지를 기록하기 위해 통과시키는 빛의 양을 나타낸다. 필름카메라의 경우 이 속도가 빨라지면 '이미지 입자'가 거칠어지고 이미지에 노이즈가 많아진다. 디지털카메라에서는 스피드 설정을 바꾸면 센서의 신호를 증폭시키는 데 사용되는 게인 팩터(gain factor)가 달라져 비슷한 결과물이 나온다. 즉, 이미지는 밝아지는 반면 무작위적인 전자 '노이즈'가 늘어나 이미지가 변형된다.

지연시간(lag time)

셔터를 누르는 시간과 실제로 사진이 찍히는 시간 사이의 차이. 필름카메라에서는 지연시간이 별 의미가 없었다. 초기 디지털카메라는 지연시간이 매우 길었지만, 지금은 이 문제가 거의 해결됐다.

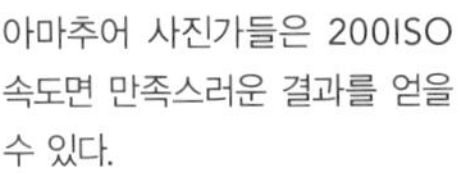

아마추어 사진가들은 200ISO 속도면 만족스러운 결과를 얻을 수 있다.

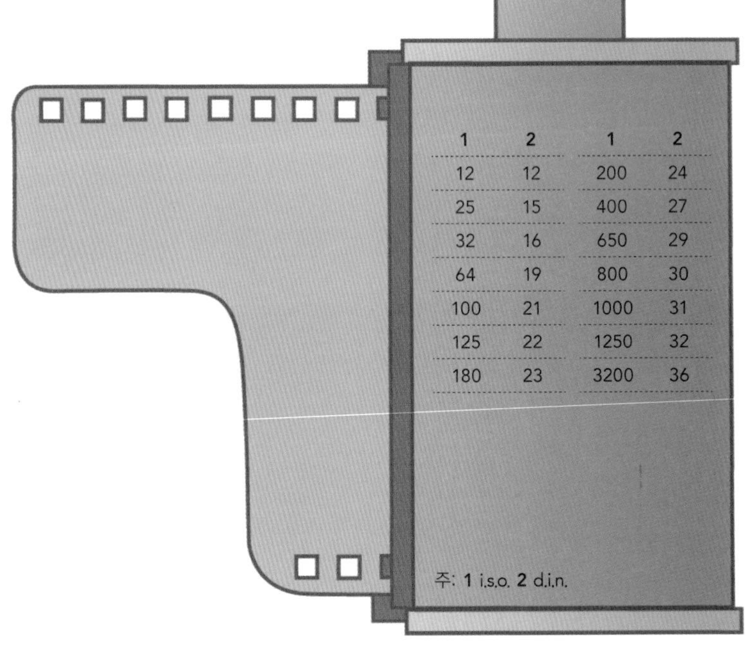

1	2	1	2
12	12	200	24
25	15	400	27
32	16	650	29
64	19	800	30
100	21	1000	31
125	22	1250	32
180	23	3200	36

주: **1** i.s.o. **2** d.i.n.

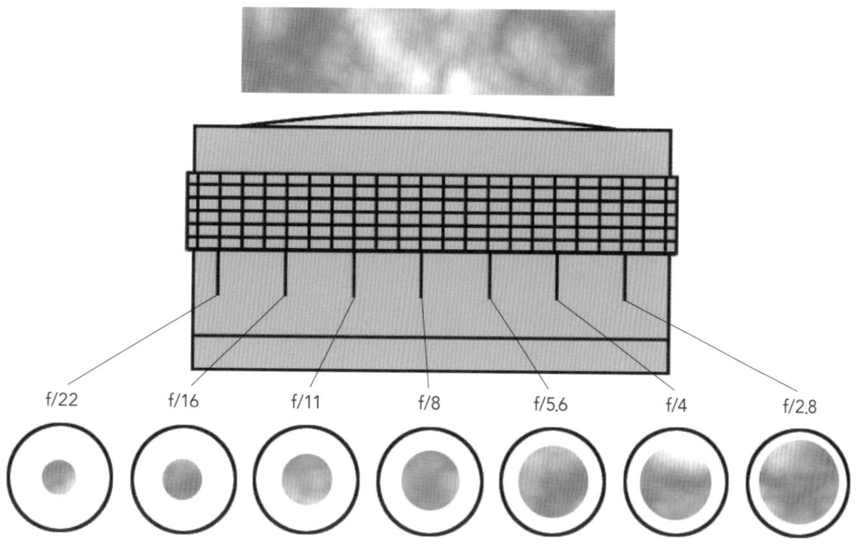

렌즈를 통과하는 빛의 양은 f값의 제곱에 반비례한다. 요즘 렌즈는 f/1, f/1.4, f/2, f/2.8, f/4, f/5.6, f/8, f/11, f/16, f/22, f/32, f/45, f/64처럼 한 단계 올라갈 때마다 배가 되는 숫자들이 표시된 표준 f스톱 눈금을 사용한다. 비율의 값은 간단하게 표시하기 위해 반올림된 값이다.

셔터스피드(shutter speed)

빛이 필름에 닿게 하기 위해 카메라 셔터가 열린 상태로 유지되는 시간. 움직이는 모습을 찍으려면 셔터스피드가 매우 높아야 하고, 밤에 사진을 찍거나 특수한 효과를 내려면 셔터스피드가 낮아야 한다.

f값(f–number)

카메라 조리개의 지름에 대한 **초점거리**의 비. f값이 f/1.7이라는 것은 렌즈의 초점거리가 조리개 지름의 1.7배라는 뜻이다. 예를 들어, 80mm 렌즈를 f/16에 설정한 카메라의 조리개 지름은 5mm가 된다. f값이 낮을수록 필름에 닿는 빛의 양이 많아진다.

스톱(stop)

카메라 렌즈의 경통(barrel)상에 있는 f값이 새겨져 있는 고정 위치. 몇 단계가 표시돼 있으며 각 단계는 f/22, f/16, f/11. f/8, f/5.6, f/4 등의 f값을 나타낸다. 여기서 각 단계는 조리개 설정 값의 변화를 뜻한다. '스톱'은 사진의 동적범위를 측정하는 데 사용하는 단위이기도 하다.

노출값(exposure value, EV)

셔터스피드, 감광속도, **f값**의 조합을 나타낸 값. 조리개 설정이 f/1, 셔터스피드가 1초, 감광속도가 100ISO일 때 노출값은 0이다. 빛의 양이 반으로 줄어들 때마다 노출값은 1씩 늘어난다. 따라서 조리개 설정과 감광속도가 위와 같을 때 셔터스피드를 반으로 줄이면 노출값은 1이 된다.

감마(gamma)

중간 톤(midtone)을 기준으로 한 사진의 대비(콘트라스트) 정도. 디지털사진의 콘트라스트 조절에서 특히 중요한 값이다. 사진 편집 소프트웨어를 이용해 콘트라스트를 조절하면 밝기와 어둡기가 강조된 이미지가 나온다. 감마보정(gamma correction)을 하면 밝기과 어둡기를 더 미세하게 조정할 수 있다.

동적범위(dynamic range)

사진에서 가장 밝은 톤부터 가장 어두운 톤까지의 범위를 말한다. 동적범위는 필름카메라든 디지털카메라든 카메라의 종류에 따라 다르다. 동적범위는 스톱 단위로 측정되며, 스톱이 한 단계 올라가면 빛의 강도는 2배가 된다.

색온도(color temperature)

광원이 만드는 빛의 색깔을 측정하는 단위. 광원의 '온도'는 '흑체'라는 가상의 물체가 같은 파장들로 구성된 빛을 방출하는 온도를 뜻한다. 단위는 **켈빈**이다. 자연광의 색온도는 3,000K(일출 또는 일몰 때)에서 10,000K(아주 흐린 하늘)까지 다양하다. 보통 때 하늘의 색온도는 약 5,000K다.

조도계(light meter)

물체에서 나오는 빛의 세기를 측정하는 장치. 필름이 정확한 노출을 받도록 카메라를 설정하게 해주는 장치다. 노출계(exposure meter)라고도 한다.

초점거리(focal length)

카메라 렌즈의 중심과 빛의 수렴 지점 간 거리.

색온도의 예. 역설적이게도 우리가 '따뜻하다'라고 느끼는 노랑, 오렌지, 빨강 같은 색깔의 색온도는 우리가 '차갑다'라고 느끼는 파랑에서 하양까지 색깔들의 색온도보다 낮다. 촛불과 실내 전기 조명의 색온도는 태양광의 색온도보다 훨씬 낮다. 컬러필름은 태양광이 있는 상태에서 사용하도록 만들어진 필름이기 때문에 실내조명하에서는 정확한 색을 담기 힘들다. 실내 사진 촬영을 위해서는 텅스텐 필름을 사용할 수 있다.

색온도

온도(K)	광원
9,000~12,000	푸른 하늘
6,500~7,500	흐린 하늘
5,500~5,600	전자식 사진 플래시
5,500	정오 부근의 햇빛
5,000~4,500	제논 램프/아크 전등
3,400	저물녘 또는 새벽의 1시간
3,400	텅스텐램프
3,200	일출/일몰
3,000	200와트짜리 백열등
1,500	촛불

초점거리가 50~55mm인 렌즈는 육안으로 보는 것과 똑같은 장면을 보여주기 때문에 일반렌즈라고 부른다. 일반렌즈와 비교할 때 광각렌즈는 초점거리가 짧고, 망원렌즈는 초점거리가 길다.

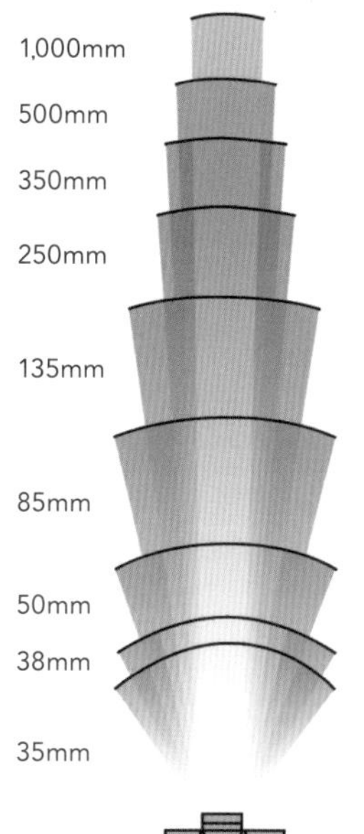

매크로(macro)

작은 물체의 사진. 작은 물체의 실제 크기를 보여주거나 작은 물체가 실제보다 더 크게 보이도록 확대해서 찍은 사진. 일반적인 매크로의 범위는 1:1에서 10:1까지다. 매크로를 사용하면 육안으로 보는 것보다 물체를 훨씬 더 자세하게 볼 수 있다. 육안으로는 아주 가까이 있는 물체에 초점을 맞출 수 없기 때문이다.

망원렌즈(telephoto lens)

망원렌즈는 물체를 카메라에 더 가깝게 보이도록 만드는 구성요소들을 가지고 있다. 망원렌즈는 초점거리가 50~55mm 이상이다.

사진 앵글(picture angle)

렌즈가 담을 수 있는 각도. 사진 앵글은 프레임의 왼쪽 위 모서리에서 그은 선이 프레임의 오른쪽 아래 모서리에서 그은 선과 만나는 렌즈 중심에서 형성되는 각도다. 초점거리가 길수록 사진 앵글은 좁아진다.

후초점(back focus, 백 포커스)

초점을 맞출 때 나타나는 문제. 실제 초점이 피사체의 뒤에 있게 되는 현상을 말한다. 후초점 현상이 나타나면 피사체가 흐려지는데, 사진을 찍기 전에 오토포커스 기능을 끄지 않아서 발생하는 경우가 많다. '후초점'이라는 말이 렌즈의 뒷부분과 초점 평면 사이의 거리를 뜻할 때도 있다.

줌(zoom, x)

줌렌즈는 **초점거리**를 조절할 수 있으면서, 확대를 해도 물체에 초점을 계속 맞출 수 있는 렌즈를 말한다. 단순한 **망원렌즈**와는 다르다. 최대 초점거리를 최소 초점거리로 나누면 광학줌 배율 또는 확대 배율이 나온다. 예컨대 35mm 줌렌즈와 280mm 줌렌즈의 확대 배율은 8배가 차이 난다.

줌(zoom, mm)

줌렌즈는 다양한 범위의 **초점거리**를 가진다. 35~280이라고 표시된 렌즈의 초점거리는 35~280mm다.

메가픽셀(megapixel, MP)

100만 픽셀. 디지털카메라로 찍은 사진의 해상도는 메가픽셀로 표시한다. 메가픽셀 수가 클수록 사진의 선명도가 높아져 더 크게 확대할 수 있다. 디지털카메라의 센서는 직사각형 모양이기 때문에 해상도는 사진의 긴 변의 픽셀수와 짧은 변의 픽셀수를 곱한 값이 된다. 예를 들어, 4,000×3,000픽셀 센서의 해상도는 12MP다. 해상도

가 2배로 높아진다고 해서 사진의 폭과 길이가 2배가 되지는 않는다. 이것과 센서 모양이 같은 24MP 카메라는 5,657×4,243픽셀 크기의 사진을 만들어낼 수 있다.

유효픽셀(effective pixel)

디지털카메라에서 실제로 이미지를 기록하는 픽셀. 전체 픽셀수보다 유효픽셀수가 중요하다. 이미지의 해상도를 결정하는 것이 유효픽셀이기 때문이다(픽셀 중 일부는 사진 정보를 기록하는 데 사용되지 않는다). 디지털카메라와 스마트폰 광고에서는 '확대해도 깨지지 않는 사진', '디지털 줌(digital zoom)' 같은 표현을 사용하기도 한다. 유효픽셀수가 일반 디지털카메라로 찍은 것보다 거의 2배나 되는 사진이다. 이런 사진을 찍을 수 있는 것은 소프트웨어를 이용해 픽셀들을 넓게 퍼뜨린 다음 그 픽셀들 사이의 간격을 적당한 색깔의 픽셀로 채우기 때문이다. 이 방법은 실제로 유효픽셀이 더 많은 카메라를 사용하는 것보다는 못하지만 가격이 싸다는 장점이 있다.

35mm

가장 많이 사용하는 필름의 폭 사이즈. 이 사이즈의 필름을 사용하는 카메라를 뜻하기도 한다. 35mm 사이즈면 질이 좋은 사진을 찍는 데 충분하다고 일반적으로 인식되지만, 전문 사진가들은 이 사이즈의 2배인 카메라와 필름을 사용할 때도 있다. 35mm 카메라 중에는 다양하게 조정할 수 있는 일안반사식(single lens reflex) 카메라도 있고, 오토포커스 기능을 갖춰 바로 초점을 맞추고 찍을 수 있는 카메라도 있다.

부록 1: SI단위

SI 기본단위(SI base units)

길이(Length)	미터(meter, m)
질량(Mass)	킬로그램(kilogram, kg)
시간(Time)	초(second, s)
전류(Electric current)	암페어(ampere, A)
열역학적 온도(Thermodynamic temperature)	켈빈(kelvin, K)
광도(Luminous intensity)	칸델라(candela, cd)
물질의 양(Amount of substance)	몰(mole, mol)

보조단위(Supplementary units)

평면각(plane angle)	라디안(radian, rad)
입체각(solid angle)	스테라디안(steradian, sr)

유도단위(Derived units)

넓이(area)	제곱미터(square meter, m^2)
부피(volume)	세제곱미터(cubic meter, m^3)
속도(velocity)	초당 미터(meter per second)
각속도(angular velocity)	초당 라디안 (radian per second)
가속도(acceleration)	제곱초당 미터 (meter per second squared)
각가속도(angular acceleration)	제곱초당 라디안 (radian per second squared)
진동수(주파수)(frequency)	헤르츠(hertz, Hz)
각진동수(각주파수) (rotational frequency)	초당 라디안 (radian per second)
밀도와 농도 (density and concentration)	세제곱미터당 킬로그램 (kilogram per cubic meter)
운동량(momentum)	초당 킬로그램 미터 (kilogram meter per second)
각운동량(angular momentum)	제곱초당 킬로그램 제곱미터 (kilogram meter squared per second)
관성모멘트(moment of inertia)	제곱초당 킬로그램 미터 (kilogram meter squared)
힘(force)	뉴턴(newton, N)
힘의 모멘트, 토크 (moment of force, torque)	뉴턴미터(newton meter)
압력과 응력(pressure and stress)	파스칼(pascal, Pa)
동점성(dynamic viscosity)	파스칼초(pascal second)
동점도(kinematic viscosity)	초당 제곱미터 (meter squared per second)
표면장력(surface tension)	미터당 뉴턴 (newton per meter)
에너지, 일, 열량(energy, work, and quantity of heat)	줄(joule, J)
일률과 방사속 (power and radiant flux)	와트(watt, W)
온도(temperature)	섭씨(degree Celsius, °C)
열팽창계수(thermal coefficient of linear expansion)	켈빈의 역수(reciprocal kelvin)
열속밀도와 방사조도(heat flux density and irradiance)	제곱미터당 와트 (watt per square meter)
열전도율(thermal conductivity)	미터켈빈당 와트 (watt per meter kelvin)
열전달계수(coefficient of heat transfer)	제곱미터켈빈당 와트(watt per square meter kelvin)
열용량(heat capacity)	켈빈당 줄(joule per kelvin)
비열용량(specific heat capacity)	킬로그램켈빈당 줄 (joule per kilogram kelvin)
엔트로피(entropy)	켈빈당 줄(joule per kelvin)
비엔트로피(specific entropy)	킬로그램켈빈당 줄 (joule per kilogram kelvin)
비에너지와 비잠열(specific energy and specific latent heat)	킬로그램당 줄 (joule per kilogram)
전기량과 전하량(quantity of electricity, electric charge)	쿨롱(coulomb, C)
전위, 전위차, 기전력 (electric potential, potential difference, electromotive force)	볼트(volt, V)
전기장세기(electric field strength)	미터당 볼트(volt per meter)
전기저항(electric resistance)	옴(ohm, Ω)
전기전도도(electric conductance)	지멘스(siemens, S)
전기용량(electric capacitance)	패럿(farad, F)
자속(magnetic flux)	웨버(weber, Wb)
인덕턴스(inductance)	헨리(henry, H)
자속밀도, 자기유도 (magnetic flux density, magnetic induction)	테슬라(tesla, T)
자기장세기 (magnetic field strength)	미터당 암페어 (ampere permeter)
광속(luminous flux)	루멘(lumen, lm)
휘도(luminance)	제곱미터당 칸델라 (candela per square meter)
조도(illuminance)	럭스(lux, lx)

방사능(radioactivity)	베크렐(becquerel, Bq)
방사선흡수선량 (radiation absorbed dose)	그레이(gray, Gy)

SI 접두어(SI prefixes)

배수 및 하위배수(Multiples and submultiples)

욕토(yocto)	y	0.000 000 000 000 000 000 000 001
젭토(zepto)	z	0.000 000 000 000 000 000 001
아토(atto)	a	0.000 000 000 000 000 001
펨토(femto)	f	0.000 000 000 000 001
피코(pico)	p	0.000 000 000 001
나노(nano)	n	0.000 000 001
마이크로(micro)	µ	0.000 001
밀리(milli)	m	0.001
센티(centi)	c	0.01
데시(deci)	d	0.1
데카(deca)	da	10
헥토(hecto)	h	100
킬로(kilo)	k	1 000
메가(mega)	M	1 000 000
기가(giga)	G	1 000 000 000
테라(tera)	T	1 000 000 000 000
페타(peta)	P	1 000 000 000 000 000
엑사(exa)	E	1 000 000 000 000 000 000
제타(zetta)	Z	1 000 000 000 000 000 000 000
요타(yotta)	Y	1 000 000 000 000 000 000 000 000

길이(Length)

피코미터(picometer)	pm
옹스트롬(angstrom)	Å
나노미터(nanometer)	nm
마이크로미터(마이크론) [micrometer(micron)]	µm
밀리미터(millimeter)	mm
센티미터(centimeter)	cm
데시미터(decimeter)	dc
미터(meter)	m
헥토미터(hectometer)	hm
킬로미터(kilometer)	km
메가미터(megameter)	Mm
해리(international nautical mile)	1해리=1,852m

넓이(Area)

제곱밀리미터(square millimeter)	mm^2
제곱센티미터(square centimeter)	cm^2
제곱데시미터(square decimeter)	dm^2
제곱미터(square meter)	m^2
아르(are)	a(=100m^2)
데카르(decare)	daa
헥타르(hectare)	ha
제곱킬로미터(square kilometer)	km^2

부피와 용량(Volume and capacity)

세제곱밀리미터(cubic millimeter)	mm^3
세제곱센티미터(cubic centimeter)	cm^3
세제곱데시미터(cubic decimeter)	dm^2
세제곱미터(cubic meter)	m^3
세제곱데카미터(cubic decameter)	dam^3
세제곱헥토미터(cubic hectometer)	hm^3
세제곱킬로미터(cubic kilometer)	km^3
마이크로리터(microliter)	µl
밀리리터(milliliter)	ml
센티리터(centiliter)	cl
데시리터(deciliter)	dl
리터(liter)	l(L)
헥토리터(hectoliter)	hl
킬로리터(kiloliter)	kl

질량(무게)[Mass (weight)]

나노그램(nanogram)	ng
마이크로그램(microgram)	µg(mcg)
밀리그램(milligram)	mg
미터법 캐럿(metric carat)	CM(=200mg)
그램(gram)	g
마운스(미터법 온스) [mounce(metric ounce)]	Mounce(=25gram)
헥토그램(hectogram)	hg
글러그(glug)	kgm(=0.980665kg)
킬로그램(kilogram)	kg
영국 공학계 질량 단위(슬러그) [metric technical unit of mass(metric slug)]	(=9.80665kg)
퀸탈(quintal)	q(=100kg)
메가그램(megagram)	Mg
톤(밀리에)[tonne(millier)]	t

힘(Force)

마이크로뉴턴(micronewton)	µN
다인(dyne)	dyn (=10µN)
밀리뉴턴(millinewton)	mN
폰드(pond)	p (=9.80665mN)
센티뉴턴(centinewton)	cN
트리날(crinal)	(=10000dyn)
뉴턴(newton)	N

킬로그램 힘(킬로폰드) [kilogram-force (kilopond)]	kgf(kp)(=9.80665N)
킬로뉴턴(스텐) [kilonewton(sten, sthène)]	kN
메가뉴턴(meganewton)	MN

압력과 응력(Pressure and stress)

마이크로파스칼(micropascal)	μPa
밀리파스칼(millipascal)	mPa
마이크로바(바리에) [microbar (barye)]	μbar
파스칼(pascal)	Pa
밀리바(배크)[millibar(vac)]	mbar (mb)
토르(torr)	(=약 133.322Pa)
킬로파스칼(피에즈) [kilopascal(pièze)]	kPa
공학기압(technical atmosphere)	at (=9.80665Pa)
바(bar)	bar (b)
표준대기압 (standard atmospheric pressure)	atm (=101325 Pa)
메가파스칼(megapascal)	MPa
헥토파스칼(hectobar)	hbar
킬로바(kilobar)	kbar
기가파스칼(gigapascal)	GPa

동점성(Dynamic viscosity)

센티푸아즈(centipoise)	cP
푸아즈(poise)	P (=100mPa s)
밀리파스칼초(millipascal second)	mPa s
파스칼초(pascal second)	Pa s

동점도(Kinematic viscosity)

센티스토크(centistokes)	cSt
스토크(stokes)	St (=cm^2/s)

에너지, 일, 열량(Energy, work and quantity of heat)

에르그(erg)	(=10^{-7}J)
밀리줄(millijoule)	mJ
줄(joule)	J
킬로줄(kilojoule)	kJ
메가줄(megajoule)	MJ
킬로와트 시(kilowatt hour)	kWh
기가줄(gigajoule)	GJ
테라줄(terajoule)	TJ

일률(Power)

마이크로와트(microwatt)	μW
밀리와트(milliwatt)	mW
와트(watt)	W
킬로와트(kilowatt)	kW
메가와트(megawatt)	MW
기가와트(gigawatt)	GW
테라와트(terawatt)	TW
미터법 마력(metric horsepower)	ch (cv, CV, PS or pk) (=735.498W)

온도(Temperature)

섭씨(degree Celsius)	°C
켈빈(kelvin)	K

전기와 자기(Electricity and magnetism)

피코암페어(picoampere)	pA
나노암페어(nanoampere)	nA
마이크로암페어(microampere)	μA
밀리암페어(milliampere)	mA
암페어(ampere)	A
킬로암페어(kiloampere)	kA
피코쿨롱(picocoulomb)	pC
나노쿨롱(nanocoulomb)	nC
마이크로쿨롱(microcoulomb)	μC
밀리쿨롱(millicoulomb)	mC
쿨롱(coulomb)	C
킬로쿨롱(kilocoulomb)	kC
메가쿨롱(megacoulomb)	MC
마이크로볼트(microvolt)	μV
밀리볼트(millivolt)	mV
볼트(volt)	V
킬로볼트(kilovolt)	kV
메가볼트(megavolt)	MV
마이크로옴(microhm)	μΩ
밀리옴(milliohm)	mΩ
옴(ohm)	Ω
킬로옴(kilohm)	kΩ
메그옴(megohm)	MΩ
기그옴(gigohm)	GΩ
마이크로지멘스(microsiemens)	μS
밀리지멘스(millisiemens)	mS
지멘스(siemens)	S
킬로지멘스(kilosiemens)	kS
피코패럿(퍼프)[picofarad(puff)]	pF
마이크로패럿(microfarad)	μF
패럿(farad)	F
웨버(weber)	Wb

피코헨리(picohenry)	pH
나노헨리(nanohenry)	nH
마이크로헨리(microhenry)	μH
밀리헨리(millihenry)	mH
헨리(henry)	H
나노테슬라(nanotesla)	nT
마이크로테슬라(microtesla)	μT
밀리테슬라(millitesla)	mT
테슬라(tesla)	T

광속(Luminous flux)

루멘(lumen)	lm
럭스(lux)	lx (=lm/m^2)

방사능(Radiation)

베크렐(becquerel)	Bq
킬로베크렐(kilobecquerel)	kBq
메가베크렐(megabecquerel)	MBq
기가베크렐(gigabecquerel)	GBq
그레이(gray)	Gy (=J/kg)

부록 2: 기호와 약자

a, A — acceleration(length/time^2), atomic mass(total no. of protons and neutrons in an atom)

A — Amperes*(electric current=C/s), Angstroms*(length=10^{-10}m), amplitude(length)

b — intercept of a linear graph, drag coefficient(mass/time)

B — magnetic field(force/current)

c — speed of light(2.998×10^8m/s), specific heat(energy/mass×temp.), concentration(number/volume), speed of sound

cal — calories*(energy=4.186 J)

cc — cubic centimeter

c g — group velocity

c p — phase velocity

C — Celsius*(temp.), coulombs*(electric charge), capacitance(charge/electric potential), heat capacity(energy/temp.), concentration

Cal — kilocalories*(energy)

Ci — Curie*(unit of radiation=to 3.7×10^{10}decays/s)

d — distance

D — diffusion constant(area/time)

db — decibels(relative intensity)

e — electron, charge of an electron(1.602×10^{-19}C)

eV — electron Volts*(energy=1.602×10^{-19}J)

E — energy(force×length, mass×velocity^2), electric field(force/charge)

f — frequency(1/time), focal length

f, F — force(mass × acceleration)

F — flow(volume/time), Farads*(capacitance=C/V), Fermi*(length=10^{-15}m)

g — grams*(mass), acceleration due to gravity(9.81m/s^2); sometimes centrifugal acceleration

G — Newton's constant(6.673×10^{-11}Nm^2/kg^2), Gauss*(magnetic field=10^{-4}T), free energy

h — height, Planck's constant (angular momentum =6.626×10^{-34}J s), latent heat (energy/mass)

hr — hours*(time=3,600s)

H — enthalpy(energy)

Hz — hertz(1/s)

I — moment of inertia(mass×length^2), current(charge/time), intensity(power/area), image distance

J — Joules*(energy=N m), flux(number/area time)

k — Boltzmann constant(1.381×10^{-23}J/K), springconstant(force/length), thermal conductivity(power/length temp.), wave number(1/length)

K — kinetic energy, kelvin*(temp.=C+273.15)

l — length, liters*(volume=1,000cc), orbital quantum number(dimensionless, denotes angular momentum), mean free path(length)

lb — pounds*(weight; 1kg weighs 2.2lb)

L — angular momentum(momentum×length, moment of inertia×angular velocity)

m — mass, meters*(length), slope of a linear graph, magnetic moment(current×area), magnetic quantum number(dimensionless, denotes orientation of angular momentum)

me — mass of electron(9.109×10^{-31}kg)

mn — mass of neutron(1.675×10^{-27}kg)

mp — mass of proton(1.673×10^{-27}kg)

mi — miles*(length=1.61km)

min — minutes*(time=60s)

mmHg — millimeters mercury(pressure=1,333dynes/cm^2)

M — molecular weight(mass/mol), magnification(dimensionless)

n — numbers of mols(dimensionless), no. of loops(dimensionless), neutron, principal quantum number(dimensionless, denotes energy level), index of refraction(dimensionless)

N — Newtons*(force=kg m/s^2), no. of particles, neutron number(no. of neutrons in an atom)

N A — Avogadro's number(dimensionless no. of objects in a mol=6.022×10^{23})

O — object distance

p — proton

P — momentum(mass×velocity), pressure (force/area), power(energy/time)

Pa — Pascals*(pressure=N/m^2)

q, Q — charge

Q — heat(energy)

r — radius(length), distance, rate(velocity)

R — resistance(potential/current), gas constant(8.31 J/mol K)

Re — Reynolds number(dimensionless)

s — seconds*, sedimentation coefficient(time), spin quantum number(dimensionless),

	lens strength(1/length)
S	entropy(energy/temp.)
t	time
T	Tesla*(magnetic field=N/A m), temp.
U	potential energy(mechanical, elastic, electrical), internal energy
v	velocity(length/time), specific volume (volume/mass)
V	velocity, volume(length^3), electric potential(electric field×length), voltage, Volts*(N m/C)
W	Watts*(power=J/s), weight(force), work(energy)
x, X	horizontal position
y, Y	vertical position
z, Z	vertical position in 3D problems, atomic number(no. of protons in an atom), valence

α	alpha	angular acceleration(radians/time^2), Helium nucleus(2p+2n)
β	beta	electron
Δ	delta	finite change
δ	"d"	instantaneous rate of change
ε	epsilon	electrical permittivity ($e0=8.854\times10^{-12}F/m$), emissivity(dimensionless), efficiency(dimensionless)
φ	phi	angle
γ	gamma	electromagnetic radiation, photon
η	eta	viscosity (Poise=dyne×s/cm^2=g/cm×s)
κ	kappa	dielectric coefficient(dimensionless)
λ	lambda	wavelength
μ	mu	magnetic permeability ($m0=4p\times10^{-7}Tm/A$)
v	nu	frequency or rate of revolution(1/time)
θ	theta	angle, angular position
ρ	rho	density(mass/volume), resistivity(resistance×length)
σ	sigma	Stefan–Boltzmann constant ($5.67\times10^{-8}W/m^2K4$)
Σ	sigma	summation
τ	tau	torque(force×length, moment of inertia×angular acceleration), radioactive half–life
ω	omega	angular velocity or angular frequency (radians/time)
Ω	omega	Ohms*(resistance=volt/ampere)

색인

측정의 과학

1판 1쇄 인쇄 2022년 3월 14일
1판 1쇄 발행 2022년 3월 30일

지은이 크리스토퍼 조지프
옮긴이 고현석
펴낸이 김영곤
펴낸곳 ㈜북이십일 21세기북스

책임편집 김지영
표지·본문디자인 이찬형
기획위원 장미희
출판마케팅영업본부 본부장 민안기
마케팅 배상현 한경화 김신우 이나영
영업 김수현 이광호 최명열
해외기획 최연순 이윤경
제작 이영민 권경민

출판등록 2000년 5월 6일 제406-2003-061호
주소 (우 10881) 경기도 파주시 회동길 201(문발동)
대표전화 031-955-2100 **팩스** 031-955-2151 **이메일** book21@book21.co.kr

(주)북이십일 경계를 허무는 콘텐츠 리더

21세기북스 채널에서 도서 정보와 다양한 영상자료, 이벤트를 만나세요!
페이스북 facebook.com/jiinpill21 **포스트** post.naver.com/21c_editors
인스타그램 instagram.com/jiinpill21 **홈페이지** www.book21.com
유튜브 www.youtube.com/book21pub

ISBN 978-89-509-9965-0 (03400)